BIM建模与信息应用

（第二版）

主　编　徐桂明
副主编　俞　鑫
　　　　齐道正
主　审　魏建军

南京大学出版社

内容简介

本书贯穿项目化教学理念，教学内容编排以项目训练为主线索，在项目及其子任务的训练过程之中，贯穿BIM经典软件Revit指令的学习，最终实现“运用Revit快速精确创建BIM(建筑信息模型)，并能够利用模型导出二维施工图、明细表，以及日光研究、渲染、漫游视频等BIM信息应用”的能力目标。本书所有项目的子任务，均提供微课视频支持，方便读者自主学习。本书于2022年修订再版，重点增加了“族与体量创建”模块，基本对应于“1+X”BIM职业技能证书(初级)的考试内容，因此不仅适合中、高职建筑类专业学习使用，也可作为“1+X”BIM职业技能证书(初级)考试的指导用书，同时也可供Revit初学者自学或广大工程技术人员参考选用。本书修订再版，系列微课基于最新的Revit2023版本录制，本书插图也是源自Revit2023程序界面的截图，Revit版本不断升级，但是“建筑”建模的上下文选项卡的界面没有太大改变，本书同样适合Revit 2017—2022低版本的读者阅读使用。

图书在版编目(CIP)数据

BIM建模与信息应用 / 徐桂明主编. —2版. —南京：南京大学出版社，2022.2(2024.8重印)
ISBN 978-7-305-25437-6

Ⅰ.①B… Ⅱ.①徐… Ⅲ.①建筑设计—计算机辅助设计—应用软件—高等职业教育—教材 Ⅳ.①TU201.4

中国版本图书馆CIP数据核字(2022)第032150号

出版发行 南京大学出版社
社　址 南京市汉口路22号　　邮　编 210093

书　名 BIM建模与信息应用
BIM JIANMO YU XINXI YINGYONG
主　编 徐桂明
责任编辑 朱彦霖　　编辑热线 025-83597482

照　排 南京南琳图文制作有限公司
印　刷 南京凯德印刷有限公司
开　本 787×1092　1/16　印张 11.75　字数 328千字
版　次 2022年2月第2版　2024年8月第6次印刷
ISBN 978-7-305-25437-6
定　价 56.80元

网址：http://www.njupco.com
官方微博：http://weibo.com/njupco
官方微信号：njutumu
销售咨询热线：(025) 83594756

编 委 会

前言

20世纪90年代，编者从事机电产品的设计工作，主要劳动工具就是直尺、圆规、图板、铅笔、橡皮之类。21世纪初期，编者开始接触AutoCAD绘图，摸索1～2年，便渐渐地告别了“趴图板”状态。转入教育行业这十多年，编者主要任教《建筑制图》和《建筑CAD》两门课程，这两门课程的本质就是教学生识读建筑工程图，顺序是先教学生“手工绘图”，再教学生“CAD绘图”。无论是在绘图的效率方面，还是在绘图的精确性和规范性方面，“CAD绘图”相对“手工绘图”的优越性都是不言而喻的，在编者思维惯性之中，这世界上恐怕没有比AutoCAD更好的绘制2D工程图样的软件了！2013年末，编者有幸参加一个BIM(Building Information Modeling，建筑信息模型)技术应用推广会，而后开始接触Revit。Revit建模和CAD绘图究竟有何区别？学了AutoCAD绘图之后为什么还要学习Revit建模？编者给出以下几点粗陋的答案，仅供初学者参考。

1. CAD主攻2D绘图，Revit主攻3D建模，Revit可自动生成2D图形。CAD主要表现手段就是一根根“线条”，CAD通过图层设置线条的粗、细、虚、实，而后选择不同特性的“线条”组合出2D的工程图形。Revit主要表现手段则是一个个“建筑构件”，如墙体、门窗、楼板、屋顶、楼梯、梁柱等，这些构件在Revit之中称为“族”，Revit通过族的搭接组合，形成3D的建筑空间。Revit本质不是绘图，而是虚拟建造，Revit虚拟建造的模型，可以根据实际需要，自由选择投影方向，自动生成2D图形。建筑施工图中“平、立、剖”，在CAD软件环境下，就是老老实实一张张绘制出来的图形，CAD主打产品是2D图。Revit在虚拟建造的模型基础上，自由选择和自动生成“平、立、剖”2D图形，Revit的主打产品是“模型”，这个主打产品可以生成众多的副产品，“平、立、剖”2D图形仅是副产品之一。

2. CAD图形之间没有联动性；Revit软件的3D模型和2D图形之间具有联动性，即一处更新，处处自动更新。比如修改一个门的规格，CAD必须手动逐一修改“平、立、剖”，包括图形和尺寸标注(CAD的尺寸驱动不了图形，必须先改图再重新标注尺寸)，包括门窗明细表，以及后续工程造价清单和采购清单等都必须手动修改，因此设计环节的“错、缺、碰、漏”在所难免，导致施工延误和工程索赔也就司空见惯了。Revit调整一个构件，只要在3D模型或2D图纸(平、立、剖之一)上修改构件的相应信息如尺寸标注，不仅本图自动更新(Revit尺寸驱动图形)，所有与之关联的3D模型和2D图形以及门窗明细表都会自动更新，即一处更新，处处更新。有人打过这样的比喻，CAD好比Word，Revit好比Excel，说的是同一个财务报表数据的调整，Word 制表，与之相关的数据只能够逐一手动修改，而 Excel 制表，所有与之关联的数据都会自动修改。如果说，编制财务报表优先选择 Excel，那么绘制建筑工程图样，在 AutoCAD 和 Revit 之间自然会优先选择 Revit。

3. CAD 绘图只是设计手段的第一次革命，Revit 建模不仅是设计手段的又一次革命，更是整个建筑业管理流程信息化的革命。CAD 绘图替代手工绘图，提升的仅仅是设计环节的工作效率，而以 Revit 为代表的 BIM 应用软件的出现，提升的是建筑业整个流程的效率。Revit 模型包含建筑构件的信息非常宽泛，比如墙体“族”信息，不仅包含墙体分层构造的尺寸信息，同时还包含墙体分层构造的材料信息以及墙体的热力学特性等。Revit 模型，既可以自动生成 2D 图形，还可以自动生成门窗明细表和材料明细表等，这些明细表与工程造价数据库链接，可以自动生成招投标报价数据和施工过程成本控制数据等，Revit 模型还可以进行绿色节能分析等。Revit 建模，本质上是一个建筑造两遍，是先试后建的流程，先在电脑上虚拟建造一次，这个过程可以提前发现建筑、机电、结构等专业的冲突问题(碰撞检测)，而后指导项目的实际施工过程，保证工程施工质量，降低工程造价等。Revit 虚拟模型好比真实建筑的 DNA，具有可视化功能，如模型的渲染和漫游，方便可视化施工技术交底，方便后续的项目运维管理等。土建专业教学，能够利用直观的 Revit 模型进行建筑构造的读图训练、进行工程项目的虚拟施工和虚拟招投标预算等，其教学效果也是不言而喻的。

Revit、AutoCAD，3ds Max 都是 Autodesk 公司出品，这些应用软件之间究竟有什么区别？这不是编者三言两语能够说清楚的问题。至于 Revit 最终是否会替代 AutoCAD 和 3ds Max，取决于 Autodesk 公司后续的软件升级和整合方向以及行业技术应用的需求，目前看来，由于技术应用的惯性(不如说惰性)，比如建筑设计院对 AutoCAD 绘图的偏好，AutoCAD 与 Revit 可能还会共存一段时间。有一点可以肯定，建筑信息化是不可逆转的潮流。党的二十大报告中提出建设数字中国，加快发展数字经济，促进数字经济和实体经济深度融合等内容，BIM 技术是建筑信息化核心技术，是数字建筑、数字城市的底层支撑技术之一，同时也是数字中国的底层支撑技术之一，学习应用 BIM 技术，本质上就是为数字中国添砖加瓦！

相对目前市面上大多数 Revit 应用书籍，本书主要特色就是贯彻项目化教学理念。编者选择某三层楼别墅为项目载体，不是单纯讲述独立的软件指令，而是以完成项目子任务为目标，组织和驱动相关指令的学习。针对课程难点和重点内容，本书配套专题微课，供学生课前课后的自主学习。Revit 包括项目设计和“族与体量”设计两个环境，Revit 相对 CAD 的最大魔力可能就是其“族”的参数化设计了。Revit 项目设计环境涵盖“建筑、结构、机电系统”三大专业领域，本书 2018 年初版，主要涉及“建筑建模”部分，这是结构和机电设备系统建模的基础。此次修订再版，重点增加了“族与体量的创建”内容，确保覆盖“1＋X”BIM 职业技能证书(初级)的考试范畴。

本书由常州工程职业技术学院徐桂明教授主编，常州工程职业技术学院俞鑫、盐城工业职业技术学院齐道正任副主编，常州工程职业技术学院魏建军教授主审。书中配套“Revit 建模系列微课”的脚本编写和视频录制得到常州翰筑建筑科技有限公司 BIM 技术总监李越的鼎力支持。全书参考了有关书籍、标准、图片及其他资料等文献，在此谨向文献作者致谢！此外，在编写过程中，获得单位诸多同事的鼎力支持，在此表示诚挚的感谢。由于编者水平所限，疏漏与错误难免，敬请读者批评指正，以便修订时加以改进。编者邮箱 1084102789@qq. com，期待您的宝贵意见。

编　者

2022 年 11 月

目　录

项目任务 6:创建屋顶

项目任务 7:创建楼梯

项目任务 8:创建零星构件

项目任务 9:创建场地

项目任务 10:二维图表处理

项目任务 11:模型可视化表现

项目任务 12:族与体量的创建

附录

微课目录

续表

序号	微课标题	页码
微课 22	创建场地	100
微课 23	明细表创建与导出	106
微课 24	房间创建与颜色填充	111
微课 25	创建视图样板	115
微课 26	平面视图处理	118
微课 27	立面视图处理	123
微课 28	剖面视图创建与处理	126
微课 29	详图创建与处理	130
微课 30	图纸创建与打印	132
微课 31	项目北调整与日光研究	138
微课 32	创建材质	142
微课 33	相机视图与渲染	145
微课 34	空间漫游	146
微课 35	三维形体的创建方法	151
微课 36	可载入构件族的创建案例	158
微课 37	可载入体量族的创建案例	170

Revit建模系列
微课及教材说明

AutodeskRevit 是为 BIM(Building Information Modeling,建筑信息模型)而设计的软件,包括建筑、结构及系统(给排水、暖通、电气)专业相关的功能模块。Revit 打破了传统二维设计中平立剖视图各自独立互不相关的模式。它以三维设计为基础理念,直接采用建筑师熟悉的墙体、门窗、楼板、楼梯、屋顶等构件作为命令对象,快速创建出项目的三维虚拟模型,同时自动生成所有的平面、立面、剖面、统计表等视图,从而节省了大量绘制与处理图纸的时间,而且一处更新,处处自动更新,无须人为手动检查更新,所以在设计初期就可以自动避免因为绘图带来的人为设计错误,大大减少了建筑设计和施工期间由于图纸错误引起的设计变更和返工,提高了设计和施工的质量与效率。本章将从基本术语、界面介绍、基本命令等方面介绍使用 Revit 做设计的基本知识,为深入学习后续章节奠定基础。如对 Revit 已有初步了解,可以跳过本章,直接进入后续章节的学习。

0.1 基本术语

1. 项目

在 Revit 中,项目是单个设计信息数据库模型。项目文件包含了建筑所有设计信息(从几何图形到构造数据)。这些信息包括用于设计模型的构件、项目视图和设计图纸。通过使用单个项目文件,用户可以轻松地修改设计,还可以使修改反映在所有关联区域(如平面视图、立面视图、剖面视图、明细表等)中,仅需跟踪一个文件,方便项目管理。

2. 图元

Revit 包含三种图元。项目和不同图元之间的关系如图 0-1 所示。

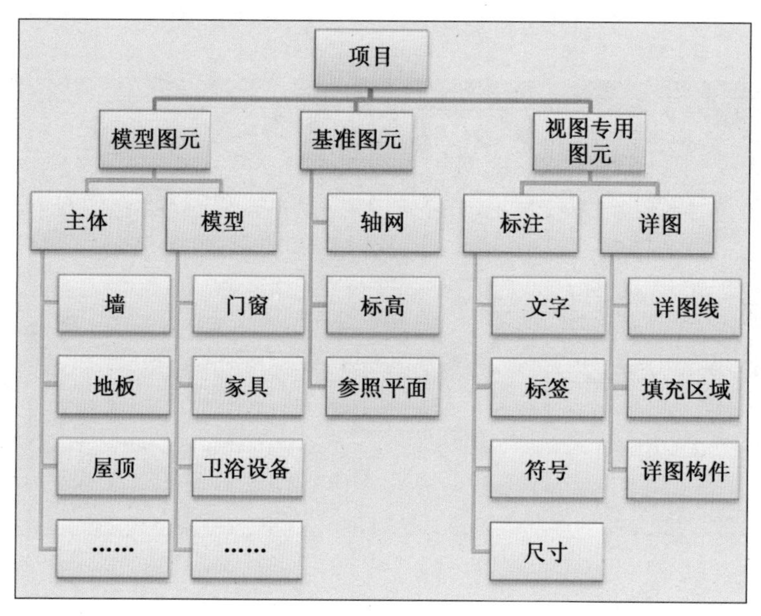

图0-1

(1) 模型图元:代表建筑的实际三维几何图形,如墙、柱、楼板、门窗等。Revit 按照类别、族和类型对图元进行分级,三者关系如图 0-2 所示。

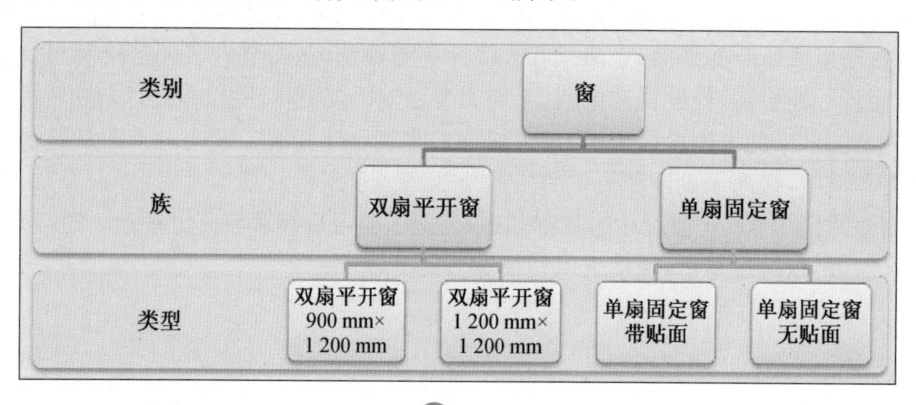

图0-2

(2) 基准图元:协助定义项目范围,如轴网、标高和参照平面。

① 轴网:有限平面,可以在立面视图中拖曳其范围,使其与标高线相交或不相交。轴网可以是直线,也可以是弧线。

② 标高:无限水平平面,用作屋顶、楼板和天花板等以层为主体的图元的参照。大多用于定义建筑内的垂直高度或楼层。要放置标高,必须处于剖面或立面视图中。

③ 参照平面:精确定位、绘制轮廓线条等重要辅助工具。参照平面对于族的创建非常重要,有二维参照平面及三维参照平面,其中三维参照平面显示在概念设计环境(公制体量.rft)中。在项目中,参照平面能出现在各楼层平面中,但在三维视图中不显示。

(3) 视图专用图元:只显示在放置这些图元的视图中,对模型图元进行描述或归档,如尺寸标注、标记和二维详图。

Revit 图元的最大特点就是参数化。参数化是 Revit 实现协调、修改和管理功能的基础,大大提高了设计的灵活性。Revit 图元可以由用户直接创建或者修改,无需进行编程。

3. 类别

类别是用于对设计建模或归档的一组图元。例如，模型图元的类别包括家具、门窗、卫浴设备等。注释图元的类别包括标记和文字注释等。

4. 族

族是组成项目的构件，同时是参数信息的载体。族根据参数(属性)集的共用、使用上的相同和图形表示的相似来对图元进行分组。一个族中不同图元的部分或全部属性可能有不同的值，但是属性的设置(其名称与含义)是相同的。例如“餐桌”作为一个族可以有不同的尺寸和材质。

Revit 包含三种族：

(1) 可载入族：使用族样板在项目外创建的 RFA 文件，可以载入到项目中，具有高度可自定义的特征，因此可载入族是用户最经常创建和修改的族。

(2) 系统族：已经在项目中预定义并只能在项目中进行创建和修改的族类型(如墙、楼板、天花板等)。它们不能作为外部文件载入或创建，但可以在项目和样板之间复制和粘贴或者传递系统族类型。

(3) 内建族：在当前项目中新建的族。它与“可载入族”的不同之处在于，“内建族”只能存储在当前的项目文件里，不能单独存成 RFA 文件，也不能用在别的项目文件中。

5. 类型

族可以有多个类型。类型用于表示同一族的不同参数(属性)值。如某个窗族“双扇平开—带贴面.rfa”包含“900 mm×1200 mm”“1200 mm×1200 mm”“1800 mm×900 mm”(宽×高)三个不同类型，如图 0-3 所示。

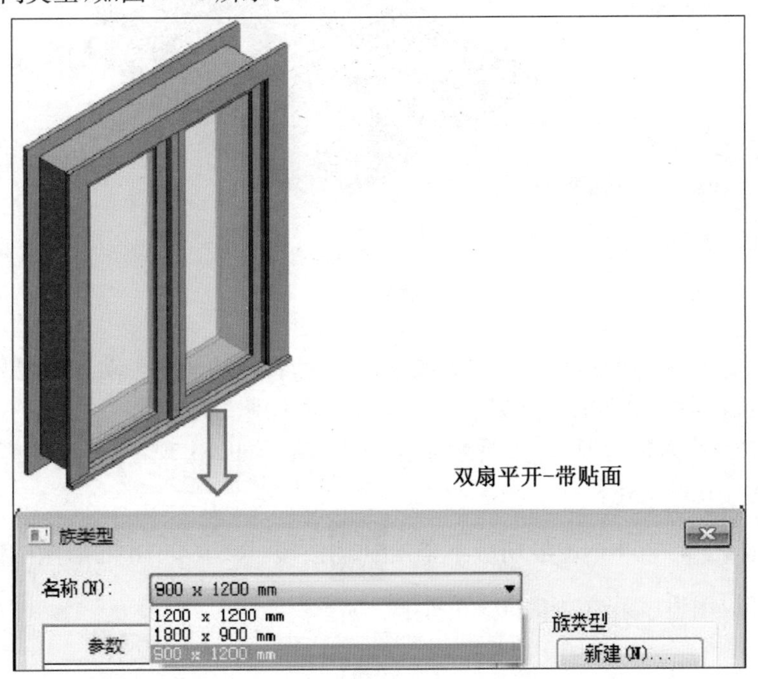

图0-3

6. 实例

放置在项目中的实际项(单个图元)。在建筑(模型实例)或图纸(注释实例)中都有特定的位置。

微课1

初识revit界面

0.2 Revit界面

1. 项目界面

Revit 采用 Ribbon 界面,用户可以针对操作需求,更快速简便地找到相应的功能,如图 0－4 所示。

(1) 功能区:单击按钮,可以显示完整的功能区,也可以最小化功能区,扩大绘图区域的面积。当鼠标光标停留在功能区的某个工具上时,默认情况下,Revit 会显示工具提示,对该工具进行简要说明,若光标在该功能区上停留的时间较长些,会显示附加信息。

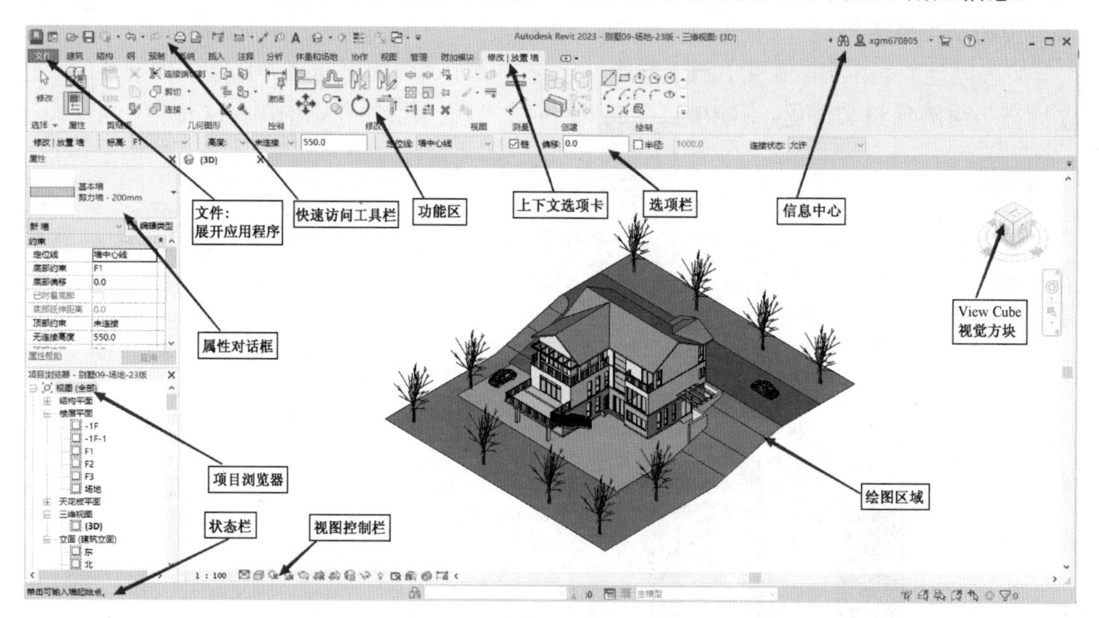

图0－4

(2) 上下文选项卡:当执行某些命令或选择图元时,在功能区会动态出现某个特殊的上下文选项卡,该选项卡包含的工具集仅与对应命令的上下文关联。

(3) 选项栏:大多数情况下,选项栏与上下文选项卡同时出现、退出,其内容根据当前命令或选择图元变化而变化。

(4) 应用程序菜单:Revit 早期版本单击按钮,Revit 2018 之后版本则是单击"文件"按钮,展开应用程序菜单,如图 0－5 所示。

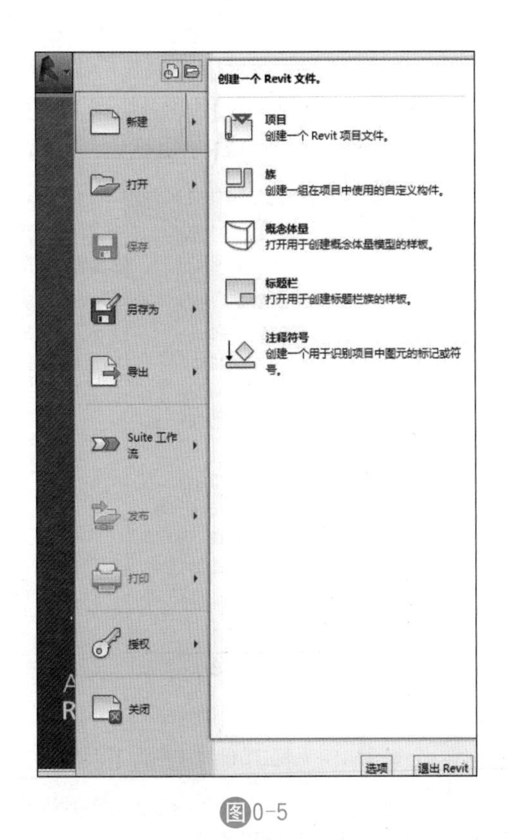

图0-5

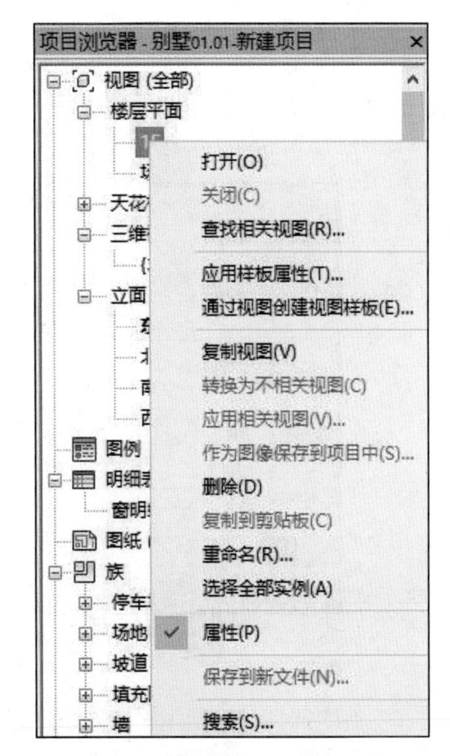

图0-6

（5）快速访问工具栏：默认放置了一些常用的命令和按钮，可以自定义快速访问工具栏，取消勾选以显示命令或隐藏命令。

（6）项目浏览器：用于显示当前项目中所有视图、明细表、图纸、族、组、链接的 Revit 模型和其他部分的逻辑层次。展开和折叠各分支时，将显示下一层项目。选中某视图右键，打开相关下拉菜单，可以对该视图进行“复制”“删除”“重命名”和“查找相关视图”等相关操作，如图 0－6 所示。

（7）属性对话框：Revit 默认将“属性”对话框显示在界面左侧。通过“属性”对话框，可以查看和修改用来定义图元属性的参数，如图 0－7 所示。

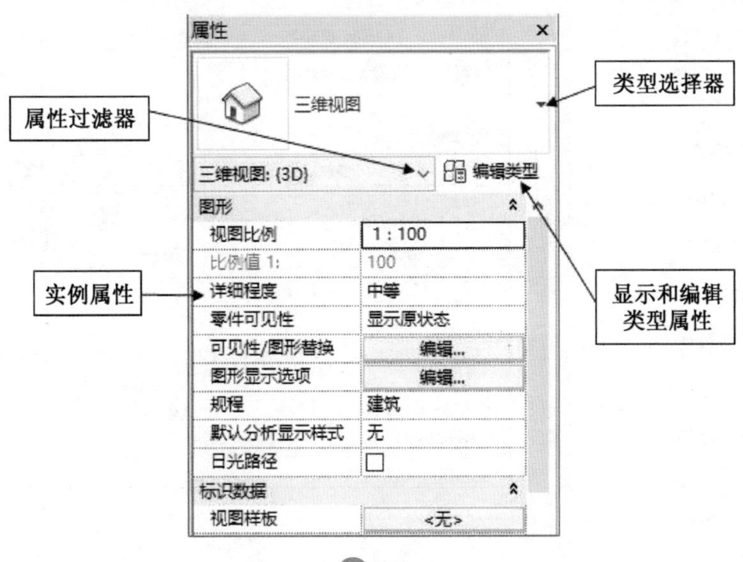

图0-7

启动“属性”对话框可有以下三种方式:单击功能区中“属性”按钮,打开“属性”对话框,如图 0-8 所示。单击功能区中“视图”→“用户界面”,在“用户界面”下拉菜单中勾选“属性”和“项目浏览器”等,如图 0-9 所示。在绘图区域空白处,右键菜单,并单击“属性”。

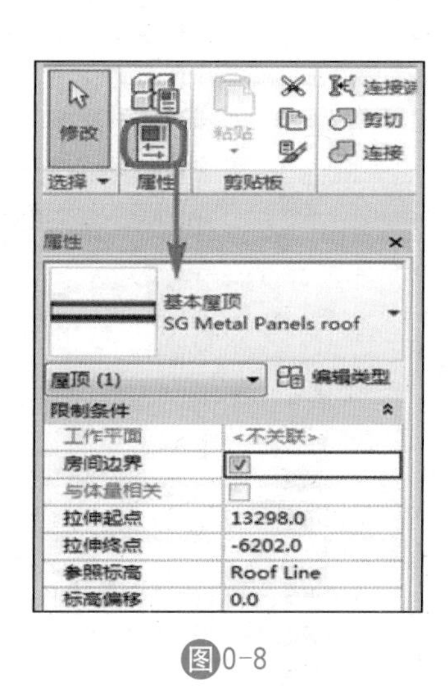

图0-8

图0-9

① 类型选择器:标识当前选择的族类型,并提供一个可从中选择其他类型的下拉列表。例如墙,在“类型选择器”中会显示当前的墙类型为“常规- 200 mm”,在下拉菜单中显示出所有类型的墙,如图 0-10 所示,通过“类型选择器”可以指定或替换图元类型。

② 属性过滤器:用来标识所选多个图元的类别和数量。

③ 实例属性:标识项目当前视图属性,或标识所选图元的实例参数,可以修改实例属性。

④ 显示类型属性:选择图元之后,单击“编辑类型”按钮(图 0-7),系统弹出“类型属性对话框”标识所选图元的类型参数,如图 0-11 所示,可以在此对话框中修改类型属性。

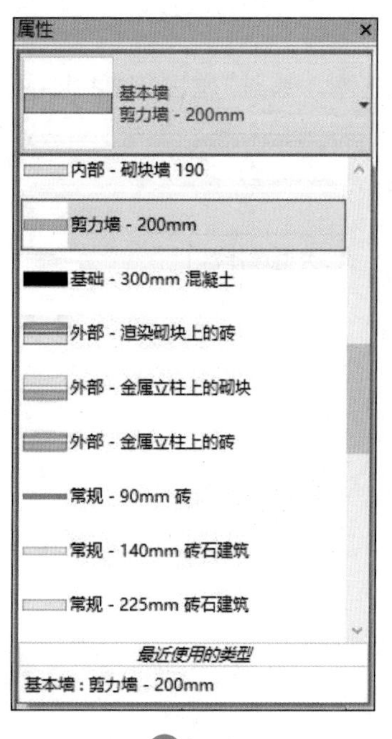

图0-10

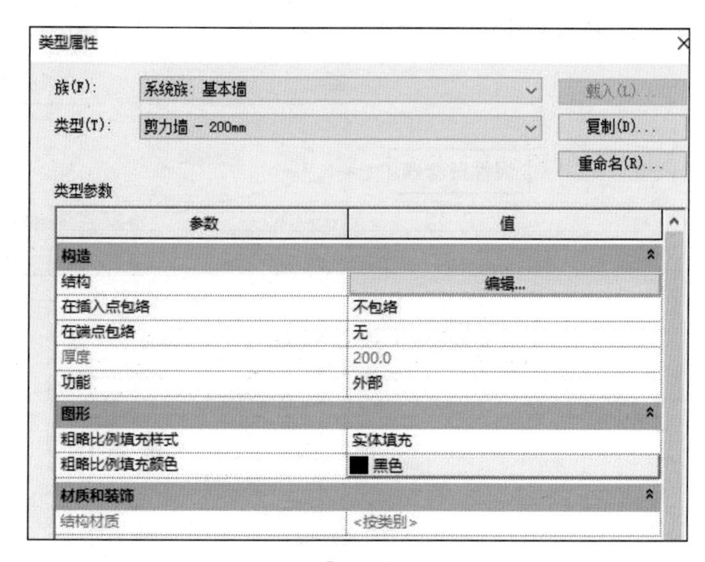

图0-11

（8）状态栏：使用当前命令时，状态栏左侧会显示相关的一些技巧或者提示。例如，启动一个命令（如“旋转”），状态栏会显示有关当前命令后续操作的提示。

（9）视图控制栏：位于窗口底部，状态栏上方，可以快速访问影响绘图区域的功能。视图控制栏的命令从左至右分别是：比例、详细程度、视觉样式、打开日光/关闭日光/日光设置、打开阴影/关闭阴影、显示渲染对话框（仅 3D 视图显示该按钮）、打开裁剪视图/关闭裁剪视图、显示裁剪区域/隐藏裁剪区域、保存方向并锁定视图/恢复方向并锁定视图/解锁视图（仅 3D 视图显示该按钮）、临时隐藏/隔离、显示隐藏的图元。

（10）绘图区域：显示当前项目的视图（平面、立面、明细表及报告等），如图 0－12 所示。使用快捷键“WT”可以平铺所有打开的视图。

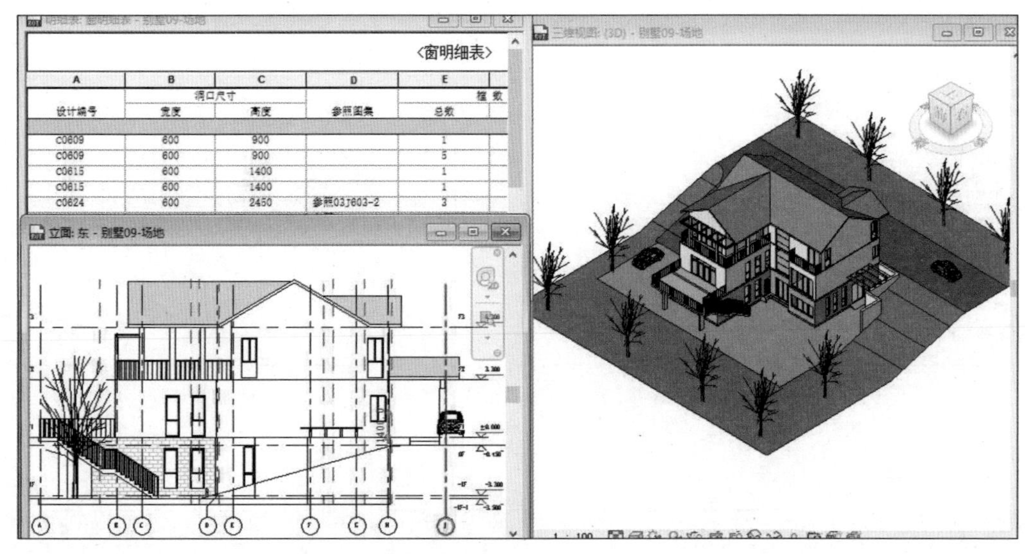

图0-12

（11）信息中心：用户可以使用信息中心搜索信息。速博用户可以单击“速博中心”访问速博服务，一般用户可以单击“通讯中心”按钮访问产品更新，也可以单击“收藏夹”按钮访问保存的主题。

（12）View Cube：用户可以利用 View Cube（视觉方块）旋转或重新定向视图。

2. 族编辑器界面

应用程序菜单下，新建“族”，便进入族编辑器界面，与项目界面非常类似，如图 0－13 所示，其菜单也和项目界面多数相同，在此不再一一展开。值得注意的是，族编辑器界面会随着族类别或族样板的不同有所区别，主要是在“创建”面板中的工具以及“项目浏览器”中的视图等会有所不同。

3. 概念体量界面

应用程序菜单下，新建“概念体量”，便进入概念体量界面，该界面是 Revit 用于创建体量族的特殊环境，其特征是默认在 3D 视图操作，其形体创建的工具也与常规模型有所不同，如图 0－14 所示。

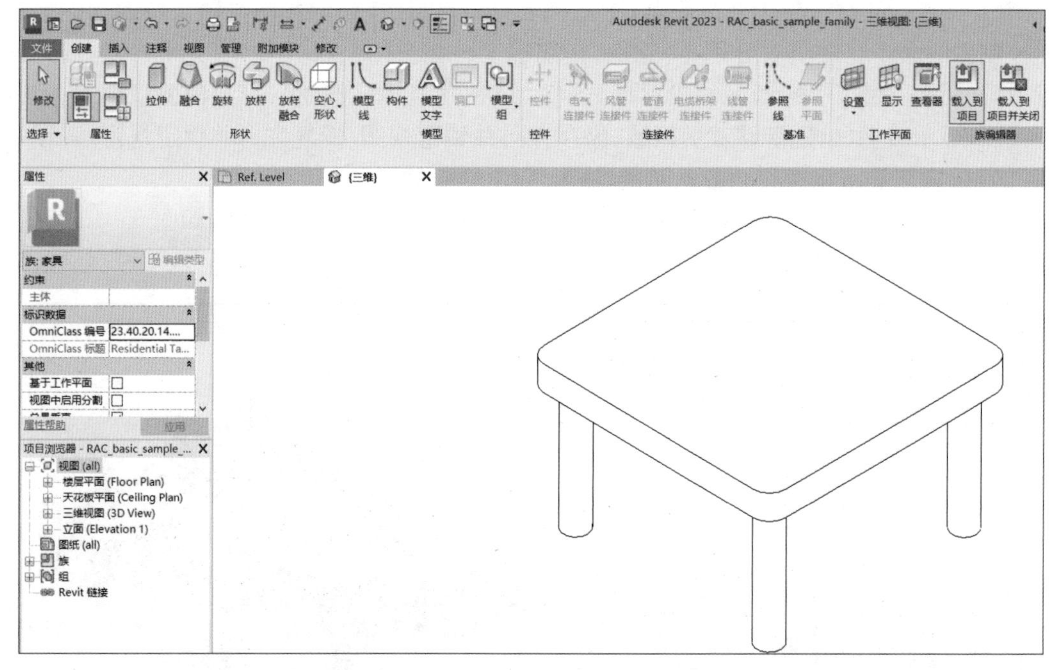
Autodesk Revit 2023 - RAC_basic_sample_family - 三维视图: {三维}
文件 创建 插入 注释 视图 管理 附加模块 修改
修改 拉伸 融合 旋转 放样 放样融合 空心形状 模型线 构件 模型文字 洞口 模型组 控件 参照线 参照平面 设置 显示 查看器 载入到项目 载入到项目并关闭
选择 属性 形状 模型 控件 连接件 基准 工作平面 族编辑器
属性
Ref. Level
{三维}
族: 家具
编辑类型
约束
主体
标识数据
OmniClass 编号 23.40.20.14....
OmniClass 标题 Residential Ta...
其他
基于工作平面
视图中启用分割
属性帮助 应用
项目浏览器 - RAC_basic_sample_...
视图 (all)
楼层平面 (Floor Plan)
天花板平面 (Ceiling Plan)
三维视图 (3D View)
立面 (Elevation 1)
图纸 (all)
族
组
Revit 链接

图0-13

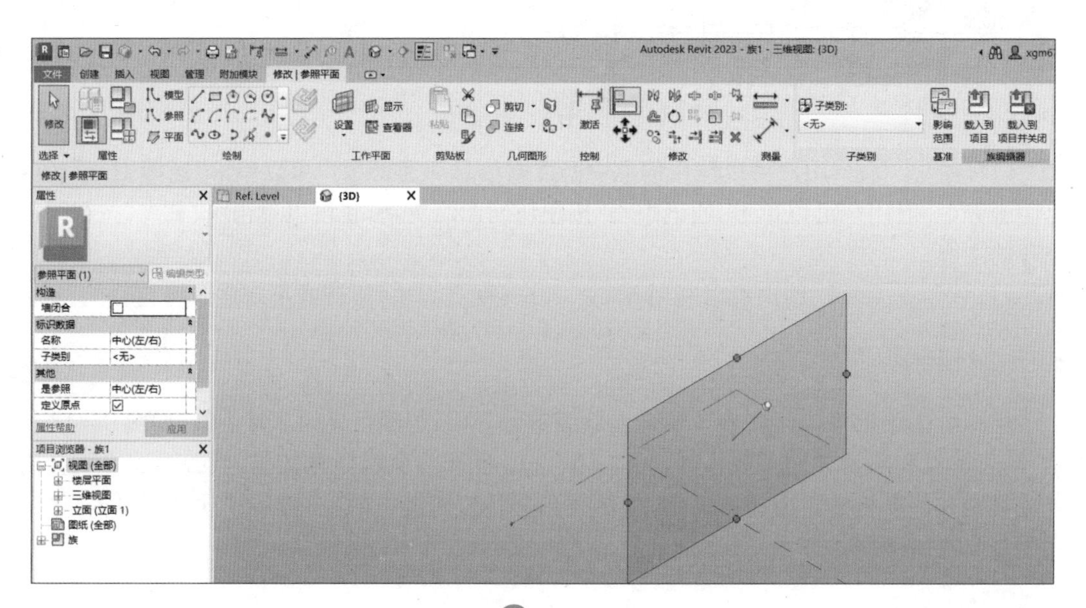
Autodesk Revit 2023 - 族1 - 三维视图: {3D}
文件 创建 插入 视图 管理 附加模块 修改 | 参照平面
修改 | 参照平面
选择 属性 绘制 工作平面 剪贴板 几何图形 控制 修改 测量 子类别 基准 族编辑器
子类别:
<无>
属性
Ref. Level
{3D}
参照平面 (1)
编辑类型
构造
墙闭合
标识数据
名称 中心(左/右)
子类别 <无>
其他
是参照 中心(左/右)
定义原点
属性帮助 应用
项目浏览器 - 族1
视图 (全部)
楼层平面
三维视图
立面 (立面 1)
图纸 (全部)
族

图0-14

0.3 基本命令与图元选择编辑

1. 基本命令

Revit 利用 Ribbon 把用户常用命令都集成在功能区面板上，直观且便于使用，如图 0-15 所示。

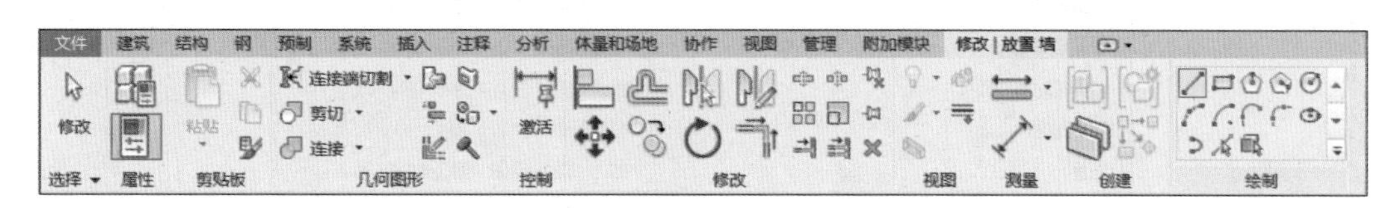

图0-15

2. 快捷键

常用命令不仅可以单击 Ribbon 上的按钮，也可以通过自定义快捷键下达指令。

(1) 快捷键自定义：Revit 从 2011 版本开始，将快捷键自定义直接嵌入软件中，提供给用户更加直观和人性化的界面。具体操作步骤如下：单击"文件"按钮→"选项"→"用户界面"→"自定义"，打开"快捷键"对话框，如图 0-16 所示。

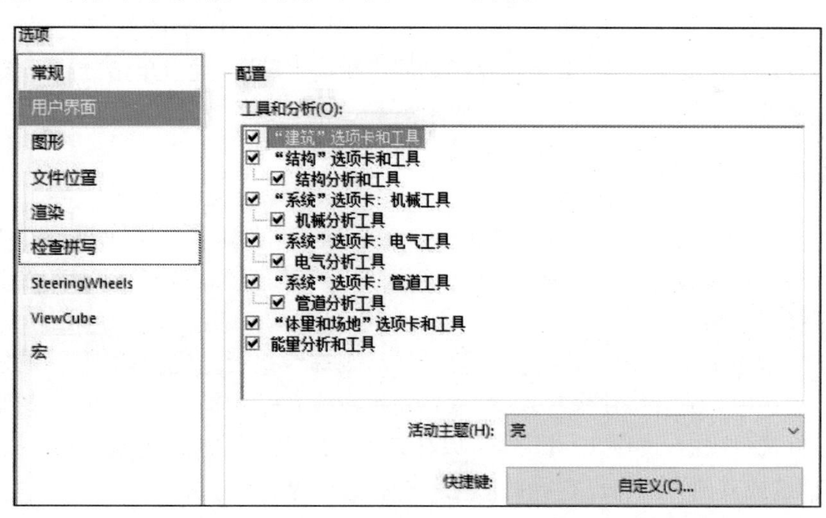

图0-16

例如，为"类型属性"命令设置快捷键，如图 0-17 所示，选中"类型属性"，在"按新键"一栏内输入"PR"，单击"指定"按钮，则"类型属性"的快捷命令设置为"PR"。在"搜索"栏中输入所需自定义命令的关键字，就能找到与之相关的命令。例如，输入"墙"关键字搜索，在列表中就会把带"墙"关键字的命令都显示出来。当输入的快捷键同原有定义的相重复，软件会自动弹出提醒对话框"快捷键方式重复"，并告知是同哪个命令重复。

图0-17

（2）快捷键设置文件：通过单击“快捷键”对话框下方的“导出”按钮把自定义的快捷键设置保存为快捷键设置文件 KeyboardShortcuts. xml，可存于电脑的任何文件夹。当其他用户或电脑自定义快捷键时，将该文件复制到用户所需电脑上，通过单击“导入”按钮把所选快捷键设置文件导入软件中，如图 0－17 所示。

3. 图元选择

（1）点选：选择单个图元时，直接鼠标左键点击即可。选择多个图元时，按住“Ctrl”键，光标逐个点击要选择的图元。取消选择时，按住“Shift”键，光标点击已选择的图元，可以将该图元从选择集中删除。

（2）框选：按住鼠标左键，从左向右拖拽光标，则虚线矩形范围内的图元和被矩形边界碰及的图元被选中。或者按住鼠标左键，从右向左拖拽光标，则仅有实线矩形范围内的图元被选中。在框选过程中，按住“Ctrl”键，可以继续用框选或其他方式选择图元。按住“Shift”键，可以用框选或其他方式将已选择的图元从选择集中删除。

（3）选择全部实例：点选某个图元，然后单击右键，从右键下拉菜单中选择“选择全部实例”命令，如图 0－18 所示，软件会自动选中当前视图或整个项目中所有相同类型的图元实例。这是编辑同类图元最快速的选择方法。

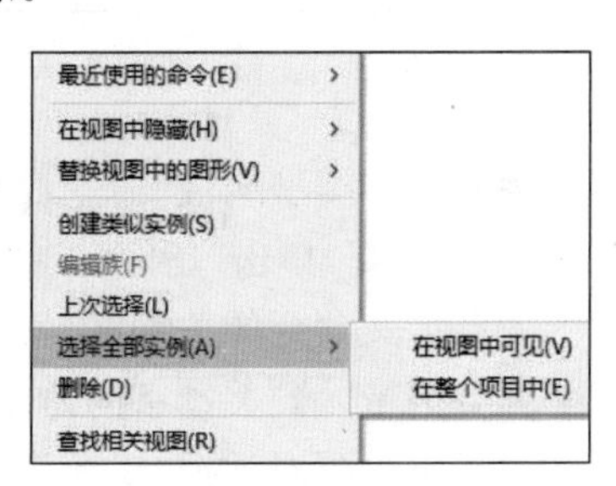

图0-18

（4）Tab 键选图元：用“Tab”键可快速选择相连的一组图元，移动光标到其中一个图元附近，当图元高亮显示时，按“Tab”键，相连的这组图元会高亮显示，再单击鼠标左键，就选中了相连的一组图元。

4. 图元过滤

选中不同图元后，单击功能区中"过滤器"按钮，可在"过滤器"对话框中勾选或者取消勾选图元类别，可过滤已选择的图元，如图 0－19 所示。

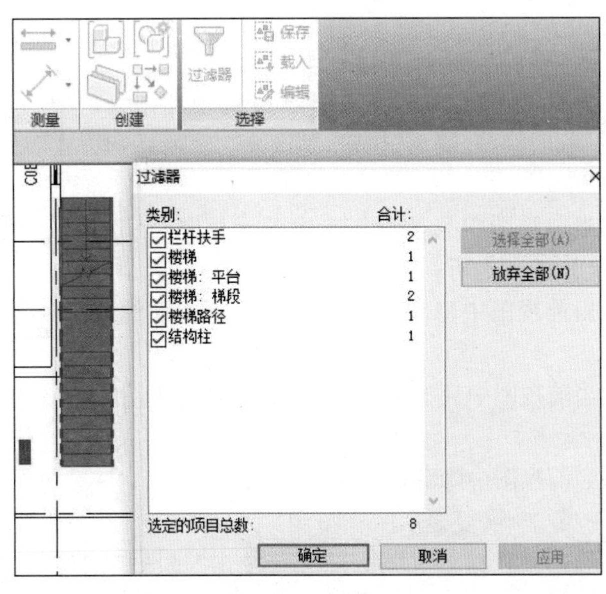

图0-19

5. 图元编辑

（1）图元编辑属性：选中图元后，单击"功能区"→"属性"直接编辑该图元的实例属性，单击"功能区"→"类型属性"编辑图元的类型属性。当修改某个实例参数值时，修改只对当前选定的图元起作用，而其他图元的该实例参数仍然维持原值。当修改某个类型参数值时，修改对所有相同类型的图元起作用。

（2）专用编辑命令：某些图元被选中时，选项栏会出现专用的编辑命令按钮。例如，选择墙时，上面显示的是墙相关的专用编辑命令，如"修改墙"选项卡中的"附着顶部/底部"等，包括选项栏也是随图元变化而变化，如图 0－20 所示。

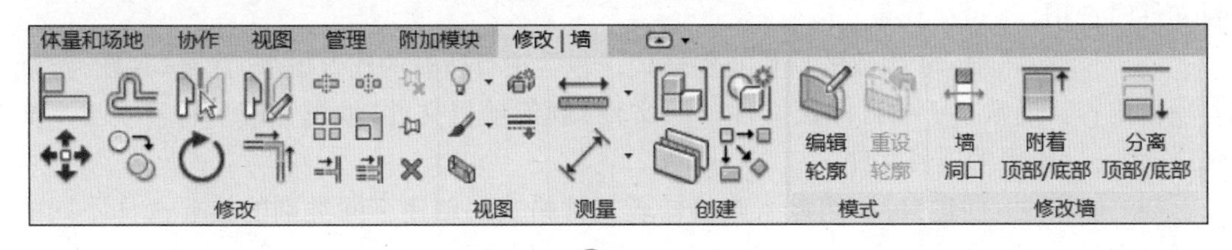

图0-20

（3）常用编辑命令：在功能区中的"修改"选项卡中提供了"对齐、拆分、修剪、偏移、连接几何图形"等常用编辑命令，如图 0－20 所示。

（4）端点编辑：选择图元时，在图元的两端或其他位置会出现蓝色的操作控制柄，通过拖曳来编辑图元。如图 0－21 所示，墙的两个端点，尺寸标注的尺寸界限端点，文本位置控制点等。

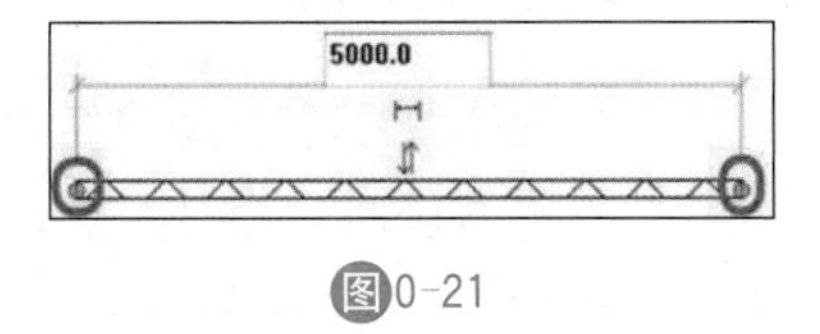

图0-21

(5) 临时尺寸:选择图元出现临时尺寸,如图 0 - 21 所示,可以修改图元位置、长度和尺寸等。

(6) 专用控制符号:选择某些图元时,在图元附近会出现专用的控制符号,如图 0 - 21 所示,点击控制符号可以调整图元的方向、折断、显示与否、标记位置等。如等径四通的左右内外控制符号,轴网标头的显示控制框、截断符号和锁定符号等。

6. 隐藏/隔离图元

(1) 临时隐藏/隔离:能逐个隐藏或者显示所选中的图元。单击"视图控制栏"的"临时隐藏/隔离"按钮,如图 0 - 22 所示,其列表中有以下指令:

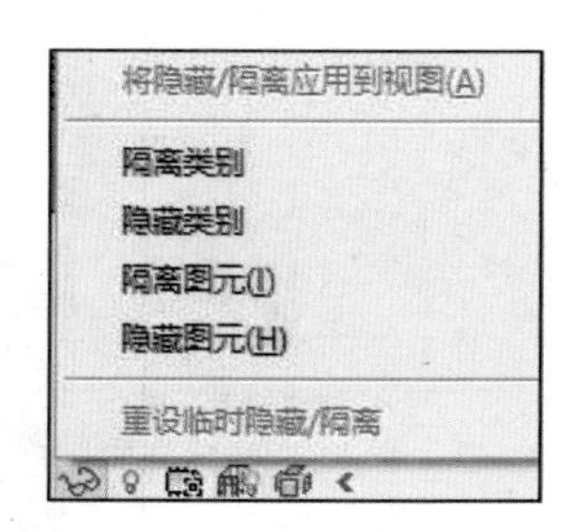

图 0-22

① 隔离类别:在当前视图中只显示与选中图元相同类别的所有图元,隐藏不同类别的其他所有图元。

② 隐藏类别:在当前视图中隐藏与选中图元相同类别的所有图元。

③ 隔离图元:在当前视图中只显示选中图元,隐藏选中图元以外所有对象。

④ 隐藏图元:在当前视图中隐藏选中图元。

⑤ 重设临时隐藏/隔离:恢复显示所有图元。

(2) 显示隐藏图元/关闭"显示隐藏的图元":单击"视图控制栏"的"显示隐藏图元"按钮,将显示原本被隐藏的图元,且所有隐藏图元会用彩色标识出来,而可见图元为灰色。

0.4 文件格式

1. 四种基本文件格式

(1) rte 格式:Revit 的项目样板文件格式。包含项目单位、标注样式、文字样式、线型、线宽、线样式、导入/导出设置等内容。为规范设计和避免重复设置,对 Revit 自带的项目样板文件根据用户自身的需求、内部标准先行设置,并保存成项目样板文件,便于用户新建项目文件时选用。

(2) rvt 格式:Revit 生成的项目文件格式。包含项目所有的建筑模型、注释、视图、图纸等项目内容。通常基于项目样板文件(rte 文件)创建项目文件,编辑完成后保存为 rvt 文件,作为设计所用的项目文件。

(3) rft 格式:创建 Revit 可载入族的样板文件格式。创建不同类别的族要选择不同的族样板文件。

(4) rfa 格式:Revit 可载入族的文件格式。用户可以根据项目需要创建自己的常用族文件,以便随时在项目中调用。

2. 支持的其他文件格式

在项目设计和管理时,用户经常会使用多种设计和管理工具来实现自己的意图,为了实现多软件环境的协同工作,Revit 提供了"导入""链接""导出"工具,可以支持 dwg、fbx、dwf、ifc、gbxml 等多种文件格式。用户可以依据需要进行有选择地导入和导出。

项目任务 1 创建标高和轴网

课程概要

本书以一栋三层楼独体别墅为教学训练项目，按照建筑师常用的设计流程，从绘制标高和轴网开始，到打印出图结束，详细讲解项目设计全过程，以便初学者全面掌握 Revit 的建模方法。

标高用来定义楼层层高及生成平面视图，但标高不是必须作为楼层层高。轴网用于为构件定位，在 Revit 中轴网确定了一个不可见的工作平面。轴网编号以及标高符号样式均可定制修改。软件可以绘制弧形和直线轴网，不支持折线轴网。在项目任务中，需重点掌握轴网和标高的 2D、3D 显示模式的不同作用，影响范围命令的应用，轴网和标高标头的显示控制，如何生成对应标高的平面视图等功能应用。

课程目标

1. 技能目标：(1) 创建与编辑标高的方法；(2) 创建与编辑轴网的方法。

2. 素质目标：标高轴网为建筑设计初期的基准图元，决定了后续整栋建筑的体量和布局等，本项目任务可引导青年学生重视人生立志定位与事业规划的意识。

微课2

创建与编辑标高

1.1 新建项目

项目是整个建筑物设计的联合文件，所有标准视图以及明细表都包含在项目文件中，只要修改模型，所有相关视图、施工图和明细表都会随之自动更新，创建新的项目文件是开始设计的第一步。Revit 自带样板文件的标注样式、文字样式、线型线样式、标高符号等不能满足国内建筑设计规范的要求，本课程需提前准备好“小别墅—样板文件”，该文件已经载入项目所需的各类族，同时符合中国国标设计规范的要求。该样板文件可扫描目录页二维码下载。

启动 Revit，在起始页面上，选择“新建项目”，或者在“应用程序菜单”中新建一项目，打开"新建项目"对话框，浏览选择样板文件，如图 1－1 所示，单击"确定"新建项目文件。

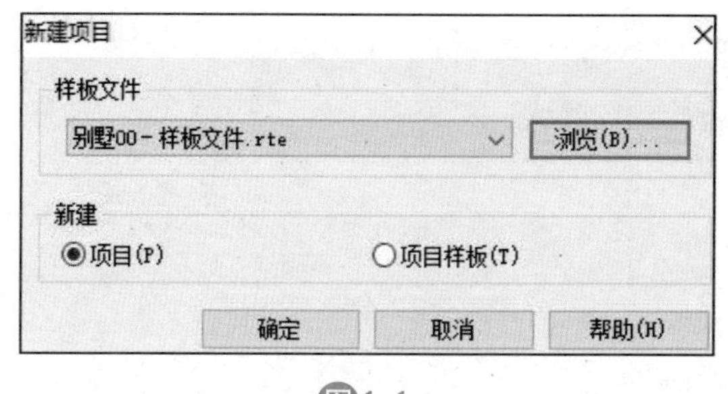

图1-1

1.2 项目设置与保存

单击"管理"选项卡上"设置"面板中的"项目信息"选项，如图 1－2 所示，输入项目信息，如当前项目的单位、名称、描述、日期、状态等信息，这些信息可以被后续图纸空间调用。

项目属性

族(F)：系统族：项目信息　载入(L)...

类型(T)：　编辑类型(E)...

实例参数 － 控制所选或要生成的实例

参数	值
标识数据	
组织名称	
组织描述	
建筑名称	
作者	
能量分析	
能量设置	编辑...
其他	
项目发布日期	发布日期
项目状态	项目状态
客户姓名	所有者
项目地址	编辑...
项目名称	项目名称
项目编号	项目编号

图1-2

项目单位

规程(D)：公共

单位	格式
长度	1235 [mm]
面积	1235 m²
体积	1234.57 m³
角度	12.35°
坡度	12.35°
货币	1234.57
质量密度	1234.57 kg/m³

小数点/数位分组(G)：123, 456, 789.00

确定　取消　帮助(H)

图1-3

单击"管理"选项卡"设置"面板中的"项目单位"选项，如图 1－3 所示，单击其中长度—格式按钮，将长度单位设置为毫米(mm)，同样操作，将面积单位设置为平方米(m^2)，体积单位设置为立方米(m^3)。如果默认单位与上述一致，则直接确认，关闭该对话框。

单击"应用程序菜单"—"另存为"—"项目"，如图 1－4 所示，单击该对话框右下角"选项"，将最大备份数由默认的 3 改为 1，减少电脑中保存的备份文件数量。设置保存路径，输入文件名：别墅 01－标高轴网，文件格式默认为". rvt"，单击"保存"按钮，即可保存项目文件。

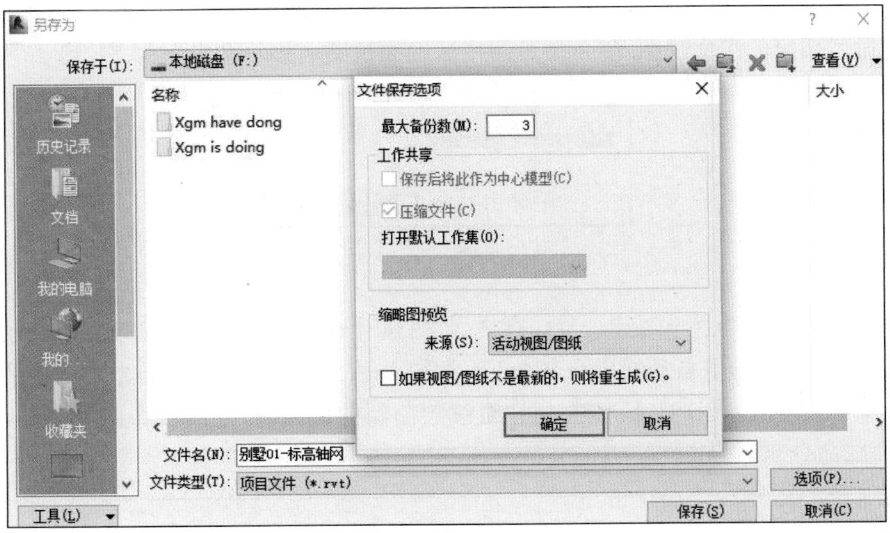

图1-4

1.3 创建标高

在 Revit 中,“标高”命令必须在立面和剖面视图中才能使用,因此在正式开始项目设计前,必须事先打开一个立面视图。在项目浏览器中展开“立面(建筑立面)”项,双击视图名称“东”进入东立面视图。此时绘图窗口已有一条标高线 1F,零标高±0.000。

单击“建筑”选项卡的“基准”面板中“标高”命令,或者快捷键 LL(鼠标停留在命令图标上便显示系统默认的快捷键提示,字母不分大小写),进入标高绘制页面,选择“绘制”面板中默认的直线,移动光标至 1F 标高线左上方出现蓝色对齐虚线,瞄准 1F 标高线的左端点,单击捕捉标高线的起点,而后向右移动,出现蓝色对齐虚线,瞄准 1F 标高线的右端点,单击捕捉标高线的末点。修改临时尺寸为 3300,标高自动变成 3.300(规范标高以米为单位),如图 1-5 所示。

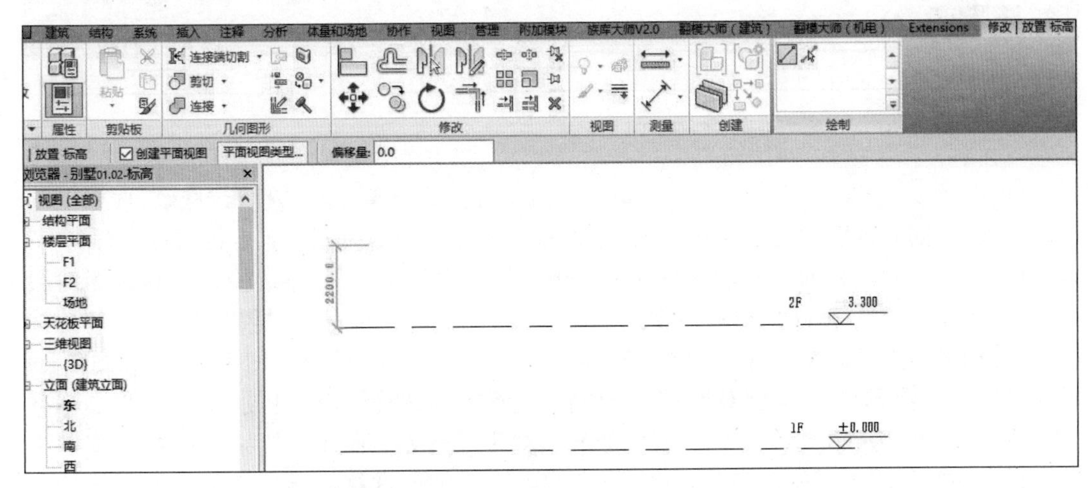

图1-5

接着分别单击蓝色标高头“1F”“2F”改成“F1”“F2”，跳出对话框，如图 1－6 所示，选择“是”，重命名相应的平面视图，项目浏览器楼层平面视图名称自动更新为 F1、F2。

图1-6

快捷键 LL，在 F2 之上继续绘制标高线，临时尺寸修改为 3000，标高自动更新为 6.300，标高头在 F1、F2 基础上自动递进命名为 F3，如图 1－7 所示，项目浏览器自动出现平面视图 F3，如图 1－8 所示。按 1 次 Esc 键，可以继续绘制新的标高线，连续按 2 次 Esc 键，便退出绘制标高的命令对话。

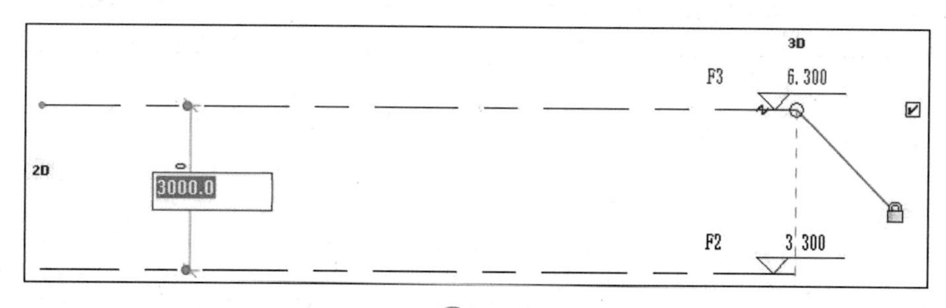

图1-7

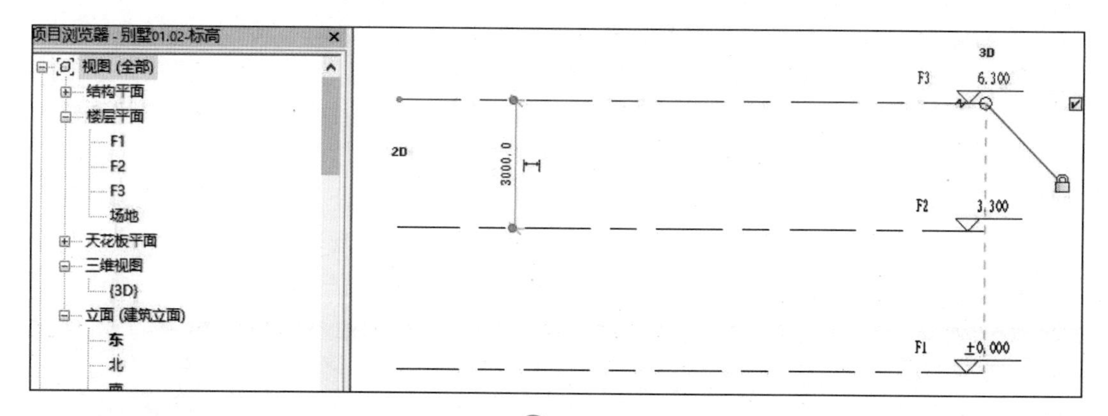

图1-8

除了绘制标高线，还可以“复制”生成标高线。先点选标高 F2，再单击“修改”面板上的“复制”命令，同时选项栏勾选“约束”（正交模式）、“多个”（多重复制模式），再次点选标高 F2 确定基准点，然后垂直向下移动光标，移动的距离尽可能大一些，连续输入标高线相对距离＋Enter（回车键），标高线相对距离为 3750、2850、200，便可一次性复制生成三根新的标高线，分别单击黑色标高头，将 F4\F5\F6 修改为 0F，－1F，－1F－1，回车确认，如图 1－9 所示。因为选择 F2 标高为源对象，所以复制生成新的标高符号均为上标高符号，但是标高数字则自动显示为－0.450，－3.300，－3.500，如果一开始选择 F1 作为源对象，则复制生成新的标高符号均为零标高符号，标高数字均为±0.000，这将会给后续编辑标高增加工作量。

需要注意的是，复制生成的标高是参照标高，标高标头都是黑色显示，而且在项目浏览器中的“楼层平面”项下没有自动创建新的平面视图，这是复制标高和绘制标高的差异，如图 1－9 所示，此时标高标头之间有干涉，下面将对标高做局部调整。

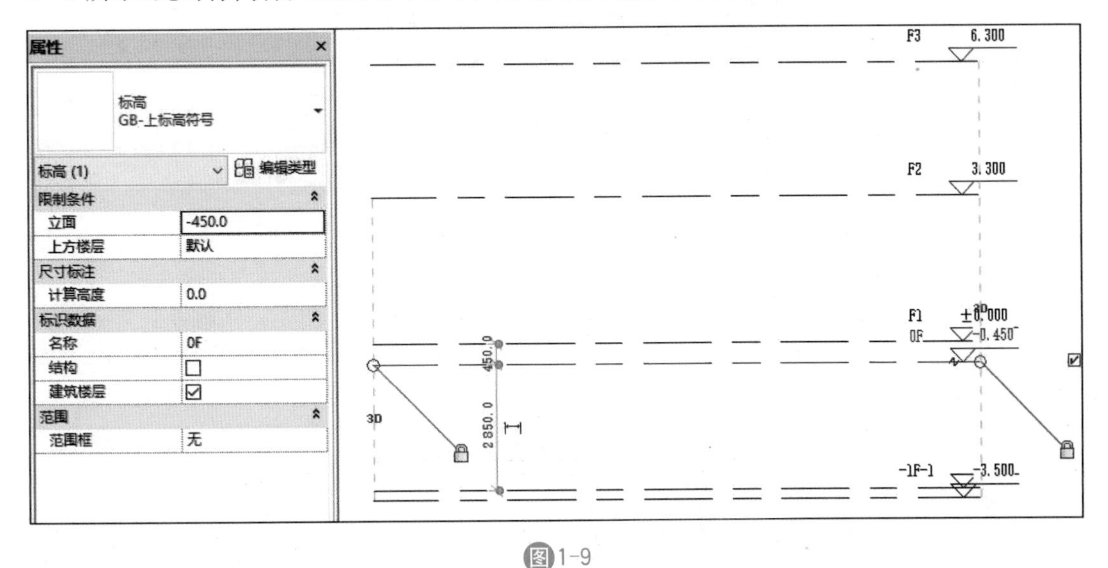

图1-9

1.4 编辑标高

按住“Ctrl”键单击拾取标高“0F”和“－1F－1”，从属性对话框的类型选择器下拉列表中选择“标高：GB_下标高符号”类型，两个标头自动向下翻转方向，如图 1－10 所示。单击选项卡“视图”—“平面视图”—“楼层平面”命令，打开“新建平面”对话框，如图 1－11 所示，从下面列表中选择“－1F”，单击“确定”后，在项目浏览器中创建了新的楼层平面“－1F”，并自动打开“－1F”作为当前视图。在项目浏览器中双击“立面（建筑立面）”项下的“东”立面视图回到东立面中，发现标高“－1F”标头变成蓝色显示，保存文件，至此完成六条标高线的创建任务。

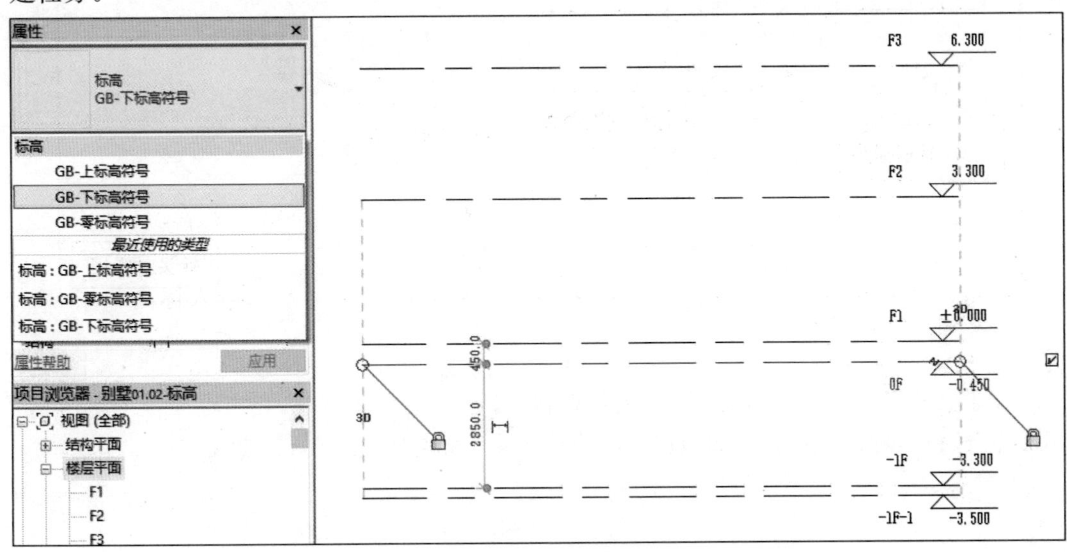

图1-10

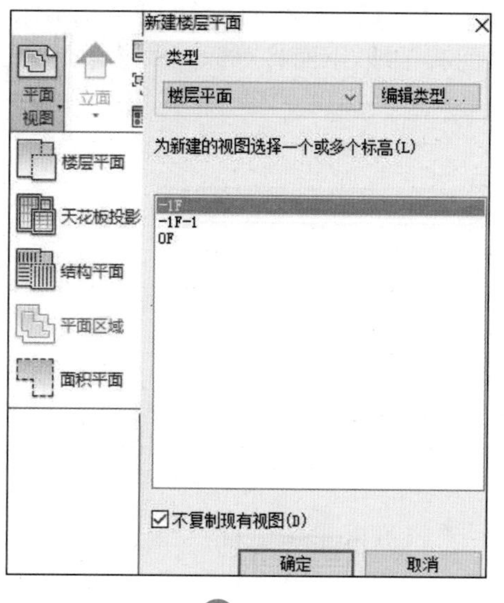

图1-11

其他标高编辑方法：选择任意一根标高线，会显示临时尺寸、一些控制符号和复选框，如图1-12所示，可以编辑其尺寸值、单击并拖曳控制符号可整体或单独调整标高标头位置、控制标头隐藏或显示等操作，如点击添加弯头处，可将标头相对标高线产生偏移，并通过端点拖曳控制柄调整标头偏移量。标头对齐锁锁定状态，拖曳一根标高线，其余标高线一起调整。3D/2D的切换，在一个视图中调整一条标高线范围时，3D视图将改动应用到其他所有视图中，而2D视图仅对本视图发生作用，通常默认为3D视图，以减少调整的工作量。调整标高线位置，既可修改临时尺寸数字(以mm为单位)，也可修改标高数字(以m为单位，精确到小数点后3位)。

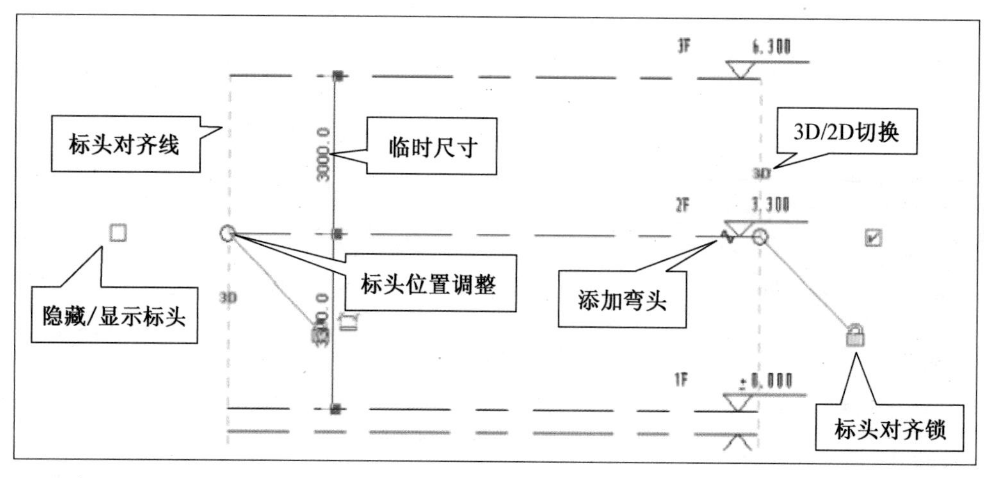

图1-12

除了上述一些标高实例属性参数的修改，也可选择某个标高线，在属性面板中单击“编辑类型”按钮，修改类型属性，如勾选标高端点1或2处的默认符号等，如图1-13所示。

属性

标高
GB-上标高符号

标高 (1) 编辑类型

限制条件	
立面	3300.0
上方楼层	默认
尺寸标注	
计算高度	0.0
标识数据	
名称	F2
结构	☐

属性帮助 应用

项目浏览器 - 别墅01.02-标高

视图 (全部)

类型属性

族(F): 系统族：标高 载入(L)...

类型(T): GB-上标高符号 复制(D)...

重命名(R)...

类型参数

参数	值
限制条件	
基面	项目基点
图形	
线宽	1
颜色	黑色
线型图案	中心
符号	上标高符号
端点 1 处的默认符号	☐
端点 2 处的默认符号	☑

图1-13

1.5 创建轴网

在 Revit 中，只需要在任意一个平面视图中绘制一次轴网，其他平面、立面和剖面视图中的轴网都将自动显示。在项目浏览器中双击“楼层平面”项下的“F1”视图，打开首层平面视图，样板文件的平面视图默认有四个立面符号(俗称“小眼睛”)，且默认为正东、正西、正南、正北观察方向，轴网创建应确保位于四个小眼睛观察范围之内，也可以框选四个小眼睛，根据建筑项目平面的尺度大小，在正交方向分别移动四个小眼睛至适当的位置，如图 1－15 所示。

单击“建筑”选项卡“基准”面板中的“轴网”命令，或者快捷键 GR，进入轴网绘制页面，单击选择“绘制”面板中默认的直线(轴线也可以是圆弧等形式)，如图 1－14 所示。移动光标至四个小眼睛围成的矩形范围偏左下角的适当位置，捕捉轴线的起点，而后正交向上移动光标至适当位置，捕捉轴线的末点，按 2 次 Esc 键，完成第一条垂直轴线的绘制，在样板文件的基础上，第一条轴线编号有可能不是 1，单击轴线编号数字，将其修改为 1，如图 1－15 所示。

微课3

创建与编辑轴网

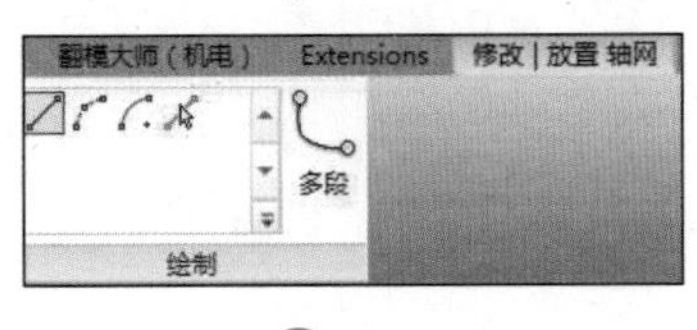

图1-14

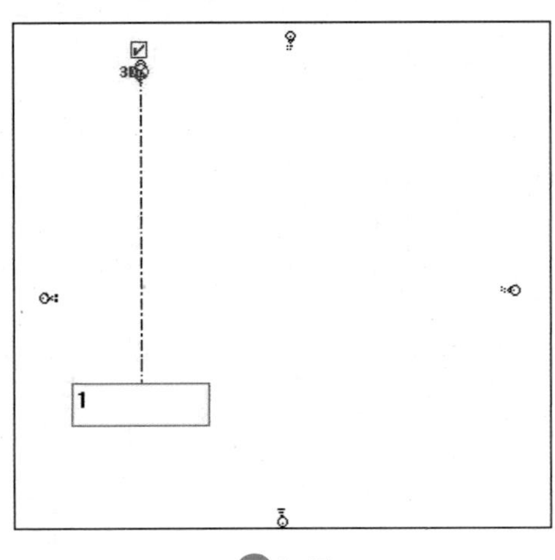

图1-15

在 1 号轴线的基础上,“复制”生成其余 8 根垂直轴线。先点选 1 号轴线,再单击“修改”面板上的“复制”命令,同时选项栏勾选“约束”“多个”,再次点选 1 号轴线确定基准点,然后水平向右移动光标,移动的距离尽可能大一些,连续输入垂直轴线相对的开间距离+Enter,轴线开间距离为 1200、4300、1100、2500、3900、3900、600、2400,便一次性复制生成 8 根新的垂直轴线。此时在 1 号轴线编号的基础上,自动递进为 2~9 号,分别单击轴线编号数字,将 8 号轴线改为附加轴线编号 1/7,9 号轴线修改为 8 号,回车确认,如图 1－16 所示。

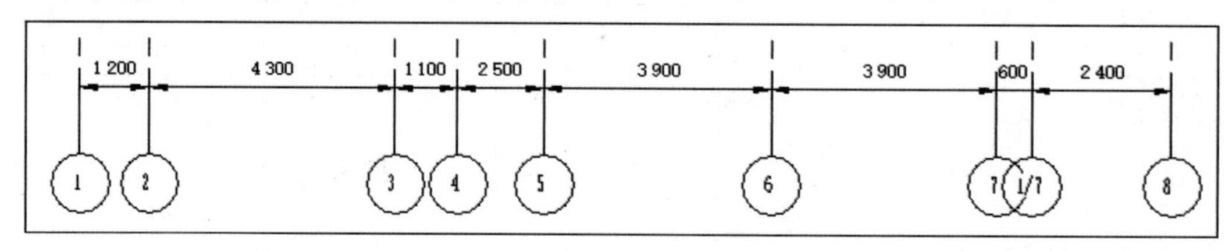

图 1－16

重复类似于垂直轴线的“绘制+复制”的过程。先绘制第一条水平轴线,将其编号文字修改为“A”,注意绘制 A 号轴线时,起点位于 1 号轴线的左下角外侧,末点位于 8 号轴线的右下角外侧。在 A 号轴线基础上,利用“复制”命令,创建 B~I 号轴线,水平轴线相对进深距离分别为 4500、1500、4500、900、4500、2700、1800、3400。选择 I 号轴线,修改标头文字为“J”,Revit 目前不能自动排除 I、O、Z 等轴线编号,必须手动修改,确保轴线编号满足我国建筑制图规范的要求。至此完成轴网创建任务,如图 1－17 所示。

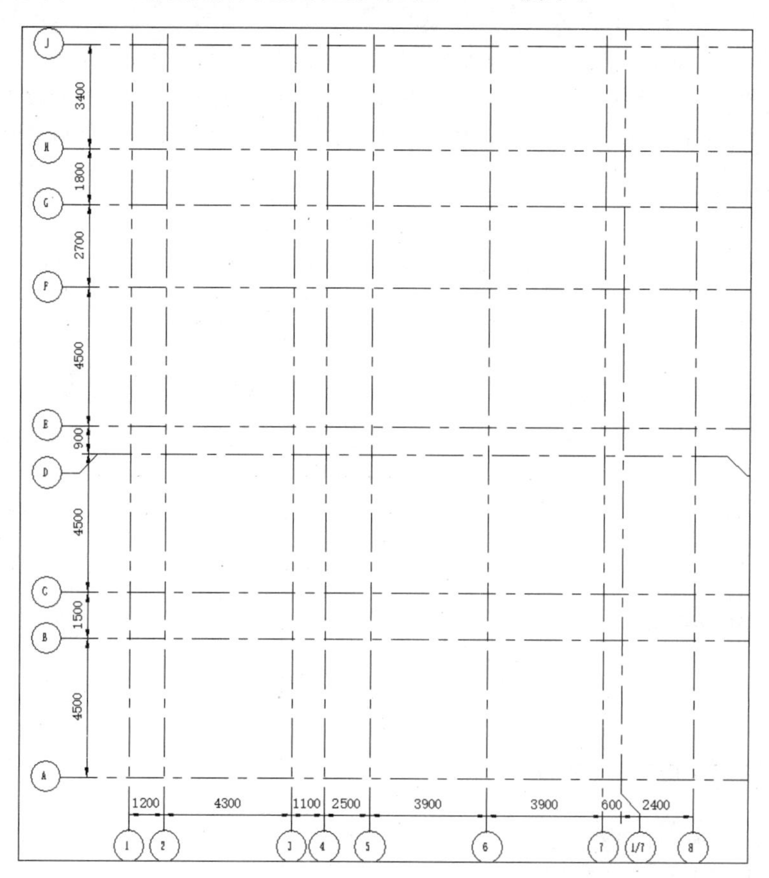

图 1－17

为了校对轴网尺寸是否正确，单击“注释”选项卡的“尺寸标注”面板上的“对齐”命令，如图 1-18 所示，从左到右单击垂直轴线，最后在 8 号轴线右侧空白之处单击，便可连续标注出开间方向的尺寸，如图 1-16 所示。重复“对齐”命令，标注进深方向的尺寸，如图1-17 所示。

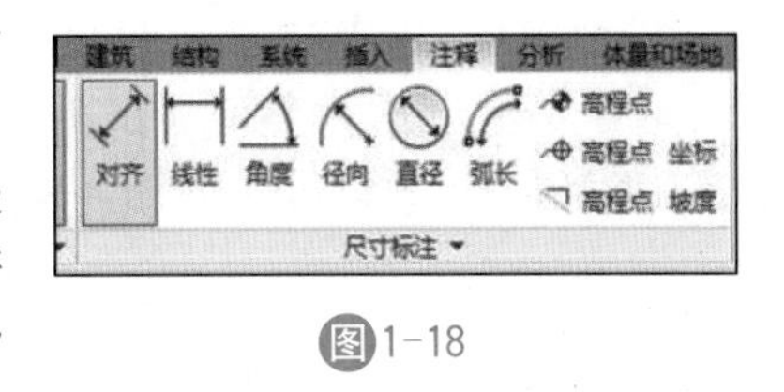

图1-18

1.6 编辑轴网

绘制完轴网后，需要在平面图和立面视图中手动调整轴线标头位置，修改 7 号和 1/7 号轴线、D 号和 E 号轴线标头干涉等问题，以满足出图需求。添加弯头，偏移 D 号轴、1/7 号轴线标头，如图 1-19 所示。

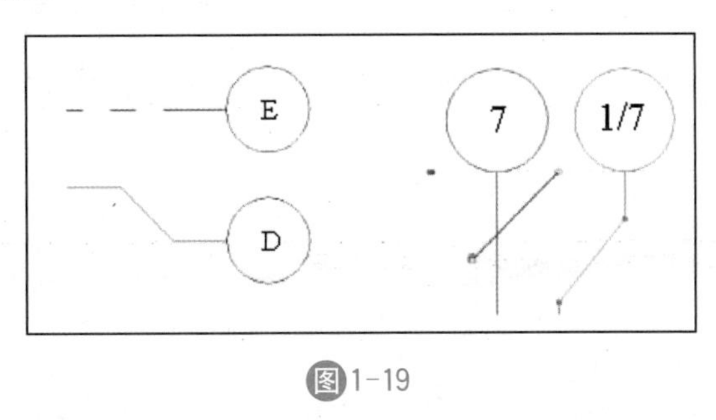

图1-19

与标高编辑方法一样，选择任意一根轴线，会显示临时尺寸、一些控制符号和复选框，如图 1-20 所示，可以编辑其尺寸值、单击并拖拽控制符号可整体或单独调整标高标头位置、控制标头隐藏或显示、标头偏移等操作。

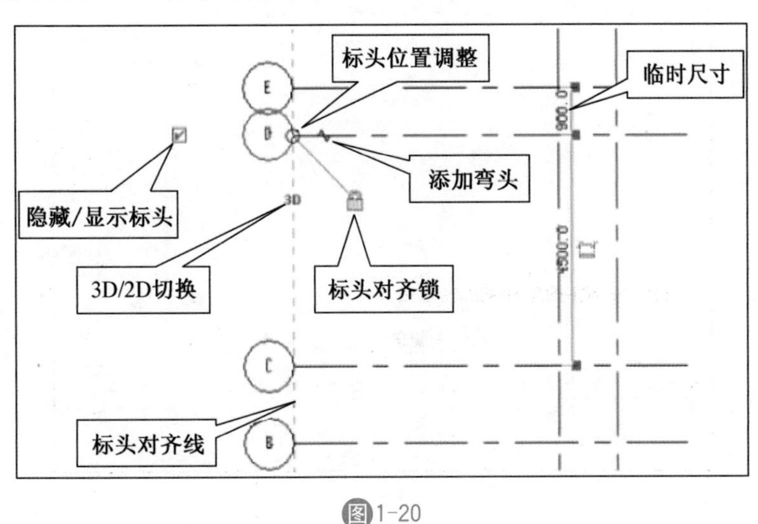

图1-20

在项目浏览器中双击“立面(建筑立面)”项下的“东”进入东立面视图，使用前述编辑标高和轴网的方法，调整标头位置、添加弯头，确保标高线和轴网线相交，以及左右出头长度适中，结果如图 1-21 所示。接下来框选所有标高线和轴网线(所有对象变成蓝色)，而后单击“修改|选择多个”选项卡上“基准”面板上的“影响范围”命令，在“影响基准范围”的对话框中

勾选“立面:西”,点击“确定”,便将东立面所有效果传递到西立面,如图 1-22 所示。

重复上述方法,调整南立面视图的标高和轴网,最终效果与图 1-21 相似,然后通过“影响范围”命令,将效果传递到北立面。

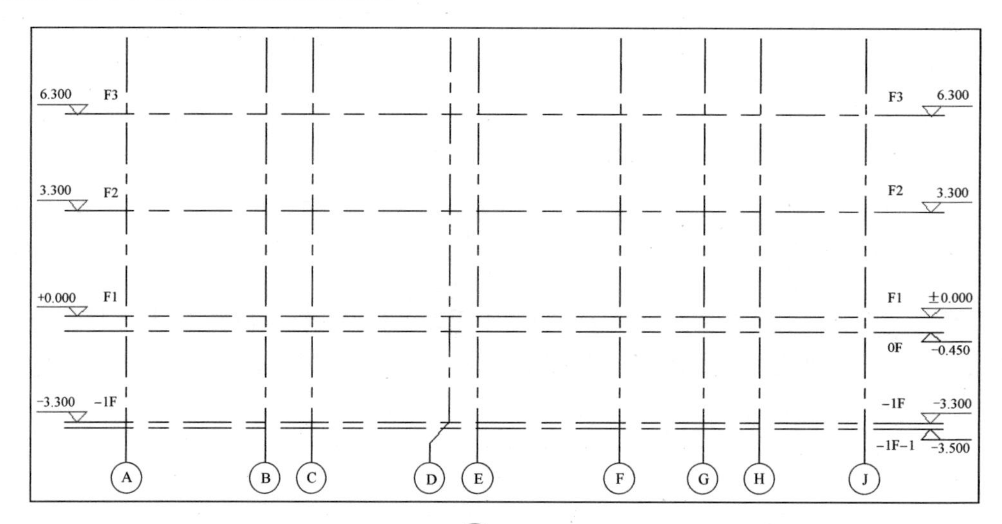

图1-21

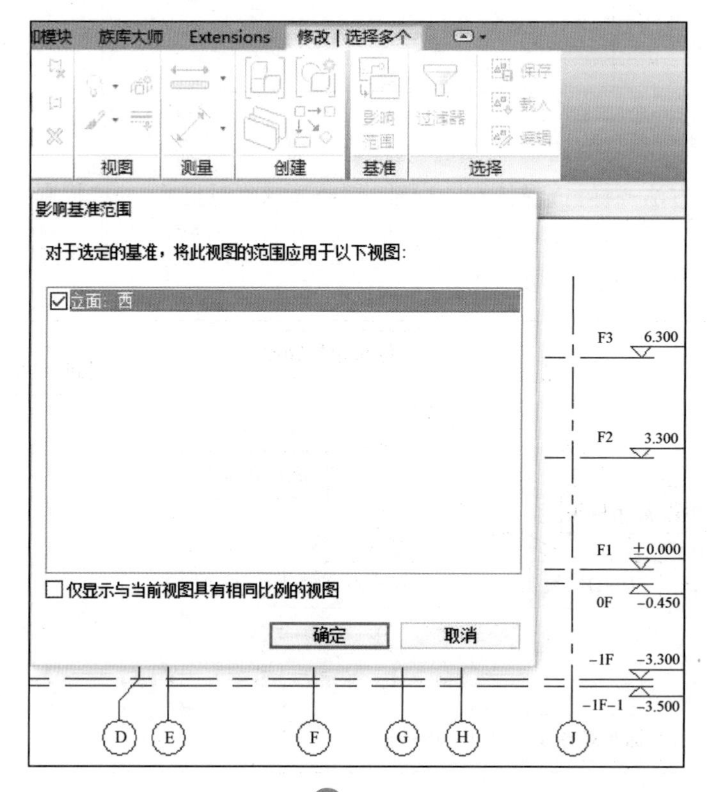

图1-22

在项目浏览器中双击“楼层平面”项下的“F1”视图,删除用于校对的所有尺寸标注对象,并调整轴网线标头,保证轴线相交,以及出头长度适中,整个轴网图形都必须位于四个小眼睛的观察范围之内。而后框选所有轴网对象,单击“修改|轴网”选项卡“修改”面板中“锁定”命令(快捷键 PN),将所有轴网锁定,后续建模过程中,轴网相对尺寸不得变动,如图

1－23所示。在所有轴网对象依然处于被选中状态下，单击“影响范围”命令，对话框中勾选所有楼层平面，将F1平面视图的所有效果传递到其他楼层平面视图中。同理，切换到东立面和南立面，锁定所有标高线，确保后续建模过程中，标高线的相对尺寸不得变动。与锁定命令相反的操作就是“解锁”命令（快捷键UP），被锁定的对象，如果需要调整，必须先“解锁”后才可编辑。

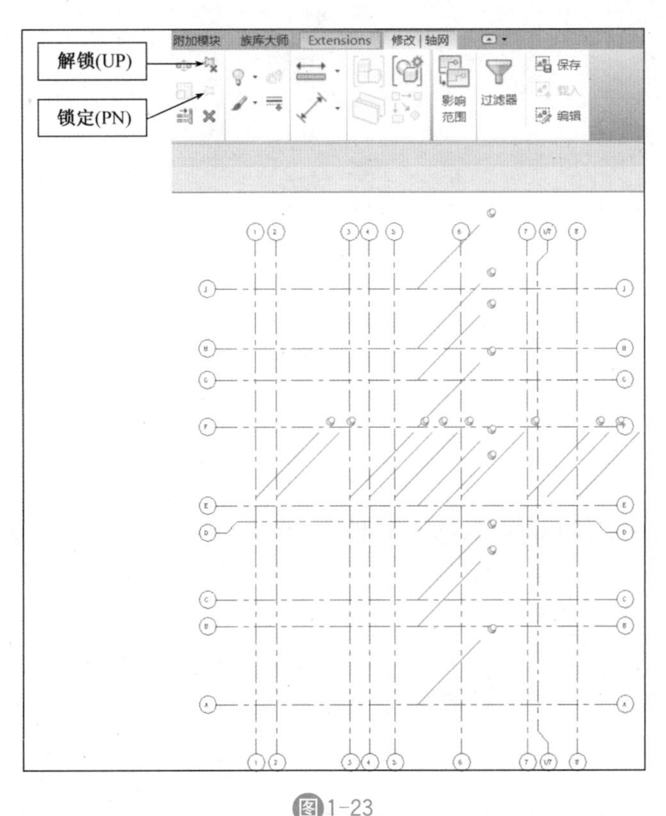

图1－23

除了上述一些轴网线的实例属性参数修改，也可选择某个轴线，在属性面板中单击“编辑类型”按钮，修改类型属性，如轴线中段下拉选择“连续”或者“无”等形式，如图1－24所示。

图1－24

至此完成标高和轴网的创建，单击快速访问工具栏“保存”按钮，保存项目文件。特别说明一点：如果立面图中轴线顶部端点低于某个标高线，则这个标高线以上平面不显示轴线。本项目任务“先创建标高，再创建轴网”，该顺序能够保证在立面图中轴线顶部端点将自动位于最顶一层的标高线之上，轴线与所有标高线相交，从而保证所有楼层平面图中会自动显示所有轴网线。

项目任务2
创建地下一层构件

课程概要

上个项目任务完成了标高和轴网等基准图元的设计，本项目任务将从地下一层平面开始，分层逐步完成别墅三维模型的设计。本项目任务将首先为地下一层自定义复合墙类型，详细讲解自定义墙体类型的方法，然后再逐一绘制地下一层的外墙与内墙，并在墙体上插入门窗，设置门窗底高度等各项参数，调整门窗开启方向等。最后将拾取外墙位置绘制地下一层楼板轮廓边界线，为地下一层创建楼板。

课程目标

1. 技能目标：(1) 绘制墙体的方法；(2) 插入门窗与编辑门窗的方法；(3) 常规平楼板的创建方法。

2. 素质目标：先创建墙体后放置门窗，删除墙体便自动删除门窗，所谓“皮之不存，毛将焉附”，本项目任务可引导学生形成“个人事业依赖集体平台”的人生观等。

微课4

创建地下一层墙体

2.1 绘制地下一层外墙

1. 新建墙类型

打开上一个项目任务完成的“别墅 01 -标高轴网. rvt”文件，另存为“别墅 02 -地下一层. rvt”。在项目浏览器中双击“楼层平面”项下的“－1F”，打开地下一层平面视图。单击“建筑”选项卡构建面板中“墙”命令(或快捷键 WA)，进入墙体绘制和编辑界面。类型选择器选择“基本墙—普通砖—200 mm”，单击“编辑类型”进入类型属性面板，单击“复制”(相当于另存为)，名称输入“外墙饰面砖”，如图 2－1 所示，单击“确定”，完成新建墙类型的命名。

属性
基本墙
普通砖 - 200mm
墙 (1) 编辑类型
限制条件
定位线 墙中心线
底部限制条件 -1F
底部偏移 0.0
已附着底部
底部延伸距离 0.0
顶部约束 直到标高: F1
无连接高度 3300.0
属性帮助 应用
名称
名称(N): 外墙饰面砖1
确定 取消
类型属性
族(F): 系统族: 基本墙 载入(L)...
类型(T): 普通砖 - 200mm 复制(D)...
重命名(R)...
类型参数
参数 值
构造
结构 编辑...
在插入点包络 不包络
在端点包络 无
厚度 200.0
功能 外部
图形
粗略比例填充样式
粗略比例填充颜色 黑色
材质和装饰
结构材质 墙体-普通砖
标识数据

图2-1

定义墙的构造层(复合墙):在平面及剖面视图中可以看到复合墙中的构造层,每一个层都有其各自的材料、厚度、功能。在 Revit 中复合墙可以定义为若干平行墙构成。这些墙可以是单一的材质,或者是多种材料组合,诸如石膏板、立柱、绝缘层等。单击图 2-1 中的“结构”栏中的“编辑…”按钮,弹出如图 2-2 所示的“编辑部件”对话框,先选择“结构[1]”,而后单击两次“插入”,插入两个新层,通过“向上、向下”按钮调整层的顺序,将 1 层“功能”修改为“面层 1[4]”,而后单击“材质”列值“按类别”,打开“材质”对话框,搜索并选择“外墙饰面砖”,如图 2-3 所示,单击“确定”,设置“厚度”值为 20。同理,将 5 层“功能”修改为“面层 2[5]”,材质默认,设置“厚度”为 20,结果如图 2-4 所示,连续单击“确定”关闭各个对话框,完成一个新建墙类型。

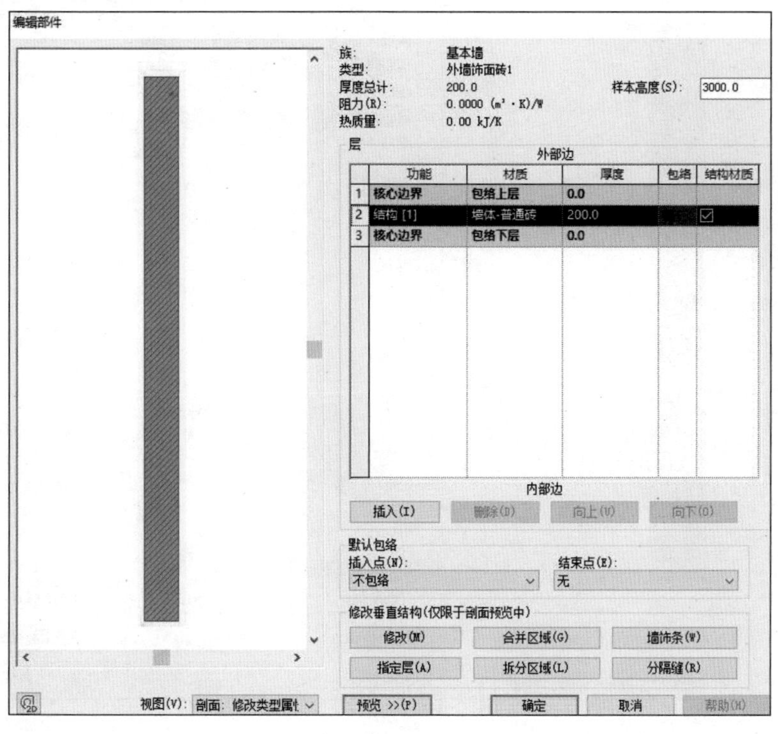

图2-2

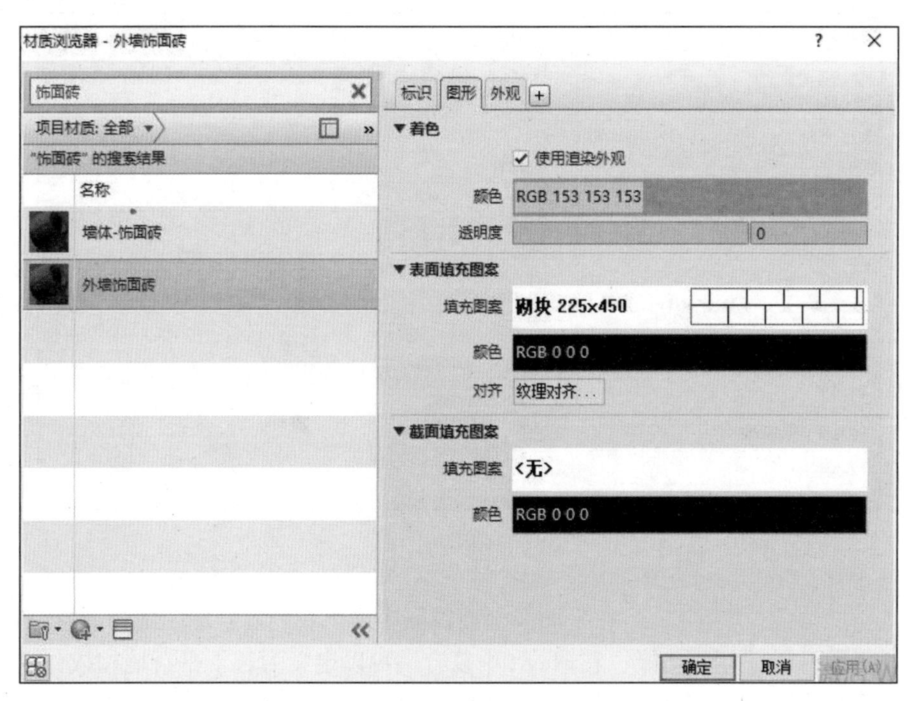
材质浏览器 - 外墙饰面砖
饰面砖
项目材质: 全部
"饰面砖" 的搜索结果
名称
墙体-饰面砖
外墙饰面砖
标识
图形
外观
着色
使用渲染外观
颜色
RGB 153 153 153
透明度
0
表面填充图案
填充图案
砌块 225x450
颜色
RGB 0 0 0
对齐
纹理对齐...
截面填充图案
填充图案
<无>
颜色
RGB 0 0 0
确定
取消
应用(A)

图2-3

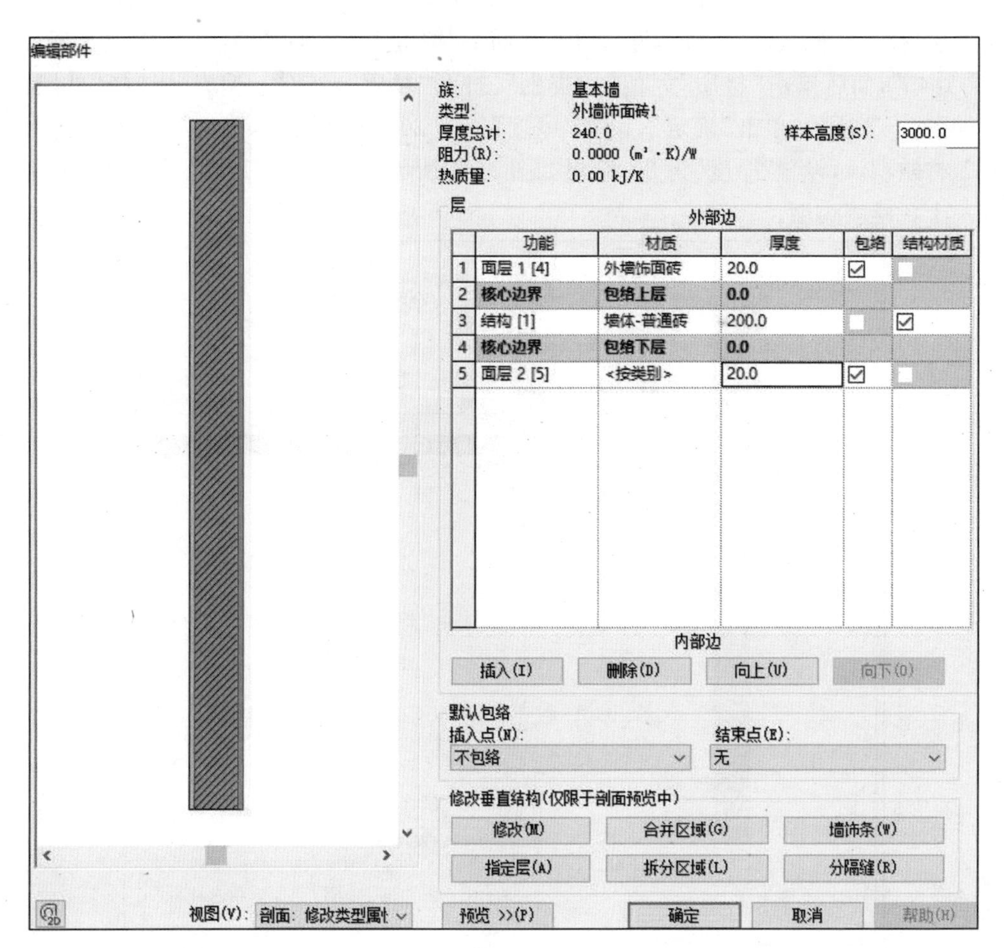
编辑部件
族: 基本墙
类型: 外墙饰面砖1
厚度总计: 240.0
阻力(R): 0.0000 (m²·K)/W
热质量: 0.00 kJ/K
样本高度(S): 3000.0
层
外部边
功能
材质
厚度
包络
结构材质
1 面层 1 [4] 外墙饰面砖 20.0
2 核心边界 包络上层 0.0
3 结构 [1] 墙体-普通砖 200.0
4 核心边界 包络下层 0.0
5 面层 2 [5] <按类别> 20.0
内部边
插入(I)
删除(D)
向上(U)
向下(O)
默认包络
插入点(N):
不包络
结束点(E):
无
修改垂直结构(仅限于剖面预览中)
修改(M)
合并区域(G)
墙饰条(W)
指定层(A)
拆分区域(L)
分隔缝(R)
视图(V):
剖面: 修改类型属性
预览 >>(P)
确定
取消
帮助(H)

图2-4

Revit 预设了墙体六种层功能：① 结构[1]：支撑其余墙、楼板或屋顶的层；② 衬底[2]：作为其他材质基础的材质(例如胶合板或石膏板)；③ 保温层/空气层结构[3]：隔绝并防止空气渗透；④ 涂膜层：通常用于防止水蒸气渗透的薄膜，涂膜层的厚度应该为零；⑤ 面层 1[4]：通常是外层；⑥ 面层 2[5]：通常是内层。注意"[ ]"内的数字代表优先级，可见"结构"层具有最高优先级，"面层 2"具有最低优先级。较高优先权的墙会比较低优先权的墙先连接。例如连接两道墙时，第一道墙中优先权 1 的墙层会连接到第二道墙中优先权 1 的墙层，优先权为 1 的墙层有最高的优先权，可以穿过所有较低优先权的墙层以连接另一道优先权 1 的墙层，一个较低优先权的墙层无法穿过具有相同或较高优先权的墙层，如图 2-5 所示。

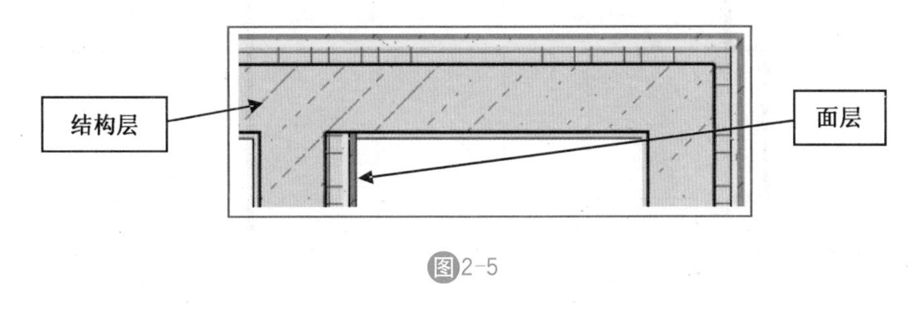

图2-5

2. 绘制地下一层外墙

新建了墙类型之后，可在平面视图中下达墙体指令选择墙类型绘制墙，通过属性对话框控制墙体底部和顶部约束条件等。确认项目浏览器打开的是"－1F"平面视图，快捷键 WA，类型选择器选择"基本墙：剪力墙－200 mm"，属性面板中"底部限制条件"为"－1F－1"(不是默认的－1F)，"顶部限制条件"为"直到标高 F1"，如图 2-6 所示。单击绘制面板的"直线"命令(也可选择圆弧、矩形等方式)，移动光标单击鼠标左键捕捉 E 轴和 2 轴交点为绘制墙体起点，顺时针单击捕捉 E 轴和 1 轴交点、F 轴和 1 轴交点、F 轴和 2 轴交点、H 轴和 2 轴交点、H 轴和 7 轴交点、D 轴和 7 轴交点、绘制上半部分墙体，如图 2-7 所示。

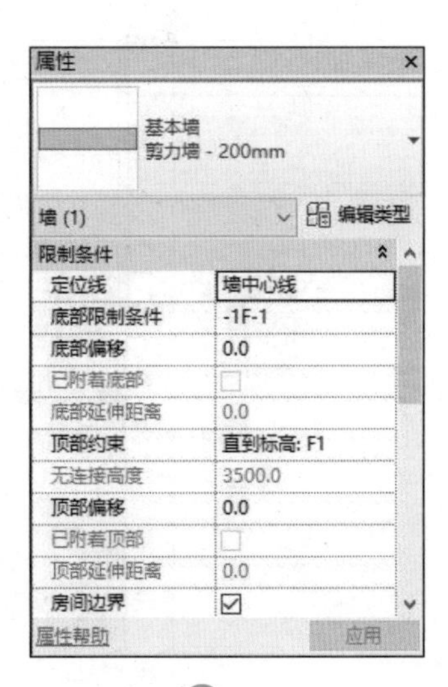

图2-6

按下 Esc 键 1 次，结束图 2-7 的外墙绘制，此时依然处于墙体绘制页面状态，紧接着将属性面板中墙的类型替换为新建的"外墙饰面砖"，"底部限制条件"为"- 1F - 1"(不是默认的- 1F)，"顶部限制条件"为"直到标高 F1"。移动光标，单击鼠标左键捕捉 E 轴和 2 轴交点为绘制墙体起点，然后光标垂直向下移动，键盘输入"8280"按"Enter"键确认；光标水平向右移动到 5 轴单击，继续单击捕捉 E 轴和 5 轴交点、E 轴和 6 轴交点、D 轴和 6 轴交点、D 轴和 7 轴交点，绘制下半部分外墙，如图 2-8 所示。按 2 次 Esc 键退出墙体绘制状态。因下部分墙体绘制路径为逆时针，该段墙体的饰面砖效果位于内侧，按住 Ctrl 键，选中此段墙体，单击空格键，翻转墙面，也可选中一段墙体，单击翻转符号翻转墙面。项目浏览器切换到三维视图状态，通过 View Club 变换观察方向，检查地下一层两段外墙的绘制效果，如图 2-9 所示。

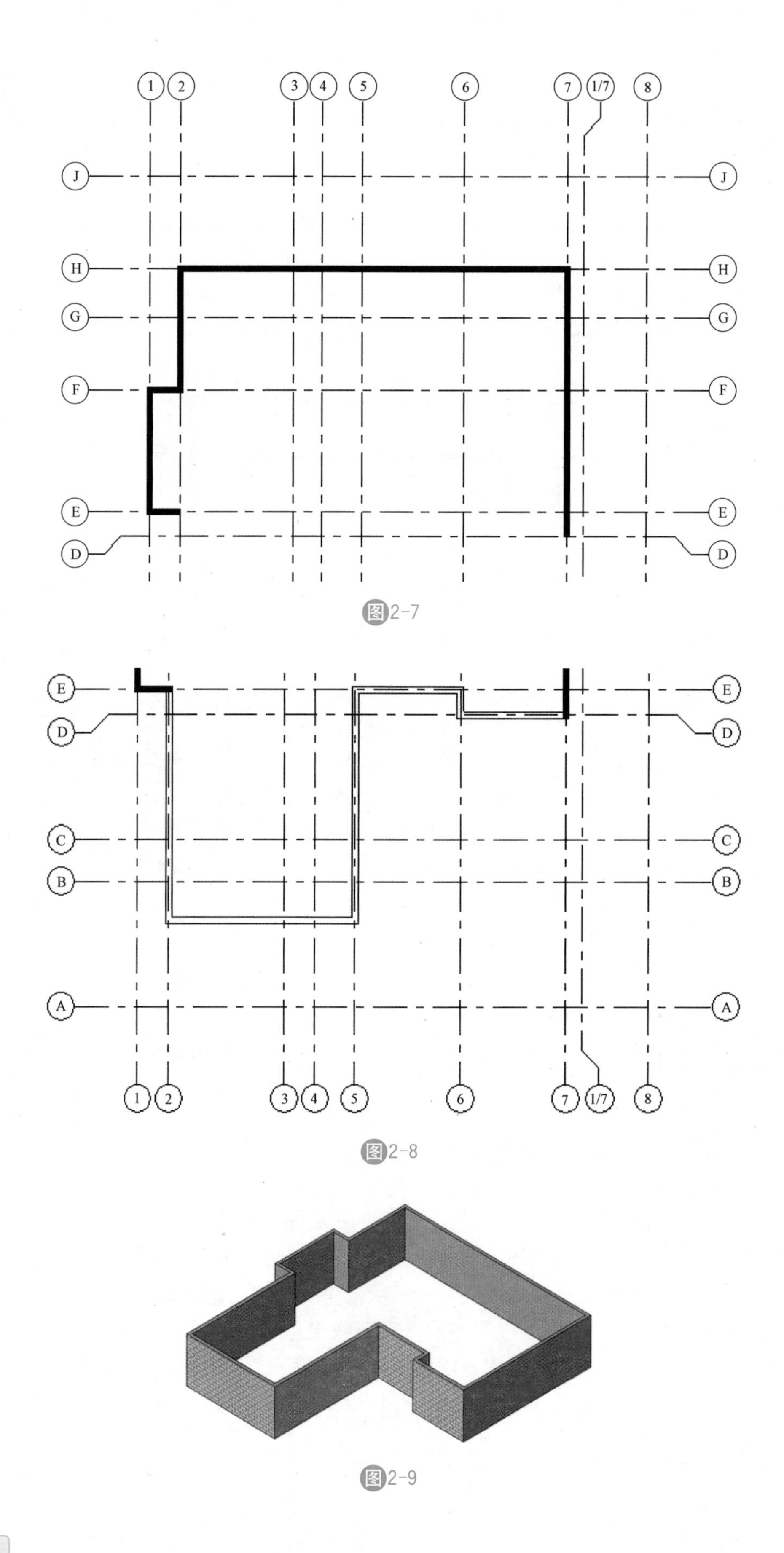

图2-7

图2-8

图2-9

2.2 绘制地下一层内墙

项目浏览器打开"－1F"平面视图，快捷键 WA，类型选择器选择"普通砖- 200 mm"，属性面板中"底部限制条件"为"－1F"（内墙底部是室内地坪标高－1F，此前外墙底部是室外地坪标高－1F－1），"顶部限制条件"为"直到标高 1F"，单击绘制面板中"直线"，按图 2－10 的内墙位置捕捉轴线交点，绘制 5 段"普通砖- 200 mm"地下室内墙。

注意：按 1 次 Esc 键是退出一段墙的绘制，可以接着绘制下一段墙，按 2 次 Esc 键才是退出整个命令的对话。

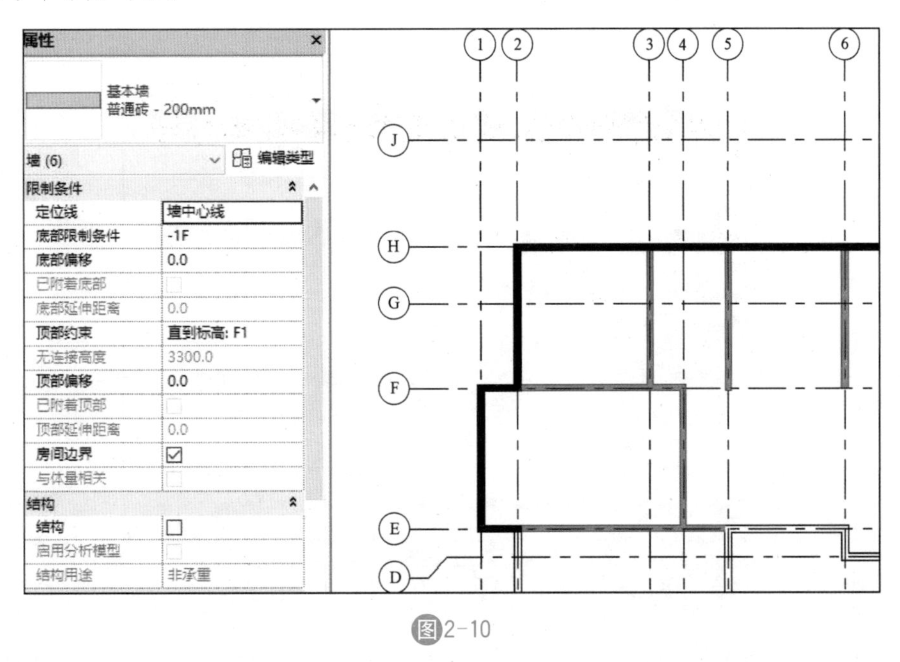

图2-10

重新选择"基本墙：普通砖－100 mm"，确认属性面板中"底部限制条件"为"－1F"，"顶部限制条件"为"直到标高 1F"，选项栏上或实例属性的"定位线"下拉选择"核心面—外部"（此前默认墙中心线），按图 2－11 的内墙位置捕捉轴线交点，绘制 3 段"普通砖- 100 mm"地下室内墙。项目浏览器切换到 3D，观察外墙和内墙的效果，如图 2－12 所示。

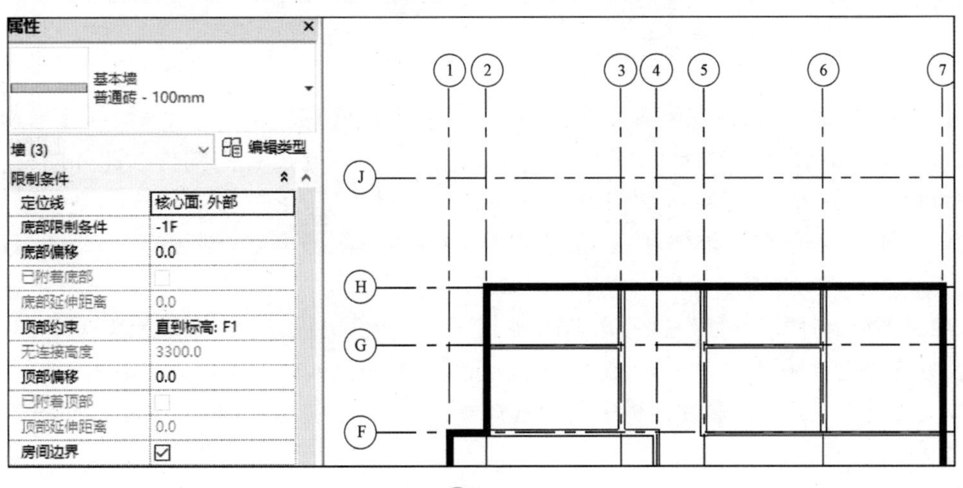

图2-11

墙的“定位线”用于在绘图区域中指定的路径来定位墙，也就是墙体的哪一个面层线作为绘制墙体的基准线。墙的定位方式共有六种：墙中心线(默认)、核心层中心线、面层面：外部、面层面：内部、核心面：外部、核心面：内部。墙的核心是指其主结构层。在非复合的砖墙中，“墙中心线”和“核心层中心线”会重合。以族库中自带样板的基本墙“CW 102－85－100p”为例，该墙的结构属性以及定位线，如图 2－13 所示。

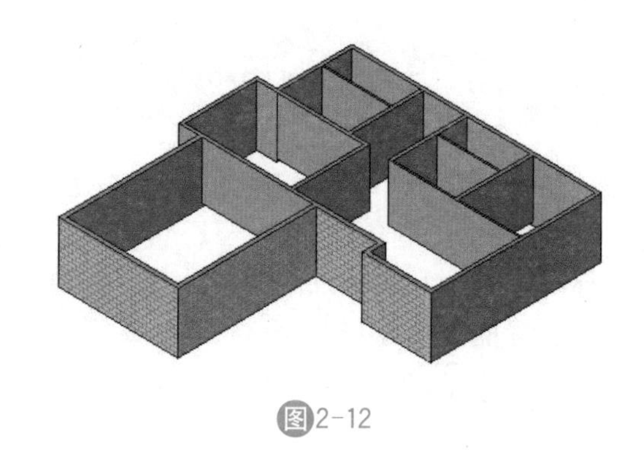

图2-12

	功能	材质	厚度	包络	结构材质
1	面层 1 [4]	砖，普通	102.0	☑	☐
2	保温层/空气层	空气	50.0	☑	☐
3	保温层/空气层	空心填充	35.0	☑	☐
4	涂膜层	隔汽层	0.0	☑	☐
5	**核心边界**	**包络上层**	**0.0**		
6	结构 [1]	混凝土砌块	100.0	☐	☑
7	**核心边界**	**包络下层**	**0.0**		
8	面层 2 [5]	石膏墙板	12.0	☑	☐

核心面：外部　面层面：外部　墙中心线

核心面：内部　面层面：内部　核心层中心线

图2-13

2.3　放置地下一层门

Revit 在平面、立面或三维视图中，可将门窗放置到任意类型的墙上，包括弧形墙、内建墙和基于面的墙(例如斜墙)，同时自动在墙上剪切洞口并放置门构件。此外门窗在项目中可以通过修改类型参数，如门窗的宽和高以及材质等，形成新的门窗类型。墙体为门窗的主体，门窗依附于墙体存在，删除墙体，门窗也随之被删除，删除门窗，墙体洞口自动闭合。

项目浏览器打开“－1F”视图，单击选项卡“建筑”构件面板“门”(或快捷键 DR)，单击选择“在放置时进行标记”，以便对门进行自动标记，通常不引入标记引线，选项栏一般不勾选“引线”，无需指定长度。属性面板中类型选择器下拉选择“装饰木门－M0921”，如图 2－14 所示。

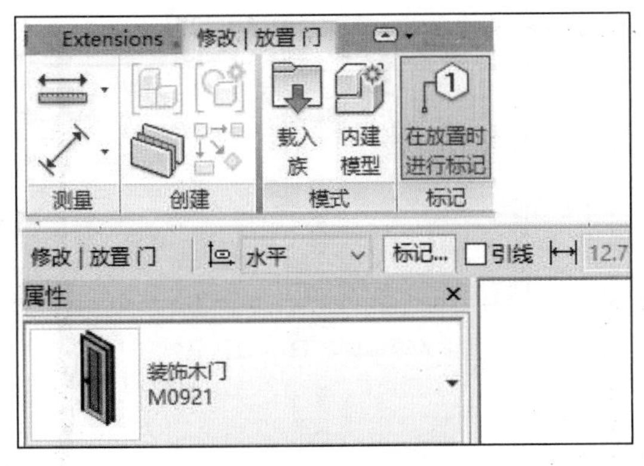

图2-14

将光标移到位于2轴和3轴之间的G轴"普通砖-100 mm"的内墙时，此时会出现门与周围墙体距离的蓝色相对尺寸，这样可以通过相对尺寸大致捕捉门的位置。在平面视图中放置门之前，按空格键可以控制门的左右开启方向，也可单击控制符号，翻转门的上下、左右的方向。在墙上合适位置单击鼠标左键以放置门，拖动临时尺寸标注蓝色的控制点到2轴(剪力墙—200墙的中心线上)，并将尺寸数字修改为"2900"，当然也可调整修改尺寸500，如图2-15所示。

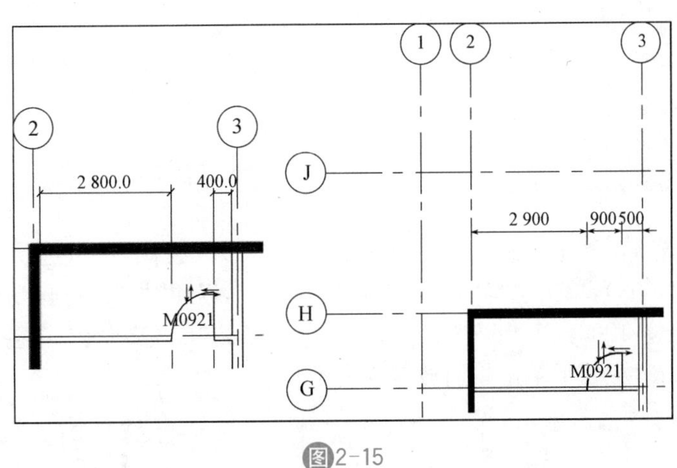

图2-15

图2-15中门的临时尺寸测量基准是墙体表面，不符合国内制图标注规范，每次都需要拖动尺寸控制点和修改定位尺寸数字，很不方便。单击"管理"选项卡上"其他设置"下拉菜单中"注释"中的"临时尺寸标注"，弹出临时尺寸标注属性对话框，如图2-16所示，将其中墙的临时尺寸测量由默认的"面"调整为"中心线"，门和窗默认"洞口"，这样放置门窗的时候，就不需要每次都拖曳临时尺寸控制点了。

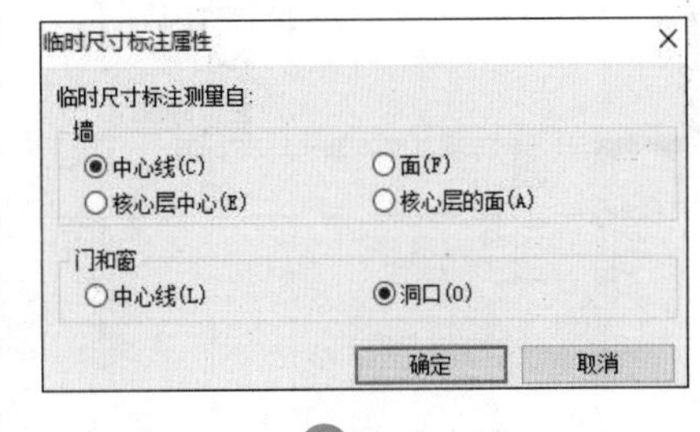

图2-16

同理，在类型选择器中分别选择"卷帘门：JLM5422""装饰木门-M0821""推拉门-YM2124""移门：YM3267"门类型，按图2-17的位置、尺寸、开启方向插入到墙上。同类型的多扇门(如6扇M0921)连续放置，而后选择新类型的门，一气呵成完成地下一层所有门的放置任务，而后按2次Esc键退出门放置命令。

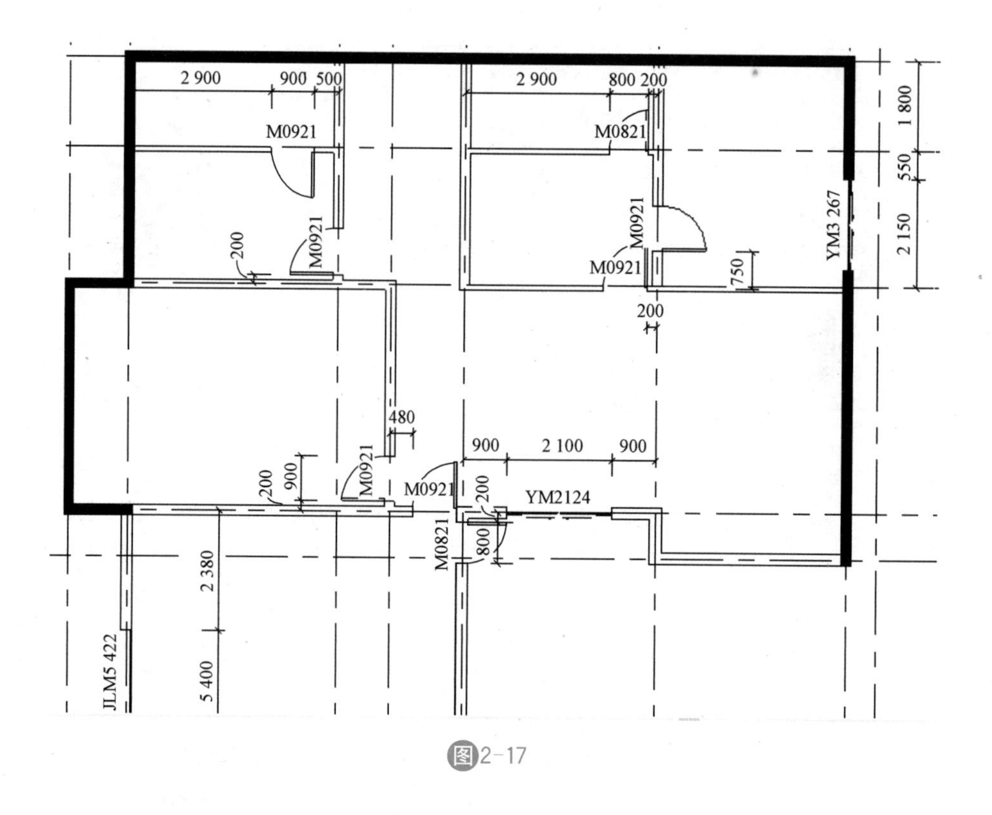

图2-17

2.4 放置地下一层窗

窗和门的放置方法基本一致。项目浏览器打开“－1F”视图，单击选项卡“建筑”构件面板“窗”(或快捷键 WN)，单击选择“在放置时进行标记”，以便对窗进行自动标记。在类型选择器中选择“推拉窗 1206：C1206”“固定窗 0823：C0823”“C3415”“固定窗 0624：C0624”类型，按图 2－18 位置，在墙上单击将窗放置在合适位置。

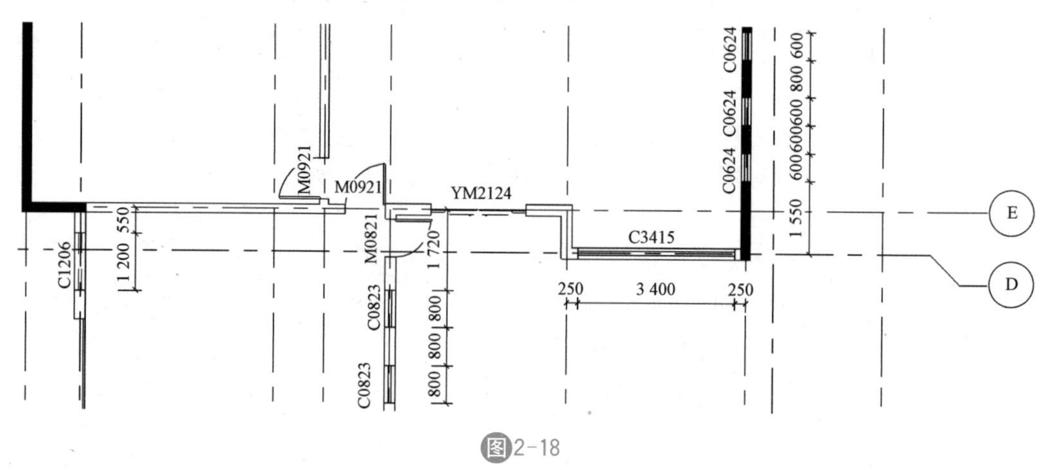

图2-18

本项目例中窗台底高度不一致，一次性插入所有窗户之后需要手动调整窗台高度。几个窗的底高度值为：C0624－350 mm、C3415－900 mm、C0823－400 mm、C1206－1900 mm。调整方法如下：

方法一：选择任意一个“C0823”，右键菜单“选择全部实例—在视图中可见”，然后在属性面板中修改“底高度”值为400，如图2－19所示。

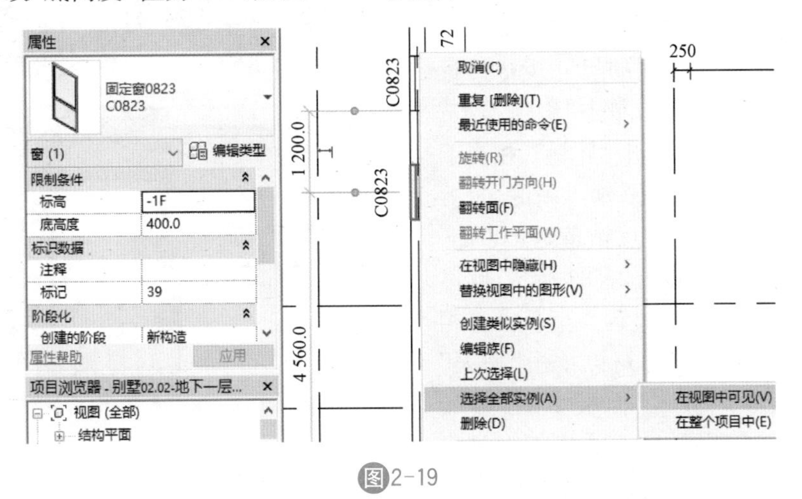

图2-19

方法二：切换至立面视图，选择窗，移动临时尺寸界线，修改临时尺寸标注值。项目浏览器切换到东立面，选择“C0823”，拖曳临时尺寸控制点至“－1F”标高线，修改临时尺寸标注值为“400”后按“Enter”键确认修改，如图2－20所示。

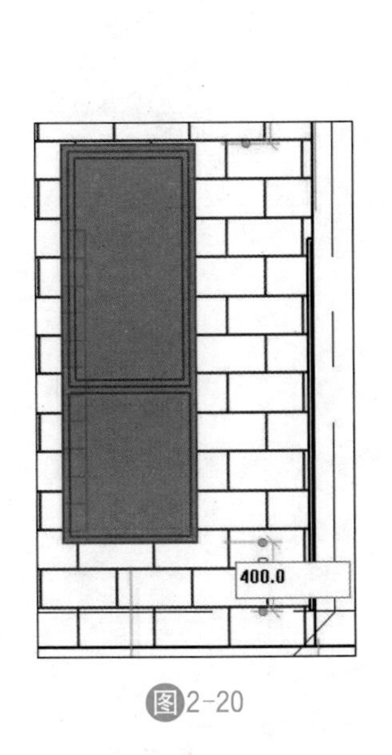

图2-20

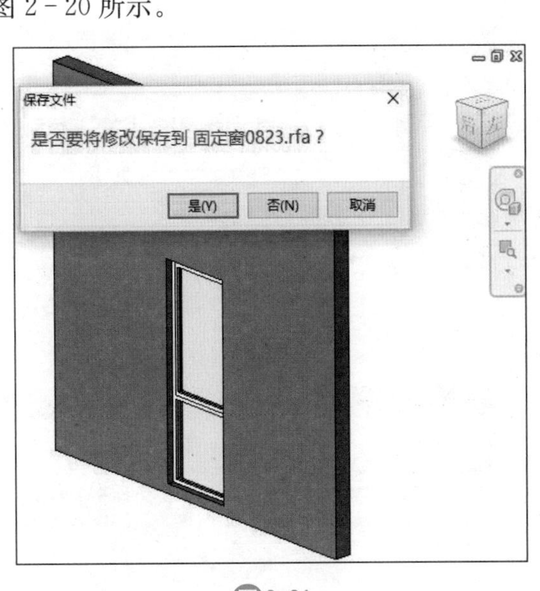

图2-21

在选择门窗的过程中，有时候不小心双击对象，Revit便会进入“族”的编辑界面，如图2－21所示，此时点击页面右上角“关闭”按钮，跳出保存文件提示，如“是否要将修改保存到固定窗0823. rfa”（＊. rfa为族格式文件的后缀），单击“否”，即可返回正常的项目界面。

至此完成地下一层的门窗放置任务，保存文件。项目浏览器切换到3D，观察门窗实际效果，在特定视点角度下，个别门窗被遮盖，此时先选中附近图元，按住shift键，同时转动鼠标滚轮，便可以围绕选中的图元，旋转整个3D模型，以便观察到被遮盖的图元，如图2-22所示。旋转之后的3D模型，可以通过View Club切换到3D的主视图状态。

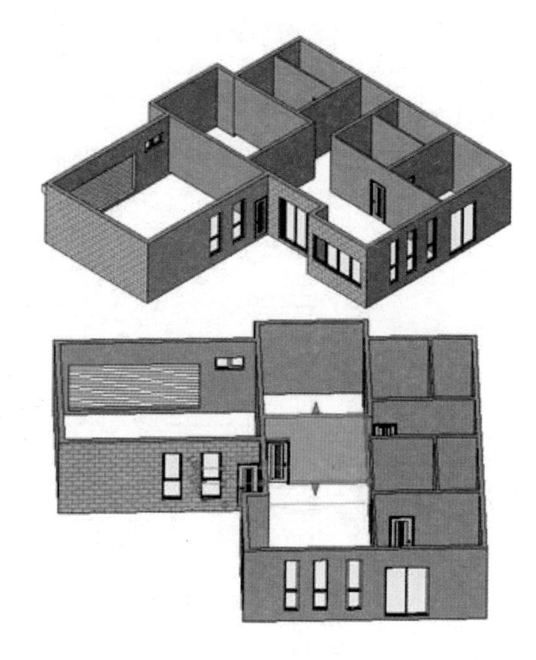

图2-22

以上放置门窗的过程中，如果类型选择器没有直接使用的规格，比如装饰木门M0824，可以选择同类型的尺寸规格接近的比如装饰木门M0823，单击“编辑类型”弹出类型属性对话框，单击“复制”(相当于另存为)，弹出命名对话框，输入新的名称：M0824，而后修改门的宽度数值为800，高度尺寸数值为2400，如图2-23所示，此过程类似于新建墙类型的过程。至于没有相同类型相近规格的门窗，可以单击“插入”选项卡上“从库中载入”面板中的“载入族”，如图2-24所示，到系统族库中寻找相同类型相近规格的族。系统族库就是Revit的资源库，平时要注意搜集和积累族，也可自创族，后续课程会涉及“族”的创建内容。

类型属性

族(F)： 装饰木门 载入(L)...

类型(T)： M0824 复制(D)...

重命名(R)...

类型参数

参数	值
尺寸标注	
高度	2400.0
宽度	800.0

图2-23

图2-24

2.5 创建地下一层楼板

项目浏览器打开-1F平面视图。单击选项卡“建筑”的构建面板“楼板”命令，进入楼板绘制模式。属性面板类型选择器下拉选择“常规-200 mm”，选择“绘制”面板“拾取墙”命令，在选项栏中设置偏移为：-20，如图 2-25 所示。移动光标到外墙外边线上，依次单击拾取外墙外边线（自动向内侧偏移 20 mm 生成紫色线），或者用 Tab 键全选外墙：先鼠标移到一个墙体边缘呈蓝色预选状态，再按 Tab 键，整个封闭的外墙边缘呈蓝色预选状态，然后鼠标左键单击，生成紫色封闭的楼板边缘线，相对整个封闭外墙边缘线向内侧偏移20 mm，如图 2-23 所示，单击“√”，弹出对话框，如图 2-26 所示，选择“是”，楼板与墙体相交的地方将自动剪切，自此便完成地下一层楼板绘制，项目浏览器切换到 3D 视图，如图 2-27 所示。

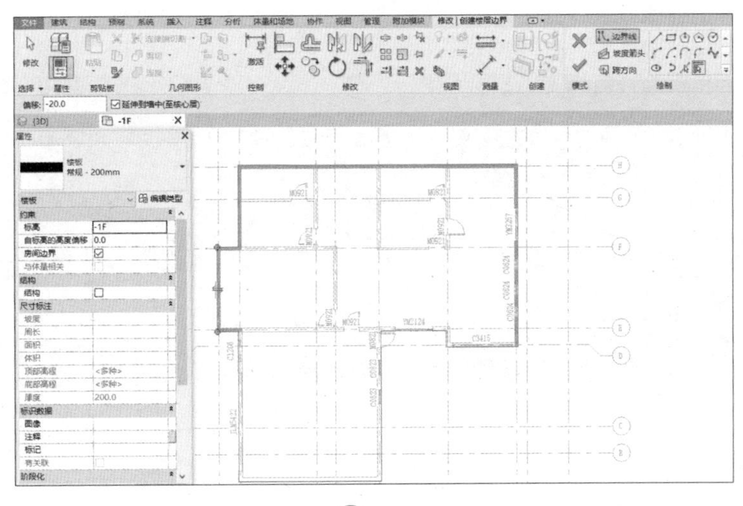

图2-25

楼板可通过“拾取墙”“拾取线”或使用“线”来创建。“拾取墙”创建的楼板和墙体之间保持关联，当墙体位置改变后，楼板会自动更新。选项栏中延伸到墙中（至核心层）：定义轮廓线到墙核心层之间的偏移距离。如偏移值为零，则楼板轮廓线会自动捕捉到墙的核心层内部进行绘制。如果需要重新编辑楼板轮廓，选择楼板，然后单击“修改|楼板”选项卡中“模式”面板中“编辑边界”进行修改，最后单击“√”结束编辑。

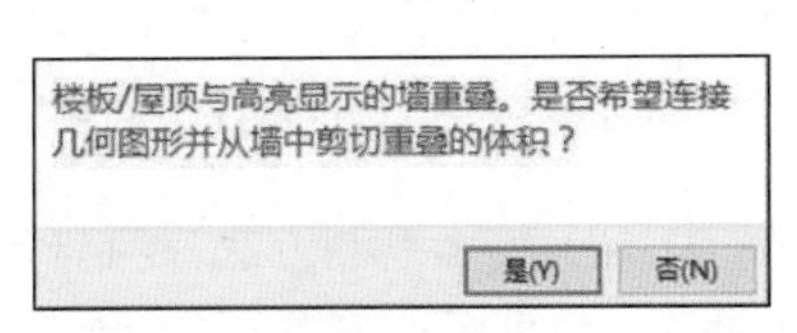

图2-26

微课6

创建地下一层楼板

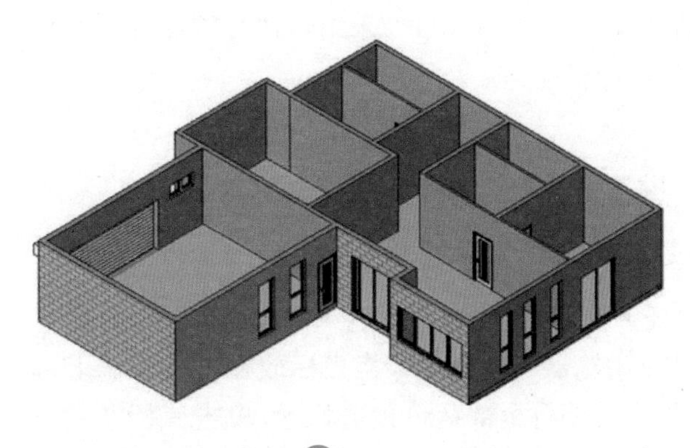

图2-27

项目任务3
创建首层构件

课程概要

在上一项目任务完成之后，可以复制地下一层的构件到首层平面，经过局部编辑修改后，即可快速完成新楼层平面设计，而无须从头逐一绘制首层的墙体和门窗等构件，极大地提高了设计效率。本项目任务将首先整体复制地下一层外墙，将其“对齐粘贴”到首层平面，然后用“修剪”和“对齐”等编辑命令修改复制的墙体，并补充绘制首层内墙。然后插入首层门窗，并精确定位其位置，编辑其“底高度”等参数。最后将综合使用“拾取墙”和“线”命令绘制首层楼板轮廓边界线，创建带露台的首层楼板。

课程目标

1. 技能目标：(1) 选择与过滤构件的方法；(2) 整体复制方法：复制与对齐粘贴；(3) 墙体的各种编辑方法：图元属性、对齐、修剪、拆分、编辑墙连接等；(4) 创建楼板的方法：拾取墙和绘制线。

2. 素质目标：Revit 修剪指令选择编辑对象口诀是“哪里保留点哪里”，AutoCAD 修剪指令选择编辑对象则是“哪里删除点哪里”，本项目任务可提醒与帮助学生形成“新旧知识的迁移”和“归纳总结”的理性思维等。

微课7

创建首层构件

3.1 复制地下一层外墙

打开上一个项目任务完成的“别墅 02-地下一层. rvt”文件，另存为“别墅 03-首层. rvt”。项目浏览器切换到 3D，将光标放在一段外墙上，蓝色预选显示后按 Tab 键，所有外墙将全部蓝色预选显示，单击鼠标左键，外墙将全部选中，构件蓝色亮显，如图 3-1 所示。单击菜单栏“剪贴板”—“复制到剪贴板”命令(不是“复制”命令，“复制”命令放置新构件不能够切换视图)，将所有构件复制到剪贴板中备用。单击菜单栏“剪贴板”—“粘贴”—“按选定标高对齐”命令，打开“选择标高”对话框，如图 3-2 所示，单击选择“F1”，单击“确定”。地下一层平面的外墙都被复制到首层平面，同时由于门窗默认为是依附与墙体的构件，所以一并被复制，如图 3－3 所示。

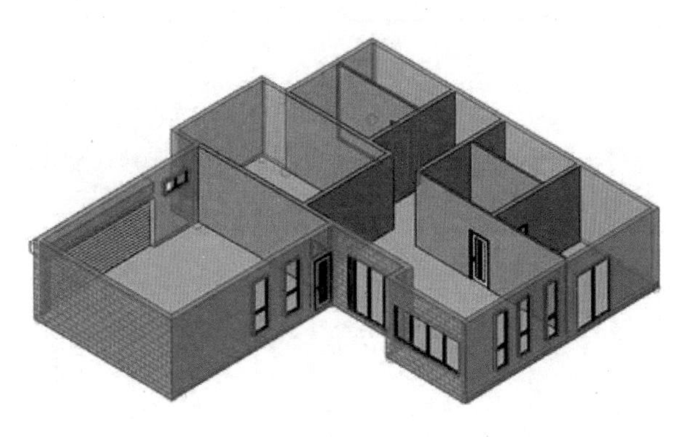

图3－1

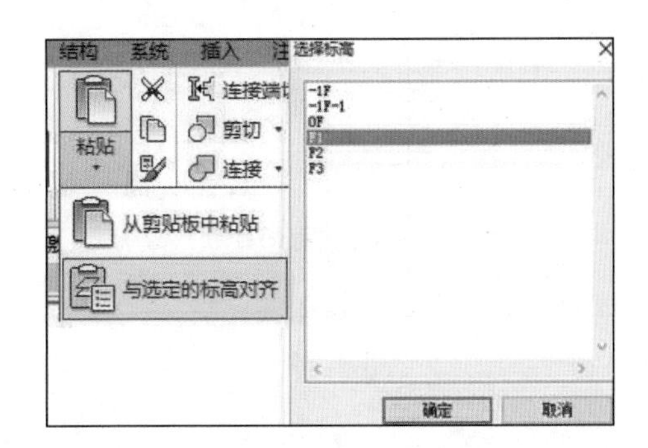

图3－2

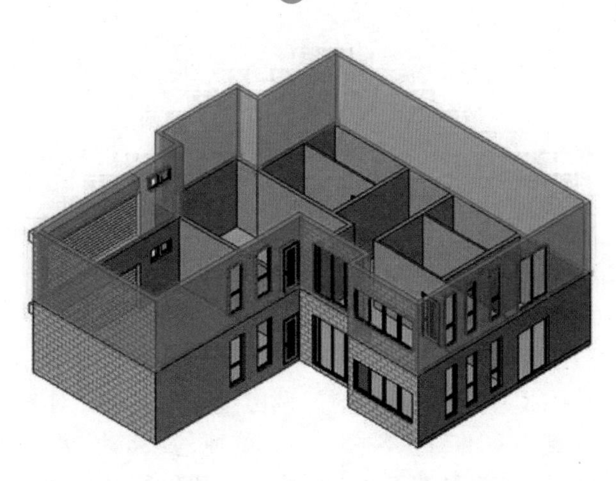

图3－3

项目浏览器下切换到“F1”平面视图，鼠标放在首层外墙左上角位置向右下角拖动，实框框选到首层所有构件（注意实框和虚框选择图元的差异，此时没有采用从右到左的虚框，避免碰及轴网对象，实框仅仅框选到外墙及其门窗，没有选择到轴网），再“选择”面板上单击“过滤器”工具，打开“过滤器”对话框，如图 3－4 所示，取消勾选“墙”，单击“确定”选择所有门窗，按“Delete”删除首层外墙上所有门窗。

过滤器是按构件类别快速选择一类或几类构件最方便快捷的方法。过滤选择集时，当类别很多而需要选择类别很少时，可以先单击“放弃全部”，再勾选“门”“窗”等，反之，当需要选择的很多，而不需要选择的相对较少时，可以先单击“选择全部”，再取消勾选不需要的类别，以提高选择效率。

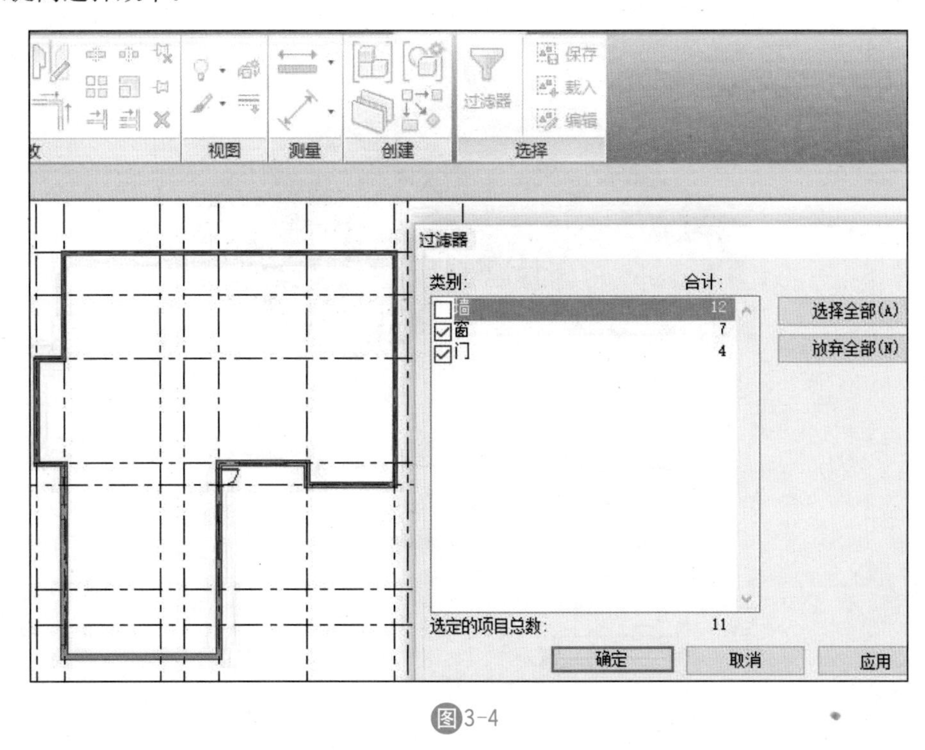

图3-4

3.2 编辑首层外墙

1. 调整 B 轴下方的外墙位置

先单击任意一个墙体图元，“修改|墙体”选项卡出现，单击“修改”面板上的“对齐”命令（快捷键 AL），移动光标单击拾取 B 轴线作为对齐目标位置，再移动光标到 B 轴下方的墙上，按 Tab 键，显示切换到墙的中心线位置单击拾取，便移动墙的位置，使其中心线与 B 轴对齐，如图 3－5 所示。连续按 Tab 键可以在一个实体附近切换选择图元。

“对齐”命令的操作顺序：先通过图元选择，调出选项卡后选择对齐命令，再选择目标位置的对象，最后选择需要移动的对象，注意不是单纯的“移动”效果，而是类似 CAD 的 Stretch 拉伸指令的效果，此处仅是被选择中心线的墙体移动，与之相连的两侧墙体则是退缩变短，对齐命令一般不改变构件的连接关系。

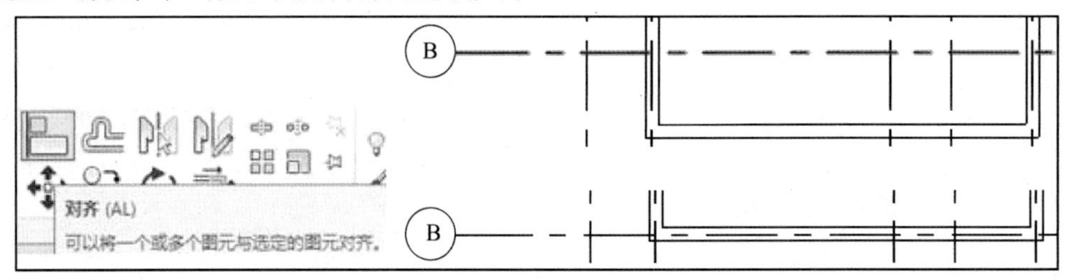

图3-5

2. 修改外墙实例属性和墙类型

在 F1 平面视图中实框框选首层外墙。地下一层外墙底部限制条件是“－1F－1”，顶部约束是“F1”，外墙高度是 3500，而首层外墙底部限制条件是“F1”，顶部约束条件是“F2”，外墙高度应该是 3300，所以，此时属性对话框中实例属性“顶部偏移”为 200，项目浏览器切换到任意立面图，便会观察到首层外墙超出 F2 标高线，如图 3－6 所示。修改方法非常简单，直接将实例属性“顶部偏移”数值由“200”修改为“0”，此时观察立面图，首层外墙顶部便与 F2 标高线平齐了，如图 3－7 所示。

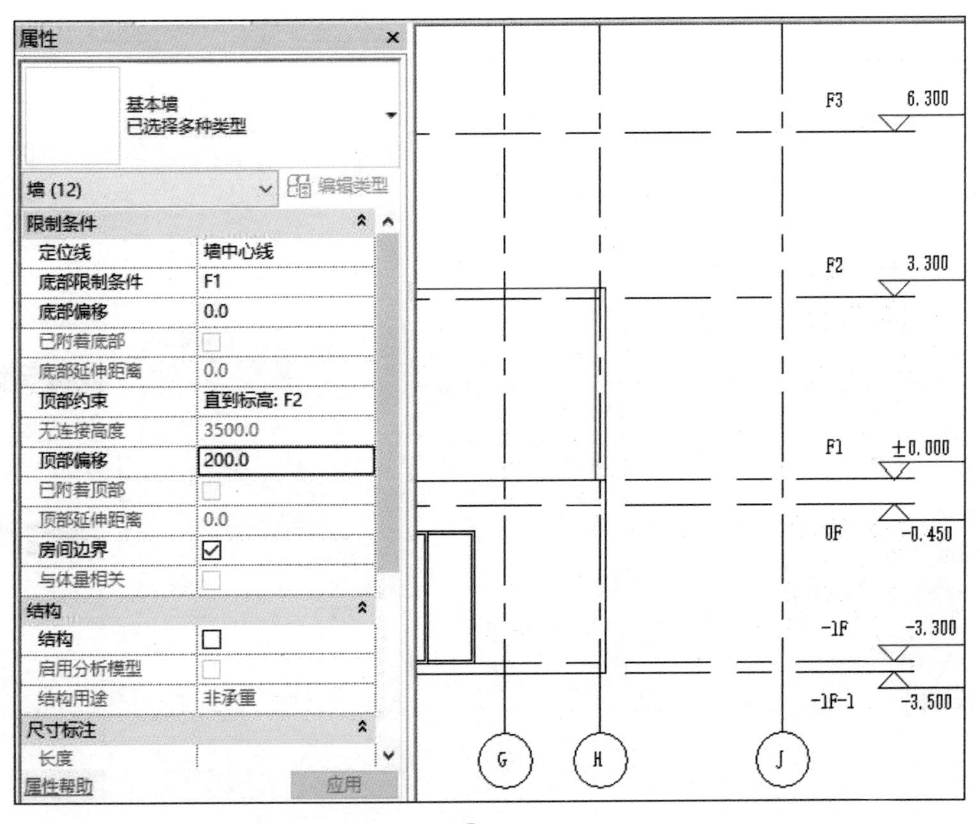

图3-6

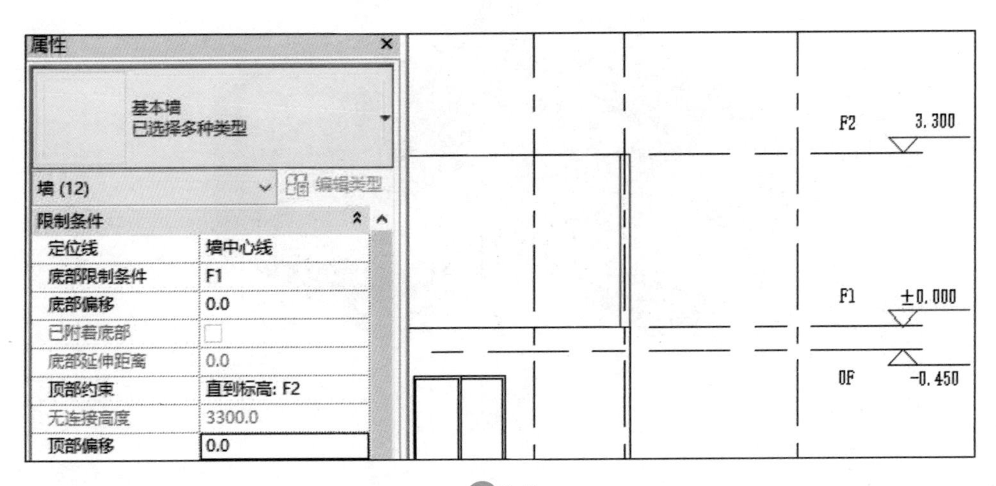

图3-7

首层外墙依然处于蓝色亮显的被选中状态，此时类型选择器显示“基本墙：已选择多种类型”。地下一层外墙是两段不同类型的墙，“外墙饰面砖”+“剪力墙-200 mm”。类型选择器下拉重新选择“剪力墙-200 mm”，单击“编辑类型”，弹出“类型属性”对话框，单击“复制”按钮，弹出“名称”对话框，新名称：剪力墙-200 mm(灰白色)。单击“结构”栏中“编辑”按钮，弹出“编辑部件”对话框，单击“结构[1]”材质栏“按类别…”，弹出“材质浏览器”对话框，单击“Graphics(图样)”下的“shading(阴影)”中的“Color(颜色)”，弹出“颜色”对话框，单击基本颜色中灰白色(最下一行第6列)，如图3-8所示，而后连续按“确定”按钮，关闭上述几个对话框，便将首层两段不同类型的外墙，统一修改为新建的墙类型：剪力墙-200 mm(灰白色)。项目浏览器切换到3D，可以观察到首层外墙的灰白色效果，如图3-9所示。

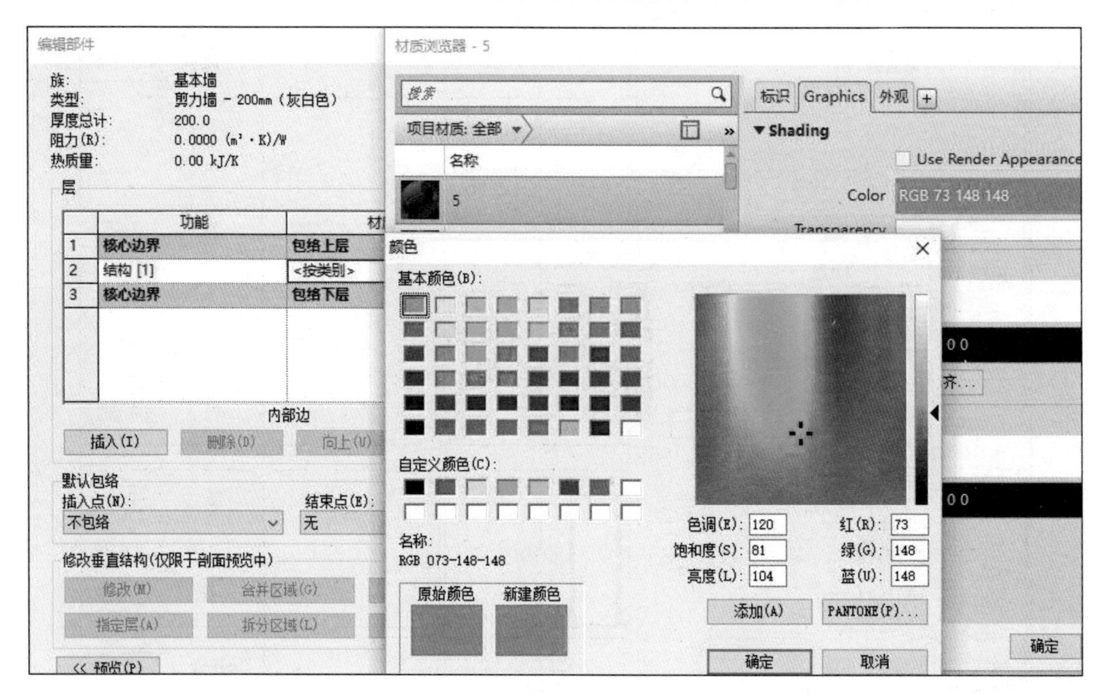

图3-8

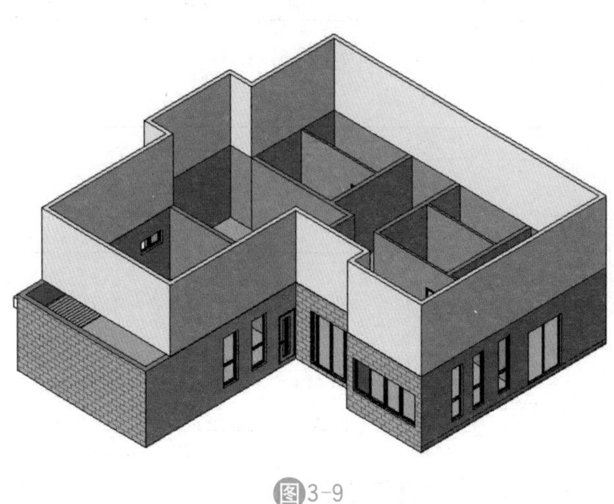

图3-9

3. 增加、拆分、修剪一段外墙

浏览器选择 F1 平面视图，快捷键 WA，进入墙体绘制页面，类型选择“剪力墙- 200 mm(灰白色)”，底部限制条件“F1”，顶部约束“直到标高 F2”，定位线：墙中心线，默认“直线”绘制。移动光标单击鼠标左键捕捉 H 轴和 5 轴交点为绘制墙体起点，然后逆时针单击捕捉 G 轴与 5 轴交点、G 轴与 6 轴交点、H 轴与 6 轴交点，绘制 3 面墙体。再用工具栏“对齐”命令，按前述方法，将 G 轴墙的外边线与 G 轴对齐，如图 3 - 10 所示。

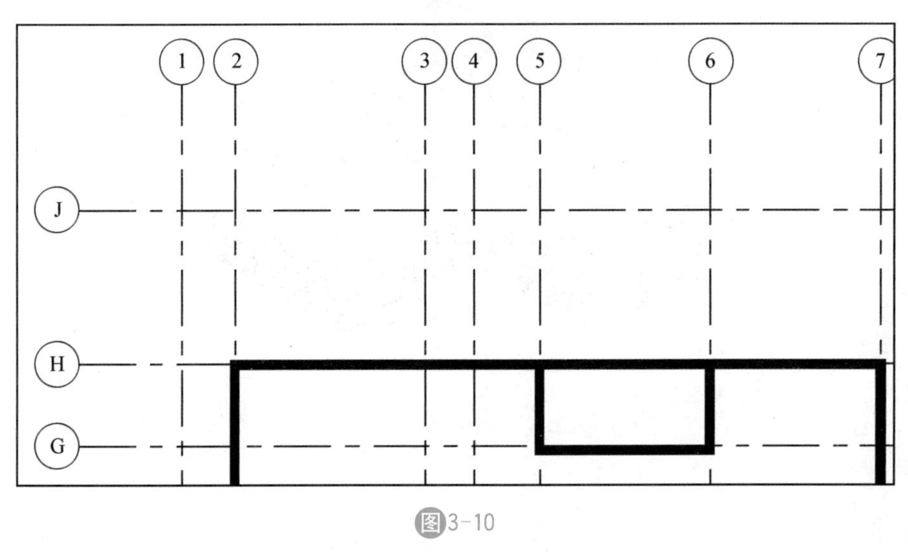

图3-10

单击修改面板上“拆分”命令(快捷键 SL)，移动光标到 H 轴上的墙 5、6 轴之间任意位置，单击鼠标左键将此段墙拆分为两段，为下面修剪墙体做准备。而后单击修改面板上“修剪/延伸为角”命令(快捷键 TR，以下简称修剪命令)，指令图标如图 3 - 11 所示，移动光标到 H 轴与 5 轴左边的墙上单击，再移动光标到 5 轴的墙上单击，这样右侧多余的墙被修剪掉。同理，H 轴与 6 轴右边的墙也用此方法修剪，如图 3 - 12 所示。注意“修剪”选择对象时，鼠标一定要在形成拐角的必须保留的那一段实体上单击，口诀是“哪里需要点哪里”(这和 AutoCAD 的修剪指令选择对象的方法正好相反)。修剪之前为什么先把完整的 H 轴墙体在 5 轴和 6 轴之间拆分为两段？自行尝试不拆分就修剪的效果，对比就能够明白其中的道理。

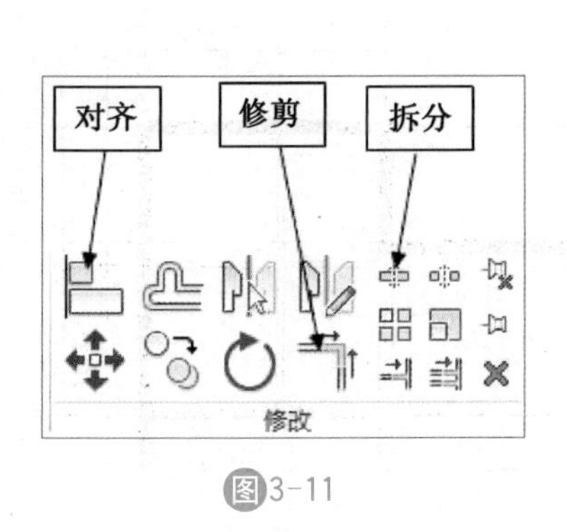

图3-11

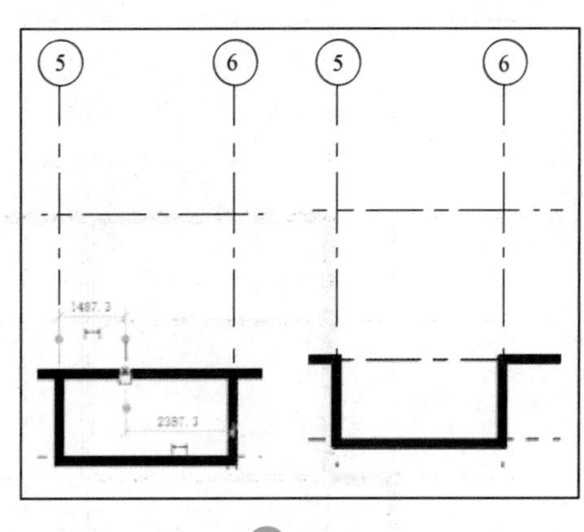

图3-12

项目浏览器切换到3D,观察到首层外墙的整体效果,如图3-13所示。需要特别解释一点,上述外墙形成的路径过于复杂:复制地下一层外墙、删除门窗、对齐一段外墙、修改顶部偏移、新建墙体类型,然后绘制一段新墙、拆分、修剪等。本书之所以把简单的事情复杂化,目的就是贯彻"对齐、拆分、修剪"等新命令的学习。可以自行尝试简单有效率的路径:新建墙体类型,在F1平面视图上直接绘制首层外墙,属性对话框中实例参数与上述新墙完全相同。

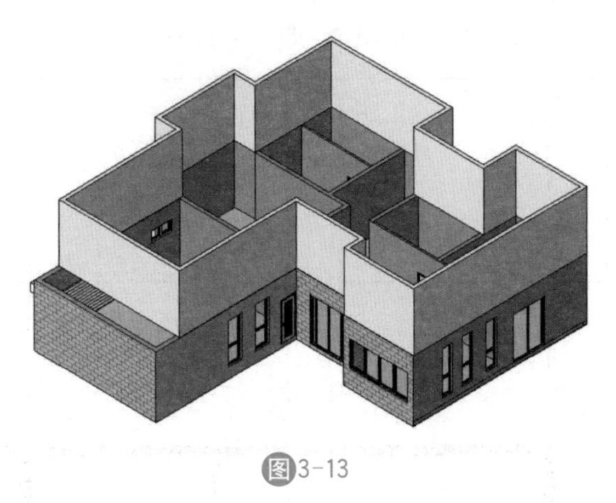

图3-13

3.3 绘制首层内墙

浏览器打开F1平面视图,快捷键WA,进入墙体绘制页面。类型选择"普通砖-200 mm",底部限制条件"F1",顶部约束是"直到标高:F2",定位线:墙中心线,默认"直线",绘制2段"普通砖200 mm"内墙,按一次Esc退出该类型内墙绘制,重新类型选择"普通砖-100 mm",绘制5段"普通砖100 mm"内墙。首层共7段内墙,如图3-14所示。

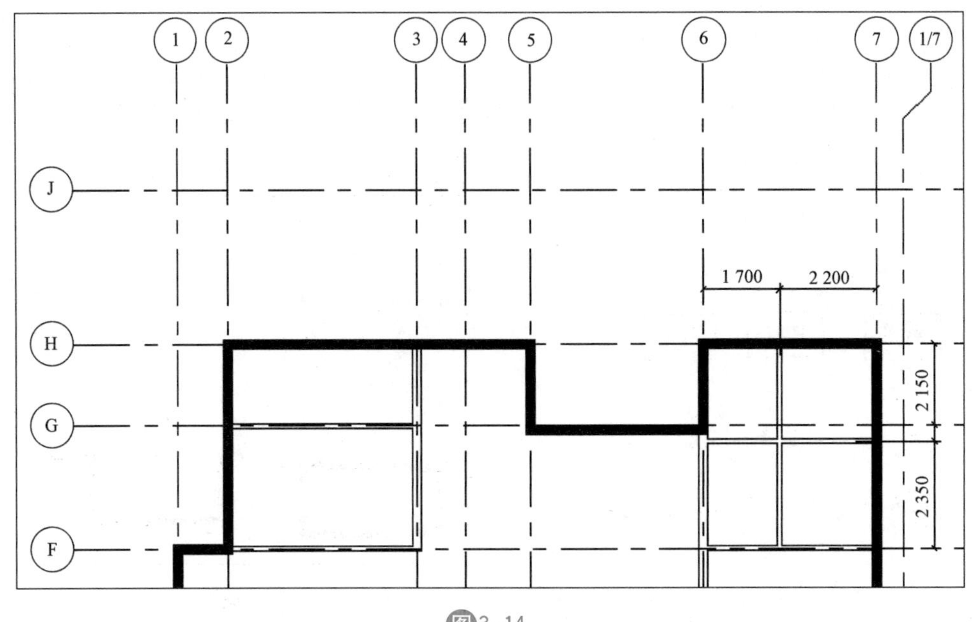

图3-14

注意上述绘制过程中，按一次 Esc 仅退出刚刚一段墙体的绘制，可以选择新起点继续绘制墙体，亦可重新类型选择，绘制新类型墙体，连续按 2 次 Esc 才是完整退出墙体绘制页面。中心线与轴网重合的墙体不存在定位尺寸问题，中心线不在轴网上的墙体，每绘制一段，都应该立即修改临时尺寸数字以精确定位墙体，方法与前述门窗临时尺寸修改相同，这里不再赘述。补充说明一点，内墙往往是隔墙功能，类型通常选择普通砖，不像承重构件的外墙需要选择剪力墙类型，墙体的类型选择涉及建筑力学和建筑成本等因素，不可随意。项目浏览器切换到 3D 视图，观察到首层内墙的整体效果，如图 3－15 所示。

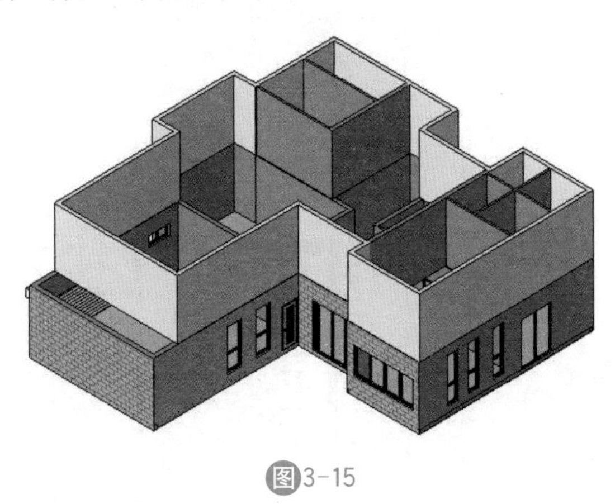

图3-15

3.4 插入和编辑门窗

浏览器打开 F1 平面视图，输入快捷键 DR 或 WN，进入放置门或窗页面。门窗插入和编辑与前述相同，注意放置之前，不要忘记单击“在放置时进行标记”按钮，减少后续分别添加门窗标志的工作量。门类型：“YM3627：YM3624”“装饰木门－M0921”“装饰木门－M0821”“双扇现代门：M1824”“型材推拉门：塑钢推拉门”。窗类型：“推拉窗 2406：C2406”“C0615：C0609”“C0615”“C0915”“C3415：C3423”“固定窗 0823：C0823”“推拉窗 C0624：C0825”“推拉窗 C0624：C0625”。其中 C3423，需要在 C3415 类型基础上“编辑类型”创建而成，窗户高度尺寸由 1500 修改为 2300。有关首层门和窗具体定位尺寸，如图 3－16 所示。

编辑窗户底高度：在平面视图中选择窗，“属性”对话框修改“底高度”参数值，调整窗户的底高度。各窗底高度分别为：C2406－1200 mm、C0609－1400 mm、C0615－900 mm、C0915－900 mm、C3423－100 mm、C0823－100 mm、C0825－150 mm、C0625－300 mm。

修改窗户 C2406 和 C0609 底高度以后，这两扇窗户在 F1 平面视图上消隐。按两次 Esc 键退出门窗编辑页面，此时属性对话框的类型选择器显示为“楼层平面”，向下拖动滑块找到“视图范围”实例属性，单击“编辑”，弹出“视图范围”对话框，将其中主要范围中“剖切面”相关标高的偏移量由默认的 1200 修改为 1500，如图 3－17 所示，便将形成楼层平面视图的剖切面相对于基准标高的偏移量调高为 1500，高于所有窗户底高度，确保所有窗户洞口的显示。

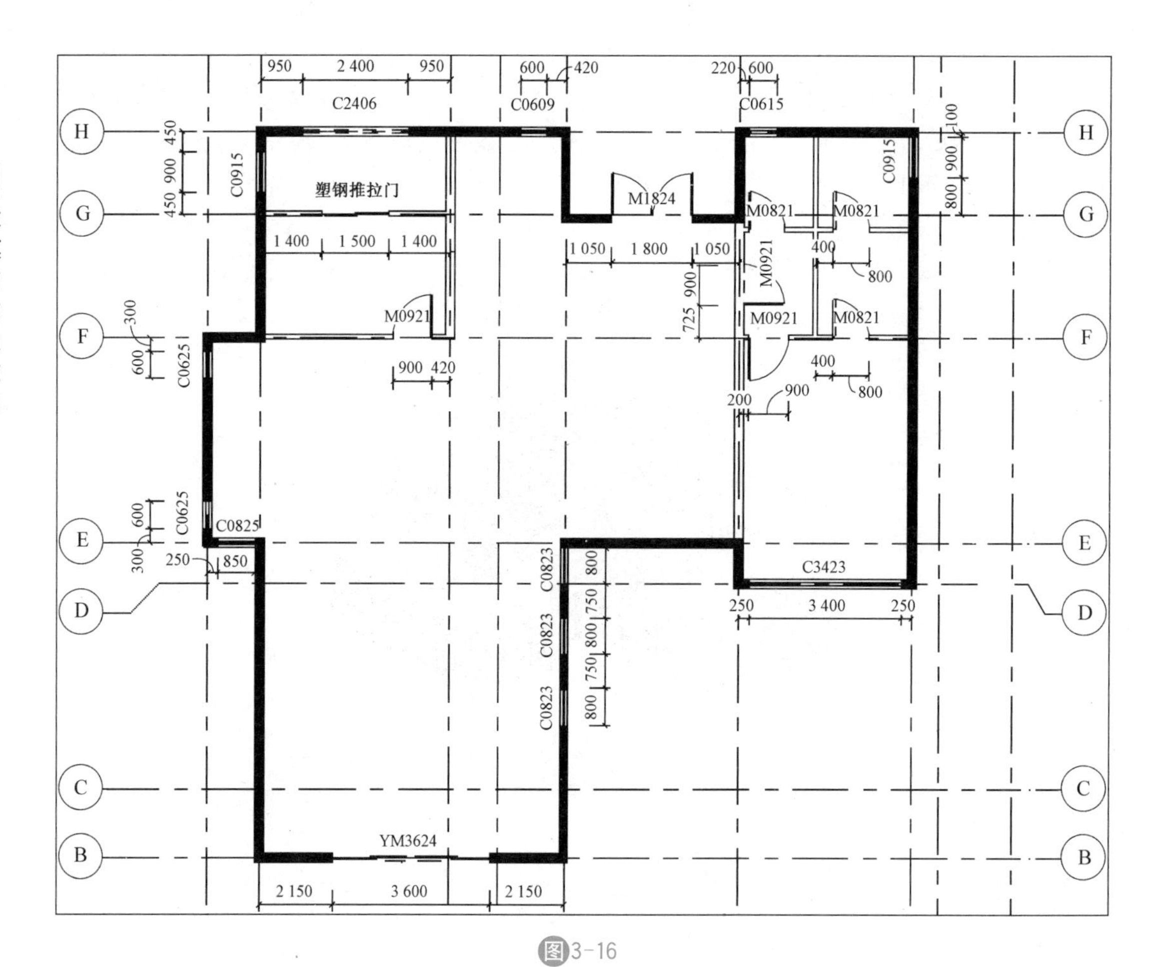
950
2 400
950
C2406
600
420
C0609
220
600
C0615
H
G
F
E
D
C
B
C0915
塑钢推拉门
M1824
M0821
M0821
C0915
1 400
1 500
1 400
1 050
1 800
1 050
M0921
M0921
M0921
M0821
400
800
900
420
200
900
800
C0625
C0625
C0825
250
850
C0823
C0823
C0823
C3423
250
3 400
250
YM3624
2 150
3 600
2 150

图3-16

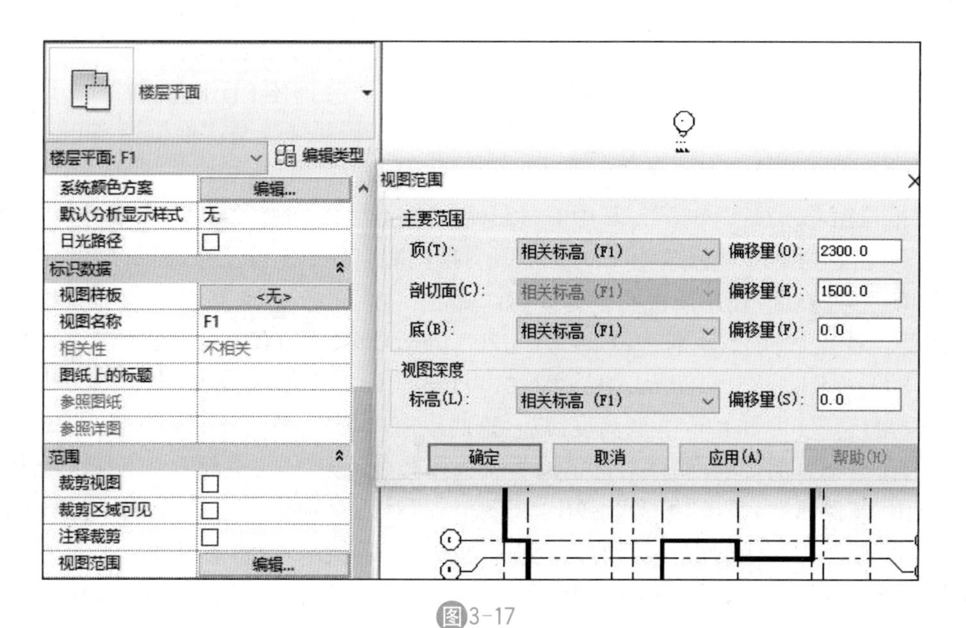
楼层平面
楼层平面: F1
编辑类型
系统颜色方案
编辑...
默认分析显示样式
无
日光路径
标识数据
视图样板
<无>
视图名称
F1
相关性
不相关
图纸上的标题
参照图纸
参照详图
范围
裁剪视图
裁剪区域可见
注释裁剪
视图范围
编辑...
视图范围
主要范围
顶(T):
相关标高 (F1)
偏移量(O):
2300.0
剖切面(C):
相关标高 (F1)
偏移量(E):
1500.0
底(B):
相关标高 (F1)
偏移量(F):
0.0
视图深度
标高(L):
相关标高 (F1)
偏移量(S):
0.0
确定
取消
应用(A)
帮助(H)

图3-17

3.5 创建首层楼板

浏览器打开 F1 平面视图。创建首层楼板与地下一层创建方法基本一致。单击选项卡“建筑”的构建面板“楼板”命令，进入楼板绘制模式，选择“绘制”面板“拾取墙”命令，选项栏中设置偏移为：－20。移动光标到外墙外边线上，墙体边缘呈蓝色预选状态，按 Tab 键，整个封闭的外墙边缘呈蓝色预选状态，而后鼠标左键单击，整个首层封闭外墙边缘线向内侧偏移 20 mm 生成首层楼板边缘的紫色封闭线框，如图 3 - 18 所示。

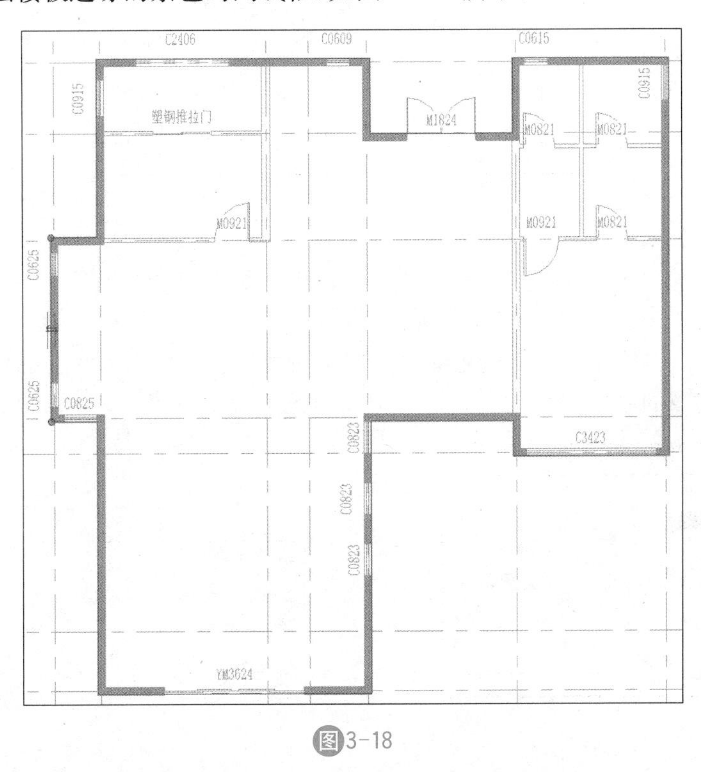

图3-18

紧接着单击修改面板上“移动”(快捷键 MV)，选项栏勾选“约束”(启动正交模式)，单击 B 轴下方的轮廓线，回车确认结束对象选择过程，而后再次单击确定移动对象的基点，移动鼠标向下，输入移动距离 4490，回车确认结束移动指令对话过程，如图 3 - 19 所示。此处移动指令，类似于“对齐”指令(也类似于 CAD 中的拉伸指令)，不仅移动所选对象，同时与之相连的两条侧边线自动向下延伸，保持连接关系不变。

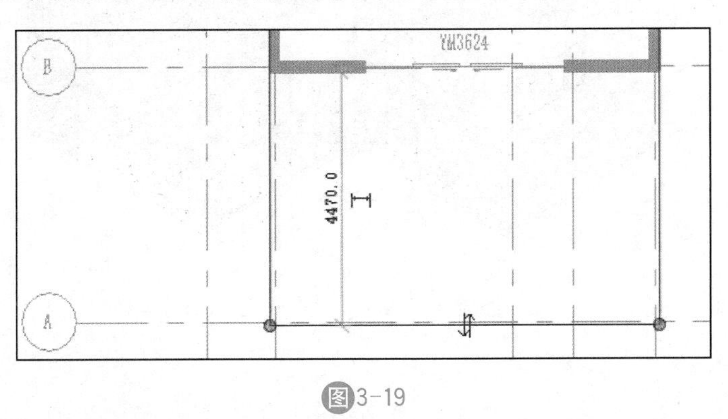

图3-19

单击绘制面板上"线"指令，绘制两条相互垂直的直线，修改临时尺寸为1200和1100，而后单击"修剪"指令，鼠标点击直线需要保留的部分（如图3－20所示，分别单击序号1、2箭头，序号3、4箭头的所指部分），形成凸出平台，为后续室外楼梯顶部的平台做好准备。

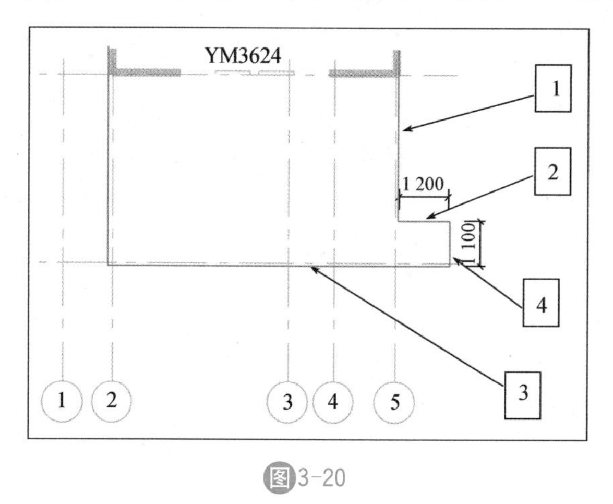

图3-20

至此完成首层楼板封闭的边缘线。属性面板类型选择器下拉选择"常规-200 mm"，如图3－21所示。单击绘制面板中"√"，弹出对话框，如图3－22所示，选择"不附着"，完成首层楼板创建任务。项目浏览器切换到3D视图，观察地下一层与首层的整体效果，如图3－23所示，保存文件。

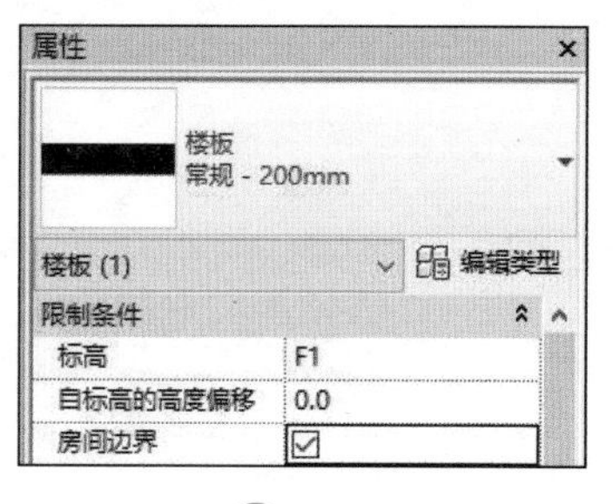

图3-21

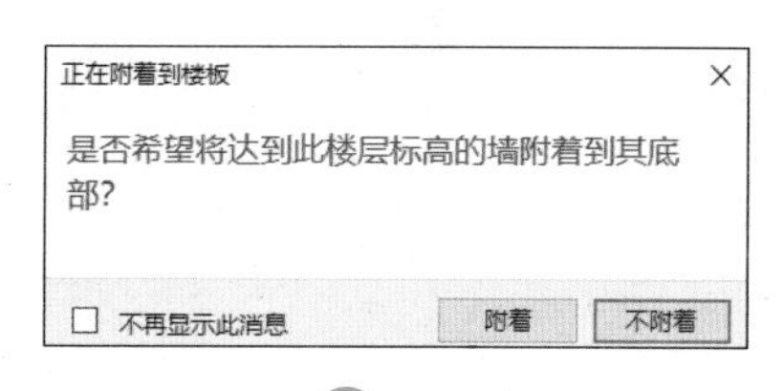

图3-22

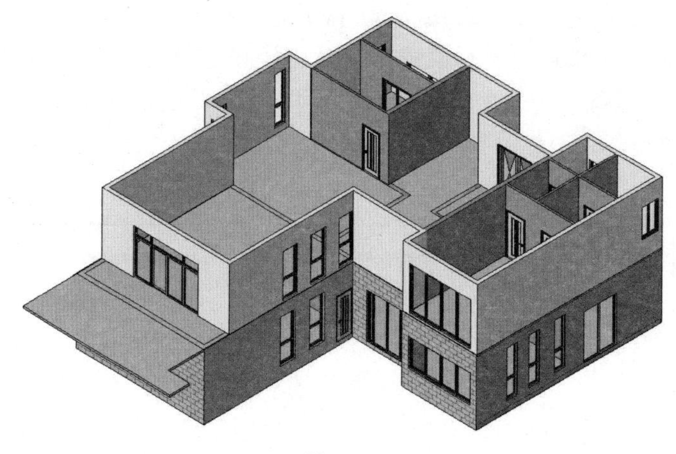

图3-23

项目任务 4 创建二层构件

课程概要

本项目任务与项目任务 3 的基本相似，还是墙体、门窗、楼板的创建，其中楼板是复制首层楼板之后编辑新轮廓线而成。需要理清楚各层底部和顶部的标高基准，地下一层“－1F－1 到 F1”，首层“F1 到 F2”，二层“F2 到 F3”，后续的屋顶层就是“F3 到屋脊线”了。

课程目标

1. 技能目标：(1) 墙体的绘制和编辑方法；(2) 门窗的插入和编辑方法；(3) 楼板轮廓线的编辑方法，以及参照平面的绘制方法。

2. 素质目标：楼板封闭边界的编辑涉及“删除、移动、修剪、对齐”等指令组合应用，不同指令组合的人机对话效率有很大差异，本项目任务可提醒与帮助学生形成举一反三的发散思维和“先发散后收敛”的理性思维等。

微课8

创建二层构件

4.1 绘制二层外墙和内墙

首层外墙采用复制底层外墙修改的方式，这种方式适合复制修改工作量比较少的情况，本项目每层外墙均有很大差异，首层外墙创建学习了很多修改命令，但是效率不高，因此直接绘制二层外墙。

打开上一个项目任务完成的“别墅 03－首层. rvt”文件，另存为“别墅 04－二层. rvt”。打开 F2 平面视图，楼层平面属性对话框“底图”范围：底部标高下拉选择“无”，如图 4－1 所示。接下来快捷键 WA，进入墙体绘制页面，类型选择“剪力墙－200 mm(灰白色)”，底部限制条件“F2”，顶部约束是“直到标高：F3”，定位线：墙中心线，默认“直线”绘制，移动光标依次捕捉：C 轴与 2 轴交点、G 轴与 2 轴交点、G 轴与 6 轴交点、H 轴与 6 轴交点、H 轴与 7 轴交点、E 轴与 7 轴交点、E 轴与 4 轴交点、C 与 4 轴交点、最后回到 C 轴与 2 轴交点，如图4－2 所示。

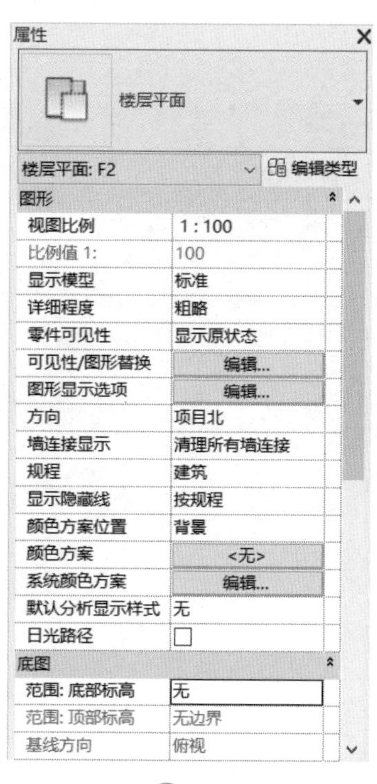

图4-1

紧接着绘制二层内墙，底部限制与顶部约束等均不变，重新选择墙体类型，除了“普通砖-200”之外均为“普通砖-100”，两种类型内墙的绘制路径和定位尺寸，如图4-2所示。

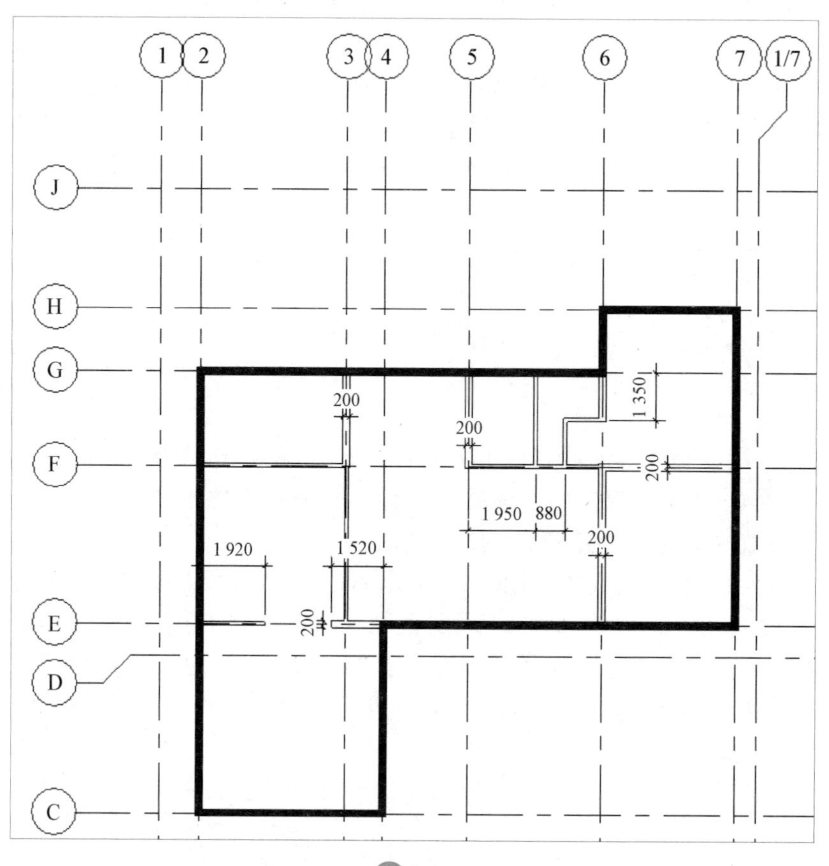

图4-2

项目浏览器切换到 3D 模式，观察二层墙体的整体效果，如图 4－3 所示。

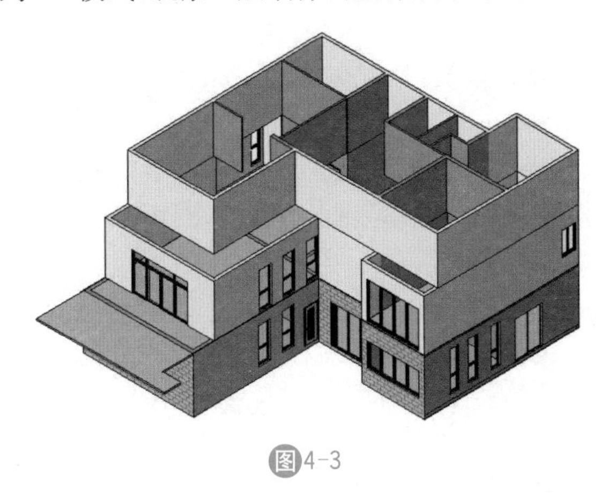

图4-3

4.2 插入和编辑门窗

完成二层平面内外墙体后，即可插入二层门窗。门窗插入和编辑方法与此前相同，此处不再详述。项目浏览器打开 F2 平面视图，按照如图 4－4 所示的门窗标志及定位尺寸放置门窗。其中门类型选择：“移门：YM3324”“装饰木门－ M0921”“装饰木门－ M0821”

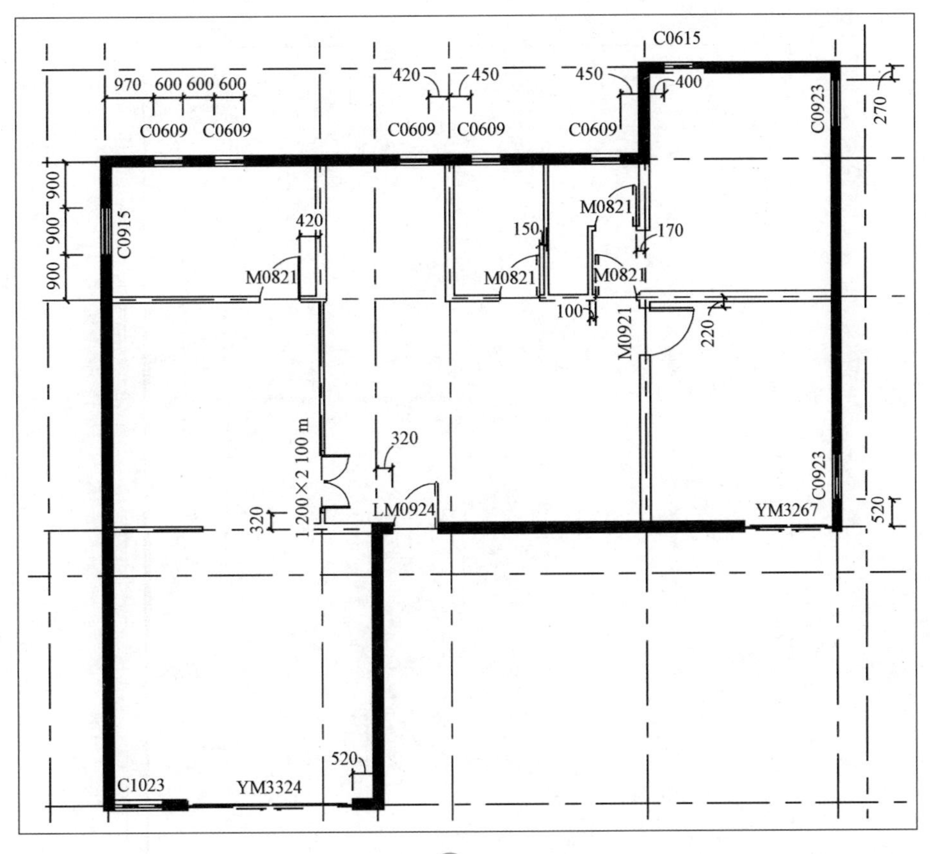

图4-4

"LM0924""YM1824：YM3267""门-双扇平开 1200×2100 mm"。窗户类型选择"C0615：C0609""C0615：C1023""C0923""C0615""C0915"。接着在平面图分别选择各窗户，属性对话框中编辑各窗"底高度"参数值为：C0609－1450 mm、C0615－850 mm、C0923－100 mm、C1023－100 mm、C0915－900 mm。

注意修改C0609窗户底高度为1450 mm之后，该类型窗户洞口在平面视图上消失，请按照图3－17修改F2楼层平面的视图范围的属性值，剖切面相关标高偏移量修改为1500，窗口便重新显示出来。

4.3 编辑二层楼板

二层楼板边缘与其外墙边缘不是完全对应的关系，不能使用前面两层"拾取墙"方式形成楼板边缘，本项目选择复制首层楼板至标高F2，而后编辑楼板边缘，其中部分边缘线选择"线"的方式绘制。

项目浏览器切换到3D，选中首层楼板，单击菜单栏"剪贴板"—"复制到剪贴板"命令，单击菜单栏"剪贴板"—"粘贴"—"按选定标高对齐"命令，打开"选择标高"对话框，如图3－2所示，单击选择"F2"，单击"确定"。首层楼板便被复制到二层，在二层楼板处于蓝色亮显的被选中状态，单击"修改|楼板"选项卡中的"编辑边界"，3D状态观看目前楼板边缘的紫色封闭线框，项目浏览器切换到F2平面视图，如图4－5所示，在现有封闭线框的基础上编辑生成二层新的封闭楼板边缘线。

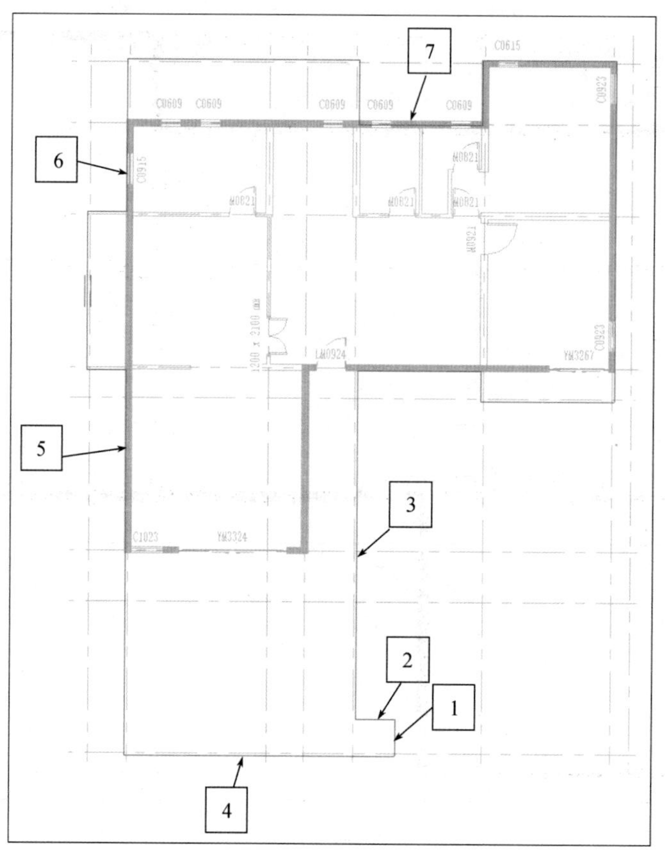

图4-5

单击“修改”面板上“修剪”指令，单击3号线和4号线左侧，两根线直角相连，继续单击5号和6号线，两根线180度相连，继续单击6号线和7号线，两根线直角相连，退出修剪指令。删除3、4相连，5、6相连，6、7相连之后的封闭线框之外的所有多余线段，包括1、2线段。

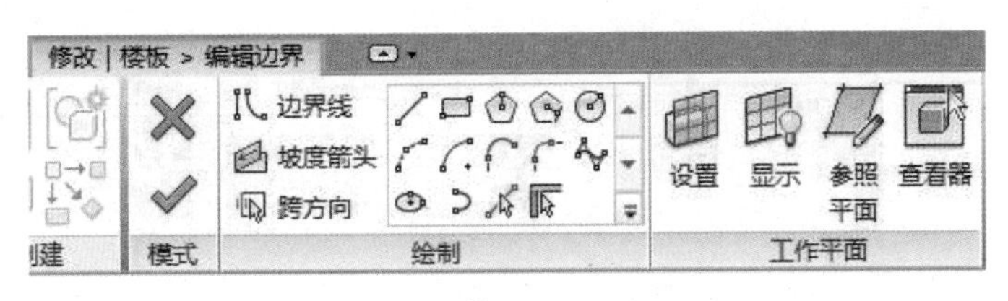

图4-6

单击“修改|楼板>编辑边界”选项卡“工作平面”面板上的“参照平面”(快捷键RP)，如图4-6所示。光标移到B轴下方，正交方向拾取两点，绘制一个参照平面(一条绿色虚线，这个位置相当于一个平行于南立面的正平面的水平投影)，修改参照平面投影线与B轴的间距临时尺寸为100。而后单击“修改”面板上“对齐”尺寸，先单击参照线(目标位置)，再单击4号线(移动对象)，便将4号线对齐到B轴下方100 mm处，如图4-7所示。此处借助“参照平面”找到对齐的位置，而后“对齐”实现4号线的移动目的，当然也可以直接下达“移动”指令，输入准确的移动距离4470，将4号线正交向上移动到B轴下方，另外还可以直接在B轴下方绘制一条线，而后“修剪”和删除多余的线段，各种指令组合的效率不相同，请自行尝试。

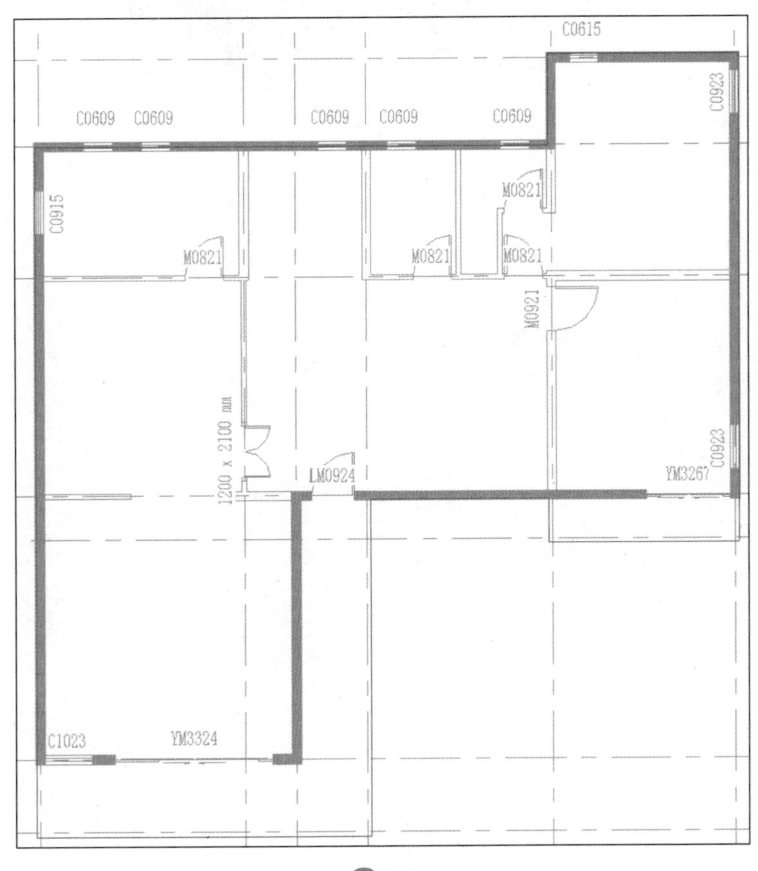

图4-7

检查图 4－7，所有紫色线段是否形成一个完整的封闭线框，即闭合回路：没有缺口、没有重叠、没有出头，没有多余线段，确认之后单击“修改|楼板＞编辑边界”选项卡中“√”，弹出对话框，如图 4－8 所示，选择“不附着”，接下来弹出对话框，如图 4－9 所示，选择“是”，至此便完成二层楼板的创建任务。

项目浏览器切换到 3D 视图，观察整体效果，如图 4－10 所示，保存文件。

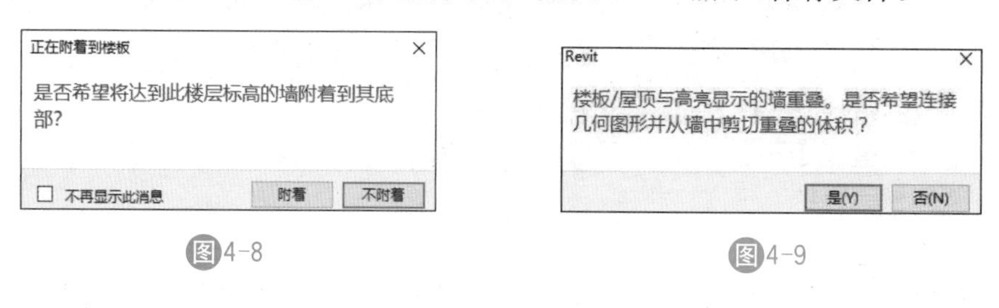

图4-8　　图4-9

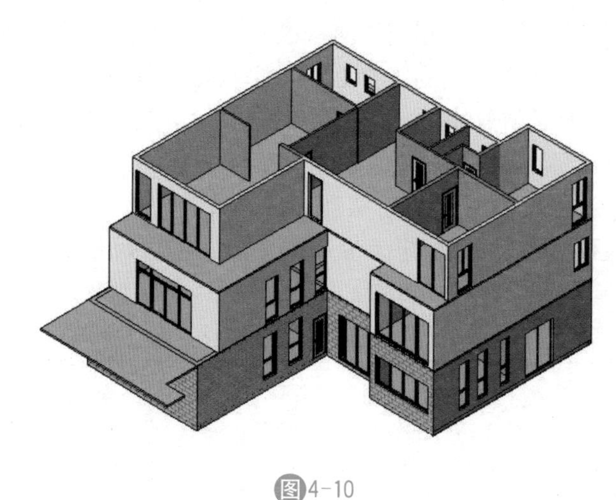

图4-10

项目任务5 创建玻璃幕墙

课程概要

幕墙是现代建筑设计中被广泛应用的一种建筑构件，由幕墙网格、竖梃和幕墙嵌板组成，如图5-1所示。在Revit2014中，根据幕墙的复杂程度分常规幕墙和面幕墙系统。常规幕墙是墙体的一种特殊类型，其绘制方法和常规墙体相同，并具有常规墙体的各种属性，可以像编辑常规墙体一样用“附着”“编辑立面轮廓”等命令编辑常规幕墙。本章将在E轴与5轴和6轴的墙上嵌入一面常规幕墙，并以常规幕墙为例，详细讲解幕墙网格、竖梃和幕墙嵌板的各种创建和编辑方法。除常规幕墙之外，本章还将简要介绍创建异形幕墙的“面幕墙系统”。

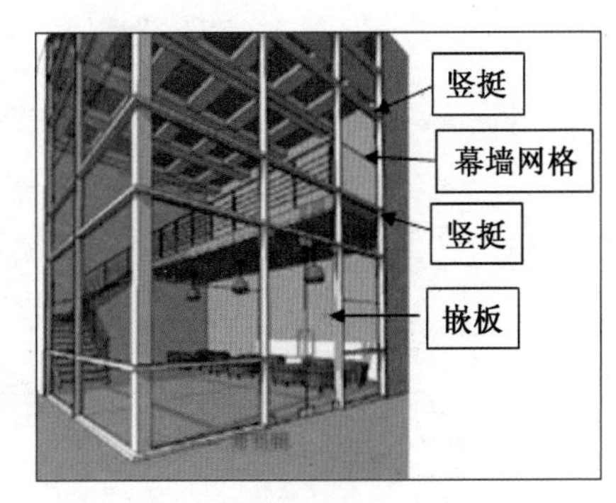

图5-1

课程目标

1. 技能目标：(1) 常规玻璃幕墙的参数设置方法和绘制幕墙的方法；(2) 常规幕墙网格的创建和编辑方法；(3) 常规竖梃的创建和编辑方法；(4) 常规幕墙嵌板的选择和替换方法；(5) 面幕墙系统的创建方法。

2. 素质目标：幕墙构件深化设计遵循“先网格、后竖梃、再嵌板”的步骤流程，本项目任务可以提醒与帮助学生形成“复杂事务总结流程遵循流程”的理性思维等。

微课9

创建玻璃幕墙

5.1 绘制常规玻璃幕墙

打开上一个项目任务完成的“别墅 04 -二层. rvt”文件，另存为“别墅 05 -常规幕墙. rvt”。项目浏览器打开 F1 平面视图。快捷键 WA，进入墙体绘制页面。类型选择器下拉选择“幕墙”。实例属性有关参数：底部限制条件为“F1”，底部偏移为“100”，顶部约束为“未连接”，无连接高度为“5600”，如图 5 - 2 所示。

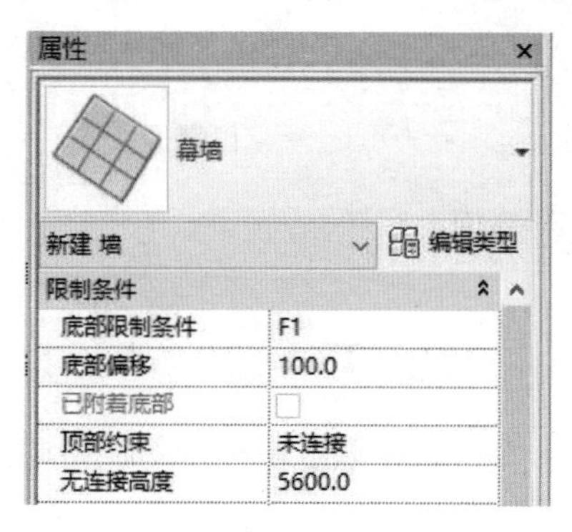

图5-2

本项目的幕墙分割与竖梃通过类型参数设置自动完成。单击“类型属性”，打开类型属性对话框，单击“复制”，输入新的名称：C2156。类型属性有关参数：勾选“自动嵌入”；幕墙分割线设置：“垂直网格”的“布局”参数选择“无”；“水平网格”的“布局”参数选择“固定距离”，“间距”设置为“925”，勾选“调整竖梃尺寸”参数；幕墙竖梃设置：将“垂直竖梃”和“水平竖梃”两栏中的“内部类型”均选“无”，其“边界 1 类型”和“边界 2 类型”均选为“矩形竖梃- 50×100 mm”，单击确定，关闭类型属性对话框，如图 5 - 3 所示。

类型属性

族(F)：系统族：幕墙　　载入(L)...

类型(T)：C2156　　复制(D)...

重命名(R)...

类型参数

参数	值
功能	外部
自动嵌入	☑
幕墙嵌板	无
连接条件	未定义
材质和装饰	
结构材质	
垂直网格	
布局	无
间距	
调整竖梃尺寸	☐
水平网格	
布局	固定距离
间距	925.0
调整竖梃尺寸	☑
垂直竖梃	
内部类型	无
边界 1 类型	矩形竖梃 : 50 x 100mm
边界 2 类型	矩形竖梃 : 50 x 100mm
水平竖梃	
内部类型	无
边界 1 类型	矩形竖梃 : 50 x 100mm
边界 2 类型	矩形竖梃 : 50 x 100mm

<< 预览(P)　　确定　　取消　　应用

图5-3

用与绘制墙一样的方法，在 5 轴与 6 轴之间的 E 轴墙体上捕捉两点绘制幕墙，尺寸如图 5－4 所示。完成之后，项目浏览器切换到南立面和 3D 状态，观察幕墙效果，如图 5－5 所示和图 5－6 所示，保存文件。

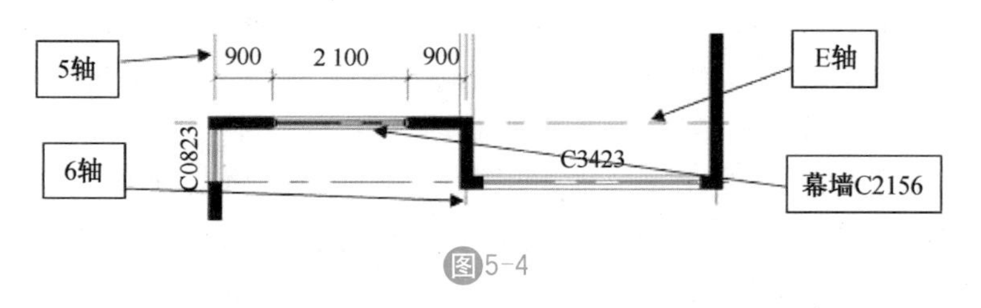

图5-4

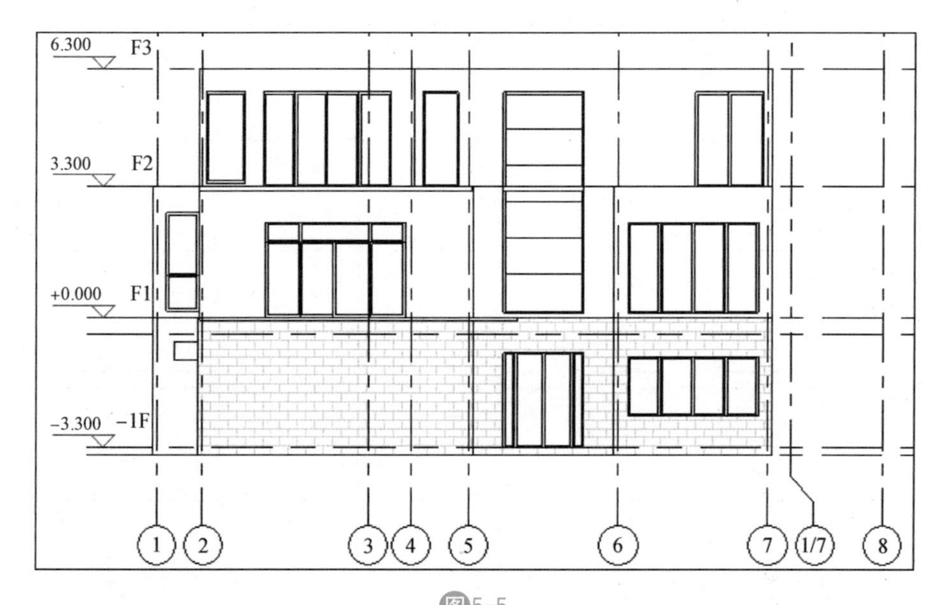

图5-5

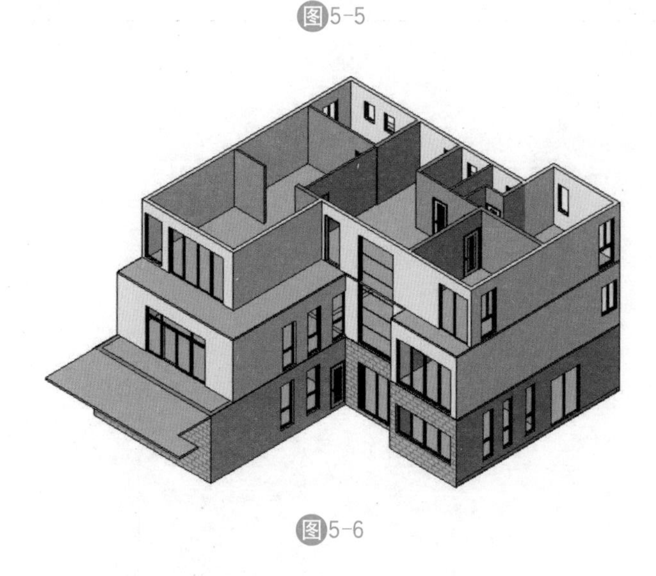

图5-6

5.2 编辑常规幕墙

按规则创建的幕墙，其中幕墙网格与竖梃可以根据需要手工编辑修改，并进一步细分幕墙嵌板。下面详细介绍常规幕墙的编辑方法，具体内容与本别墅项目无关。打开“别墅 05 - 常规幕墙. rvt”文件，另存为“别墅 05 -幕墙练习. rvt”，项目浏览器打开 3D 视图，框选所有实体图元（3D 图不会选中标高和轴网）并删除，再切换到“－1F”平面视图，利用保留下来的标高和轴网，进行有关幕墙练习。输入快捷键 WA，进入墙体绘制页面，类型选择器下拉选择“幕墙”（不是 C2156 类型），实例属性：底部限制条件为“－1F－1”，顶部约束为“直到标高 F3”，光标单击拾取 A 轴与 1 轴交点，A 轴与 8 轴交点，便绘制完成一面长度 19900，高度 9800 的幕墙。项目浏览器切换到南立面，如图 5－7 所示，再切换 3D 视图，如图 5－8 所示，观察绘制好的幕墙，仅是一面光滑玻璃，没有网格线和竖梃。下面为该幕墙添加网格线和竖梃，并将幕墙嵌板替换为“墙体、门、窗、空”等类型。

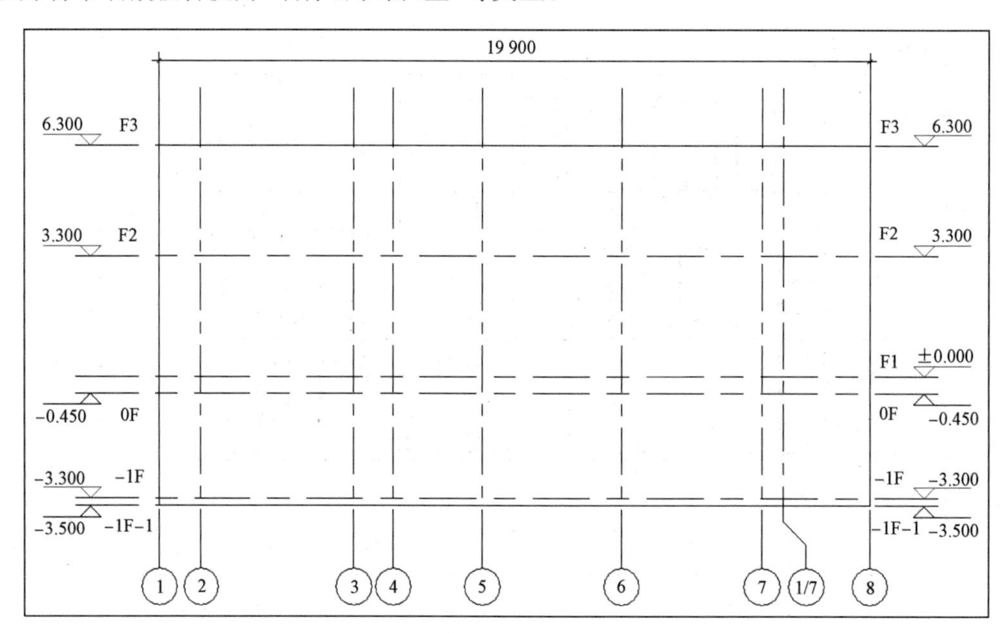

图5-7

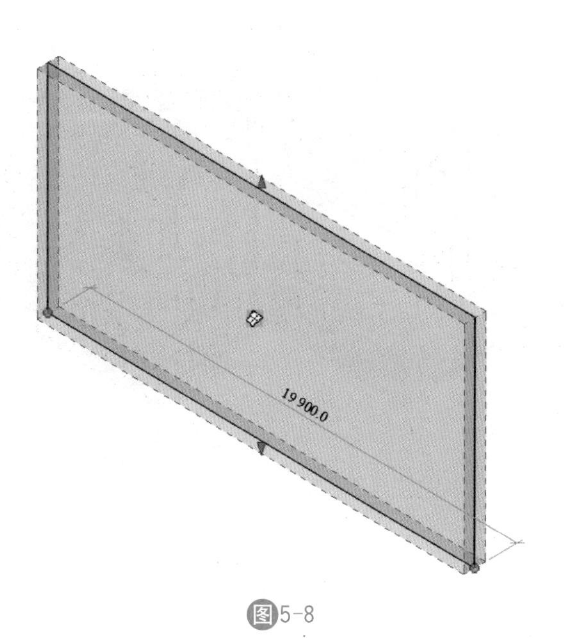

图5-8

1. 编辑幕墙网格

无论是按规则自动布置了网格的幕墙，还是没有网格的整体幕墙嵌板，都可以根据需要手动添加网格细分幕墙。已有的幕墙网格也可以手动添加或删除。在三维视图或立面、剖面视图中均可编辑幕墙网格。切换到 3D 视图，在“建筑”选项卡的“构建”面板上可以单击“幕墙系统”“幕墙网格”“竖梃”。此处单击“幕墙网格”，随后出现“修改|放置幕墙网格”选项卡，其放置面板上有“全部分段”“一段”“除拾取外的全部”等命令，如图 5－9 所示。

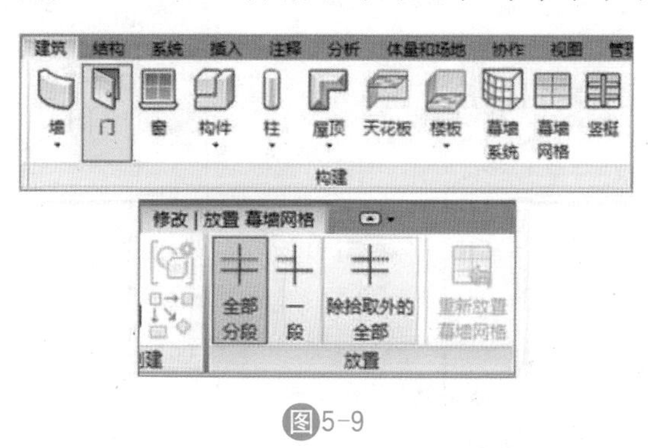

图5-9

先单击或默认选择“全部分段”命令，移动光标到幕墙边界上，会沿整个长度或高度方向出现一条预览虚线，单击定位或修改临时尺寸确定网格线的位置，虚线变实线，如图 5－10 所示，目前仅在整个幕墙长宽的中点放置横竖各一条网格线，将幕墙分割为四个区域(即嵌板区域)，自然可以根据实际需要继续添加网格线。该命令适合于整体分割幕墙。

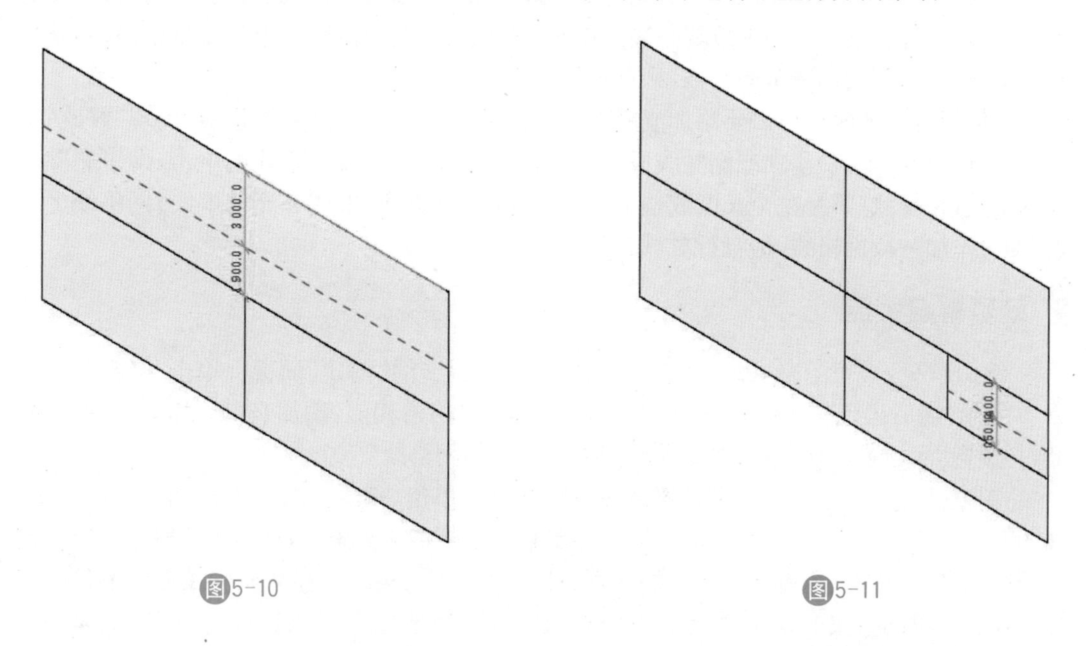

图5-10　　图5-11

单击选择“一段”命令，移动光标到幕墙内某一块嵌板边界上时，会在该嵌板中出现一段预览虚线，单击便给该嵌板添加一段网格线，继续移动光标自动识别嵌板边界，如图 5－11 所示，添加 2 根网格线，将之前较大的嵌板分割为细小的嵌板。该命令适用于幕墙局部细化。

单击“除拾取外的全部”命令，移动光标到幕墙边界上时，会首先沿幕墙整个长度或高度方向出现一条预览虚线，单击即可先沿幕墙整个长度或高度方向添加一根红色加粗亮显的完整实线网格线，然后移动光标在其中不需要的某一段或几段网格线上分别单击使该段变成虚线显示，如图 5-12 所示，按“Esc”键结束命令，便在剩余的实线网格线段处添加网格线，如图 5-13 所示。该选项适用于整体分割幕墙，并需要局部删减网格线的情况。

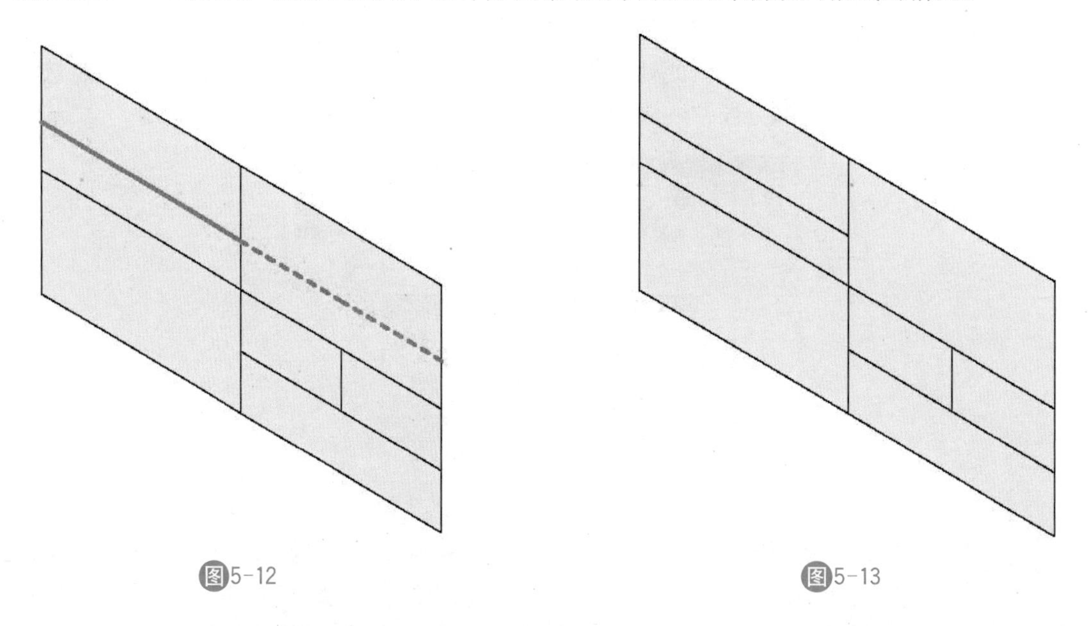

图5-12　　图5-13

用上述方法放置幕墙网格时，当光标移动到嵌板的中点或 1/3 分割点附近位置时，系统会自动捕捉到该位置，并在鼠标位置显示提示，同时在状态栏提示该点位置为中点或 1/3 分割点。当在立面、剖面视图中放置幕墙网格时，系统还可以捕捉视图中的可见标高、网格和参照平面，以便精确创建幕墙网格，请自行尝试。

网格线可以随时根据需要添加或删除。单击鼠标左键选择已有网格线，出现“修改|幕墙网格”选项卡，单击“添加或删除线段”命令，移动光标，在实线网格线上单击，即可删除一段网格线，在虚线(不是整个长度或整个高度的网格线会自动形成补充的虚线)网格线上单击，即可添加一段网格线，请自行尝试。

2. 编辑幕墙竖梃

有了网格线即可给幕墙添加竖梃。在“建筑”选项卡的“构建”面板上单击“竖梃”，如图 5-9 所示，随后出现“修改|放置竖梃”选项卡，和幕墙网格相似，添加竖梃同样有三种选项，此时“放置”面板上出现“网格线”“单段网格线”“全部网格线”三个命令。

“单段网格线”：移动光标在幕墙某一段网格线上单击，仅给该段网格线创建一段竖梃，如图 5-14 所示。“网格线”：移动光标在幕墙某一段网格线上单击，将给予该段网格线在同一长度或高度方向上所有网格线添加整条竖梃。“全部网格线”：移动光标在幕墙上没有竖梃的任意一段网格线上，此时所有没有竖梃的网格线全部亮显，单击鼠标左键即可在幕墙所有没有竖梃的网格线上创建竖梃，如图 5-15 所示。“全部网格线”适用于第一次给幕墙创建竖梃时，一次性完成，方便快捷；前面两个选项适用于后期编辑幕墙的局部补充竖梃。

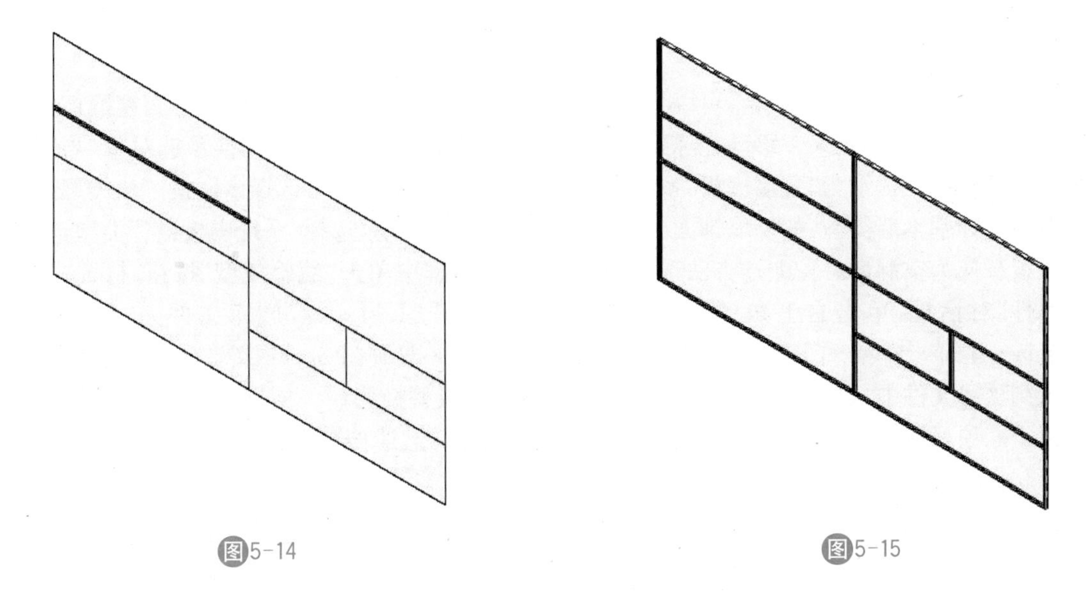

图5-14　　图5-15

放置竖梃之前，从类型选择器中选择需要的竖梃类型。默认有矩形、圆形竖梃和L形、V形、四边形、梯形角竖梃。也可以自定义竖梃轮廓。竖梃轮廓：竖梃在Revit里是以轮廓的形式存在，通过载入新轮廓（轮廓族文件），并在竖梃属性中设置“轮廓”参数为新的轮廓，可以改变项目中竖梃形状。

相邻竖梃的左右上下连接关系有整体控制和局部调整两种方法。整体控制：选择整个幕墙，单击“编辑类型”打开幕墙“类型属性”对话框，可以根据需要设置“构造”类参数中的“连接条件”为“边界和水平网格连续、边界和垂直网格连续、水平网格连续、垂直网格连续”等方式，如图5-16所示。局部调整：选择一段竖梃，出现“修改|幕墙竖梃”选项卡，单击“结合”，可以将该段竖梃和与其相邻的同方向两段竖梃连接在一起，打断与其垂直方向的竖梃，而单击“打断”，其效果正好与“结合”相反，本来同方向连贯的竖梃，被其垂直方向的竖梃打断，可自行尝试操作。

类型属性

族(F)：系统族：幕墙　　载入(L)...

类型(T)：幕墙　　复制(D)...

重命名(R)...

类型参数

参数	值
构造	
功能	外部
自动嵌入	☐
幕墙嵌板	无
连接条件	未定义
材质和装饰	未定义 垂直网格连续 水平网格连续 边界和垂直网格连续 边界和水平网格连续
结构材质	
垂直网格	
布局	
间距	
调整竖梃尺寸	☐

图5-16

3. 编辑幕墙嵌板

幕墙嵌板默认是玻璃嵌板，可以将幕墙嵌板修改为任意墙类型或实体、空、门、窗嵌板类型，从而实现特殊的效果。移动光标到幕墙嵌板的边缘附近，按 Tab 键切换预选对象，当嵌板亮显且状态栏提示为“幕墙嵌板：系统嵌板：玻璃”字样时单击即可选择该嵌板。从类型选择器中选择基本墙类型（如外墙饰面砖），即可将嵌板替换为墙，选择“系统嵌板：空”类型，则将嵌板替换为空洞口。按上述方法选择嵌板，属性对话框中单击“编辑类型”按钮，打开“类型属性”对话框，单击右上角的“载入”按钮，默认打开“Libraries”族库文件夹，定位到“china—建筑—幕墙—门窗嵌板”文件夹，选择“门嵌板—双开门 3. rfa”文件，单击“打开”，载入到项目文件中，单击“确定”关闭对话框，即可将嵌板替换为门。同理，亦可将嵌板替换为窗户。项目浏览器分别切换 3D 视图和南立面，观察上述嵌板替换之后的效果，如图 5－17 所示。

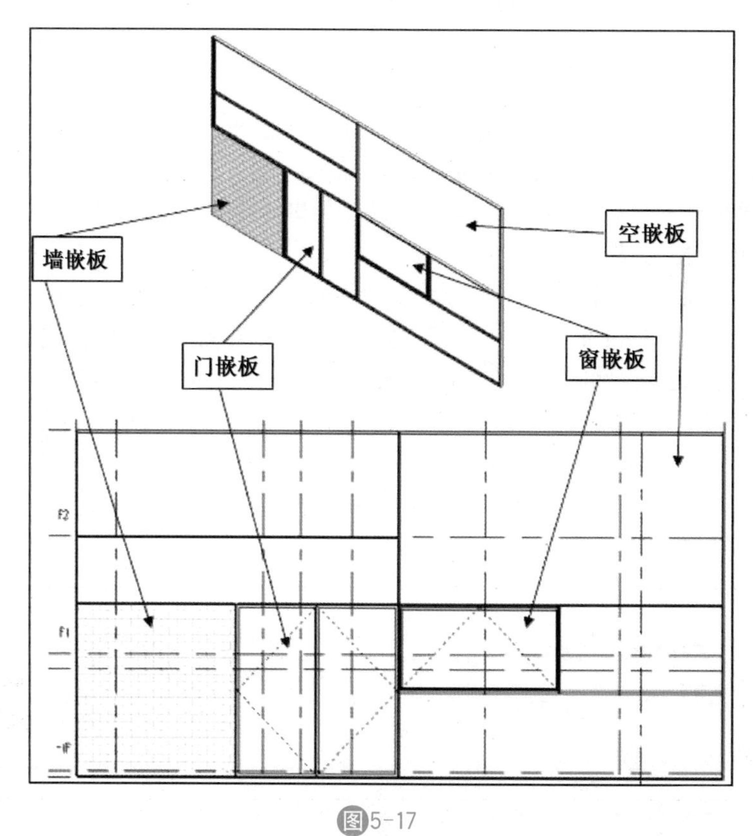

图5－17

幕墙门窗大小不能和常规门窗一样通过高度、宽度参数控制，当调整整个幕墙网格线的位置时，幕墙门窗和嵌板一样将相应地进行更新。不能使用拖曳控制柄明确地控制墙嵌板的大小，也不能通过其属性来控制。对于墙嵌板，基面限制条件和基准偏移等墙限制条件属性，以及不连续高度几何图形属性均为只读属性，请自行尝试。

5.3 面幕墙系统

一些复杂的异型建筑体量的表面，需要布置幕墙，可以通过“面幕墙系统”命令实现。下面尝试练习创建一个曲面体量。打开幕墙练习文件，切换到3D状态。单击“体量和场地”选项卡，在“概念体量”面板上，单击选择“内建体量”命令，出现“创建”选项卡，在其“绘制”面板上单击“样条曲线”命令，如图5-18所示，在绘图窗口体量绘制平面上，自由放置几个参照点，便形成一根样条曲线，单击样条曲线，单击动态出现的“创建形状”命令，随后系统便生成一个拉伸的曲面体量，单击“√”完成体量，如图5-19所示。

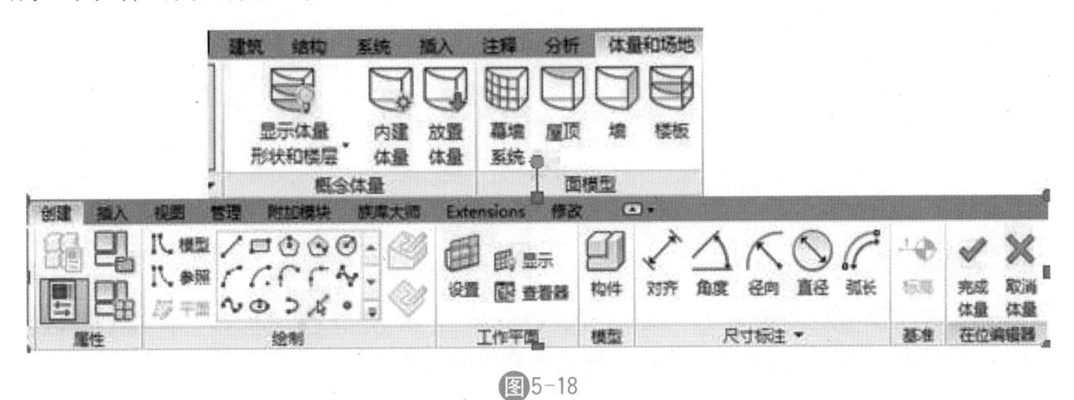

图5-18

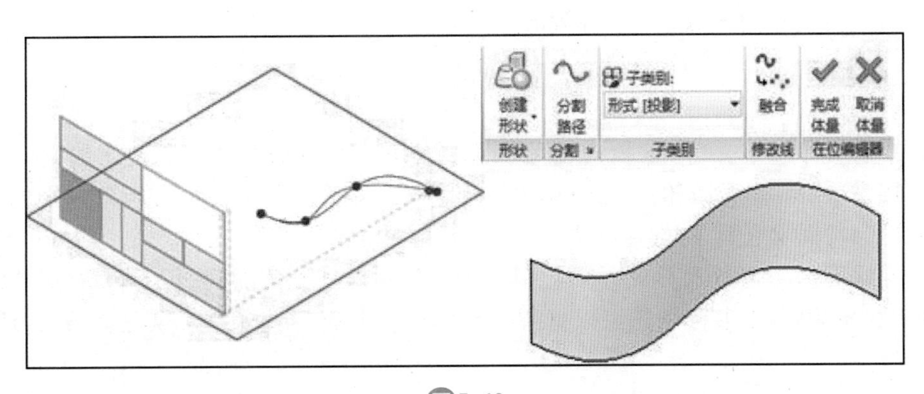

图5-19

单击“建筑”选项卡或者“体量和场地”选项卡中“幕墙系统”命令，出现“修改|放置面幕墙系统”选项卡，单击曲面体量，单击“创建系统”命令，系统便在曲面上生成面幕墙系统，属性对话框中，类型选择器显示幕墙系统类型为“1500×3000”，如图5-20所示。

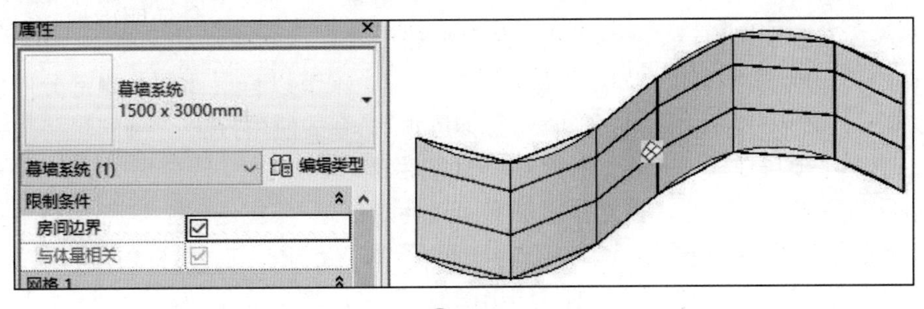

图5-20

项目任务 6
创建屋顶

课程概要

Revit 的屋顶功能非常强大，可以创建各种双坡、多坡、老虎窗屋顶、拉伸屋顶等，同时可以设置屋顶构造层。本项目任务将通过创建别墅各层的双坡、多坡屋顶，详细介绍拉伸屋顶的创建和编辑方法，详细讲解迹线屋顶的创建方法，并设置三层屋顶平面和二层局部平面区域的视图范围，从而使各层的屋顶都能完整地显示。

课程目标

1. 技能目标：(1) 拉伸屋顶的创建和编辑方法；(2) 迹线屋顶的创建和编辑方法；(3)“连接屋顶”与“附着墙”的方法；(4)“临时隐藏/隔离”的隐藏图元和隔离类别的应用；(5) 屋顶平面“视图范围”的设置方法。

2. 素质目标：由视图范围调整问题引申到人生站位与视角的问题，不同站位与视角的人生风景大不相同，本项目任务可以提醒与帮助学生形成“换位思考、纵观全局”的理性思维等。

微课10

创建拉伸屋顶

6.1 拉伸屋顶创建二层双坡屋顶

创建屋顶有“拉伸屋顶”和“迹线屋顶”两种常用方法。“迹线屋顶”用来创建各种坡屋顶和平屋顶；对“迹线屋顶”命令无法创建且其断面形状又有规律可循的异形屋顶，则可以用“拉伸屋顶”命令创建。本节以首层西侧凸出部分墙体的双坡屋顶(参照标高是二层)为例，详细讲解“拉伸屋顶”命令的使用方法。

打开上一个项目任务完成的“别墅 05 -常规幕墙. rvt”文件，另存为“别墅 06 -屋顶. rvt”。项目浏览器打开“F2”。首先在楼层平面属性对话框“底图”范围：底部标高下拉选择为“F1”，顶部标高“F2”，基线俯视，如图 6 - 1 所示，这样在 F2 中创建构件可以参照 F1 进行，当不需要下层视图作为参照，比如打印出图时，则将底部标高下拉选择“无”。其次输入快捷键 RP，进入参照平面的绘制页面，在 F 轴和 E 轴向外 800 mm 处各绘制一个参照平面，在 1 轴向左 500 mm 处绘制一个参照平面，三条虚线要相交，如图 6－2 所示，参照平面垂直于楼层平面，虚线就是参照平面的水平投影线。

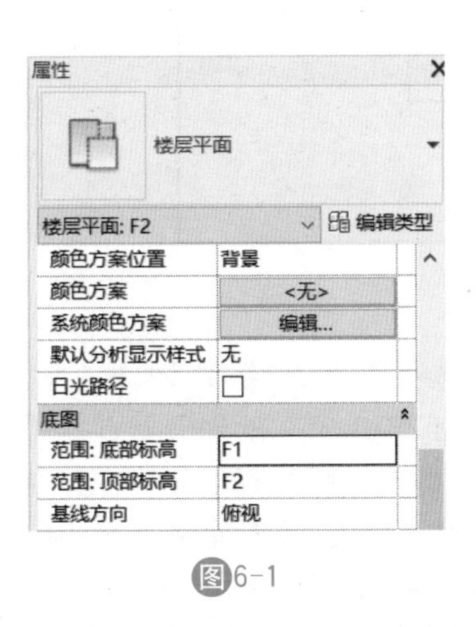

图6－1

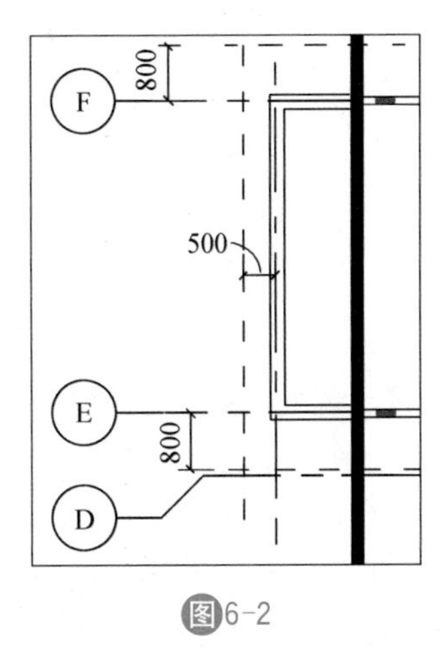

图6－2

单击“建筑”选项卡构建面板上“屋顶”下拉菜单中“拉伸屋顶”命令，弹出“工作平面”对话框，如图 6－3 所示，选择“拾取一个平面”，单击“确定”，返回 F2 平面。移动光标单击拾取刚绘制的平行于 1 轴的参照平面，打开“转到视图”对话框，如图 6－4 所示，在列表中单击选择“立面：西”，单击“打开视图”，弹出“屋顶参照标高和偏移”对话框，标高选择 F2，偏移默认为 0，如图 6－5 所示。窗口进入“西立面”视图，此时可以观察两根绿色竖向的参照平面，这是刚在 F2 视图中绘制的参照平面在西立面的投影，用来创建屋顶时精确定位。

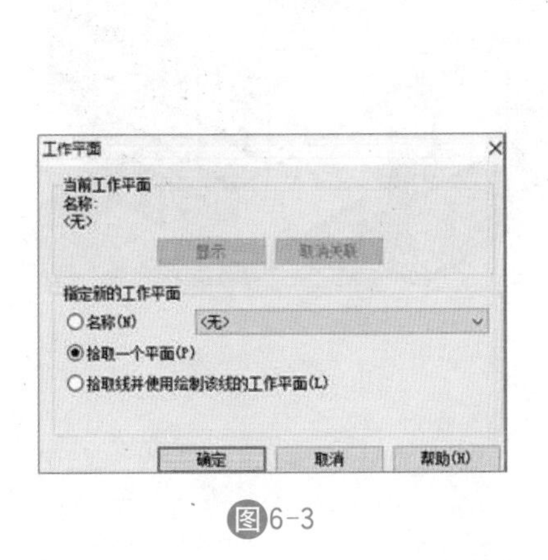

图6－3

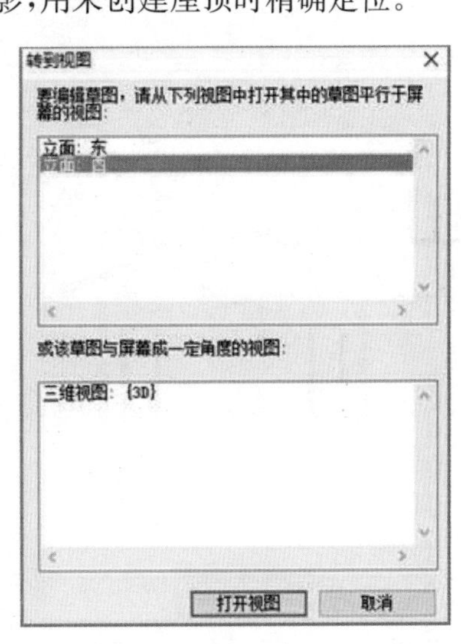

图6－4

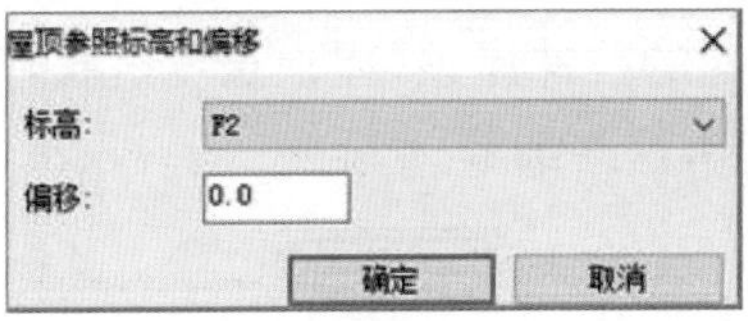

屋顶参照标高和偏移
标高: F2
偏移: 0.0
确定 取消

图6－5

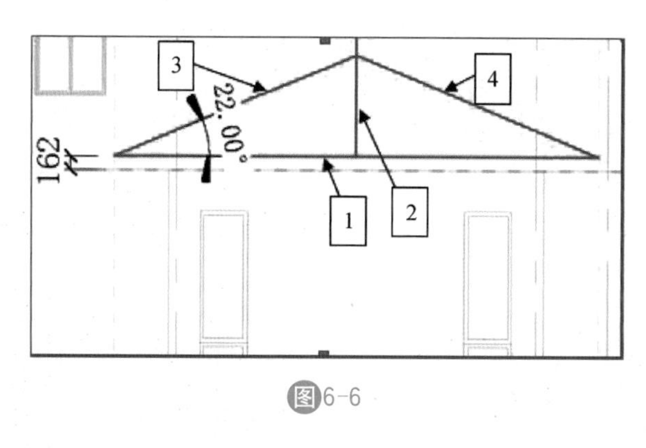

图6-6

单击此时出现的“修改|创建拉伸屋顶轮廓”选项卡上的“绘制”面板“直线”命令，按图6-6所示绘制有关直线。绘制1号线，起点与末点恰好落在2根垂直参照线上，在水平参照线上方修改临时尺寸为162。绘制2号线，即1号线垂直平分线，起点捕捉1号的中点(三角形符号)，末点保证高度适中即可。绘制3号线，起点捕捉1号线的左端点，末点在2号线上移动，当3号线与1号线临时角度显示为22°的时候单击确定。绘制4号线，起点捕捉3号线上端点，末点捕捉1号线的右端点，即3、4号线相对2号线对称。而后删除辅助线1、2号线，保留3、4号线即为拉伸屋顶的轮廓线。类型选择器下拉选择“基本屋顶：常规-200 mm”。单击“修改|创建拉伸屋顶轮廓”选项卡上的“√”，便完成拉伸屋顶的创建任务，项目浏览器切换到3D视图，转到西南轴测图，观察拉伸屋顶效果，如图6-7所示。

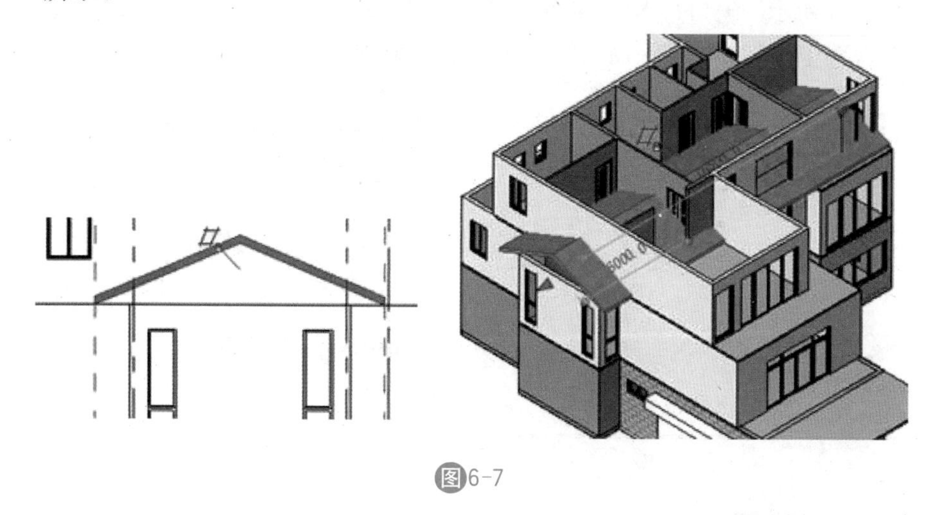

图6-7

6.2 屋顶连接和墙体附着

在3D视图中观察上述创建的拉伸屋顶，屋顶长度过长，延伸到了二层屋内，同时屋顶下面没有山墙。下面将逐一完善这些细节。

1. 修改屋顶连接

在屋顶处于蓝色亮显被选中的状态下，单击“修改|屋顶”选项卡中“几何图形”面板

上的“连接/取消连接屋顶”命令，单击拾取延伸到二层屋内的屋顶右侧边缘线，单击拾取左侧二层外墙墙面，即可自动调整屋顶长度使其端面和二层外墙墙面对齐，如图 6－8 所示。此命令仅用于屋顶的编辑，效果与对齐命令相似，选择顺序与对齐命令相反，先选择屋顶需要移动的边缘，再选择对齐的目标边缘，此处两个选择为同一对象不同部位，也可使用对齐命令。

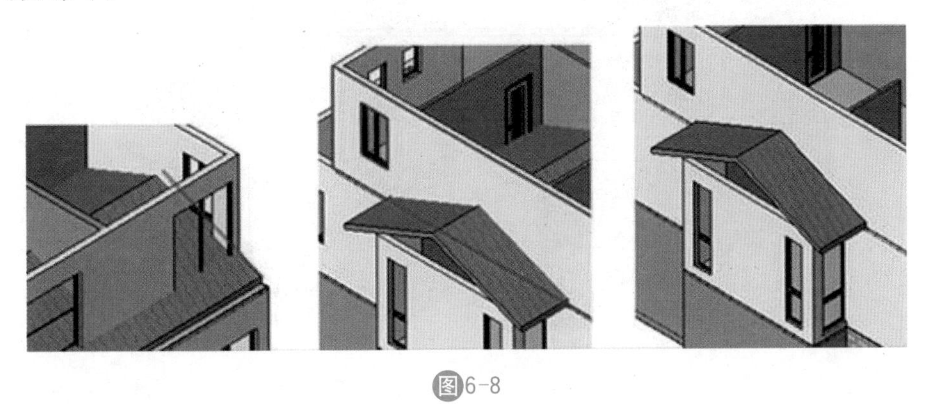

图6-8

上述屋顶连接部位的调整，还可以直接在属性对话框中修改拉伸终点的参数，由原先的“17500”修改为“1600”，如图 6－9 所示，这样既简单又快捷，这体现了 Revit 数字化修改的优点。

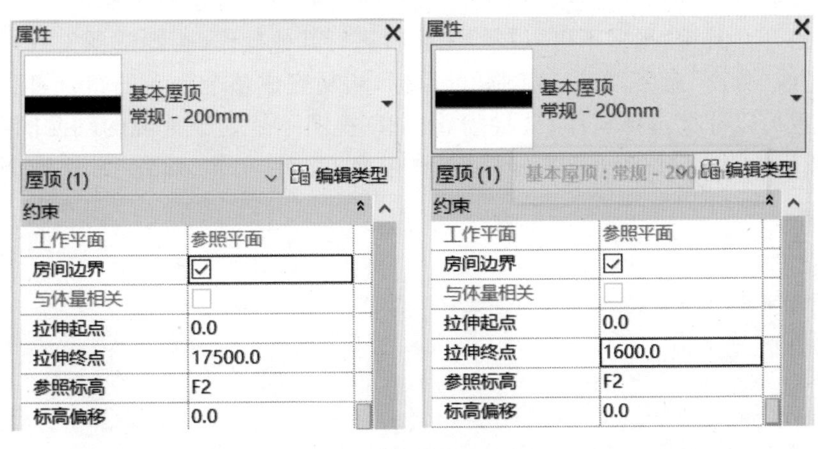

图6-9

2. 墙体附着于屋顶

在 3D 西南或西北轴测图状态，按住 Ctrl 键连续单击选择屋顶下面的三面墙，然后在“修改|墙”面板上单击“附着顶部/底部”命令，选项栏“附着墙”选择“顶部”（一般情况下默认，无须操作），而后单击选择屋顶为附着的目标，三面墙体便自动将其顶部附着到屋顶下面，如图 6－10 所示，这样在墙体和屋顶之间创建了关联关系。当然也可选择三面墙体，单击“分离顶部/底部”命令，将墙体和屋顶分离，请自行尝试。

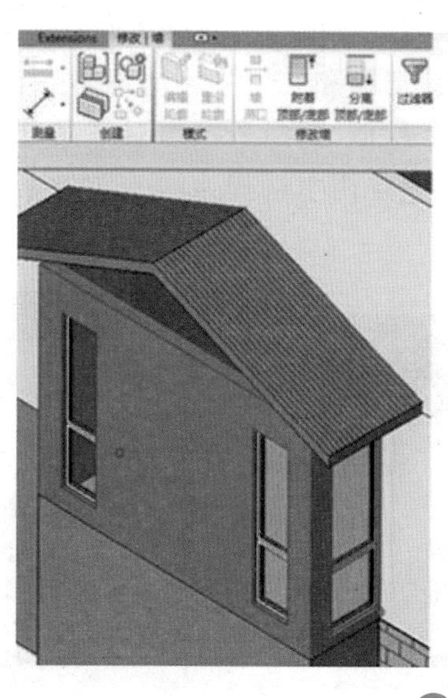

图6-10

上述一开始选择墙体，如果3D视图方向不方便一下子选中所有墙体，可以先选择容易单击的墙体，再按着shift键，转动鼠标滚轮，整个3D视图便围绕已经选中的图元旋转，旋转到适当角度，便于选择余下的墙体，即鼠标移动到附近有预选显示的时候，松开shift键，接着按住Ctrl键(确保已经选中的继续处于选中状态)，然后单击加选余下的墙体，全部选中后，松开Ctrl键，鼠标不可以在绘图窗口进行其他操作(否则选择失效)，而是立马单击"附着"或"分离"命令，单击屋顶附着目标，顺利完成整个命令的组合过程。如果墙体特别多，也可以分批选择墙体，分批附着。3D视图不是处于常规的轴测图状态，可以点击View Club的特定位置，将视图切换到"东南、西南、东北、西北"常规轴测图的视图状态。

6.3 迹线屋顶创建二层多坡屋顶

下面使用"迹线屋顶"命令创建北侧二层的多坡屋顶。项目浏览器中打开"F2"平面视图，楼层平面属性对话框"底图"范围：底部标高下拉选择"无"。单击"建筑"选项卡"构建"面板"屋顶"下拉菜单选择"迹线屋顶"命令，进入绘制屋顶轮廓迹线的草图模式，单击"绘制"面板"直线"命令，光标依次捕捉H轴2轴交点、H轴5轴交点、5轴J轴交点、J轴6轴交点、6轴H轴外墙边缘线交点，而后捕捉沿外墙边缘线的转折点，回到H轴2轴交点，按Esc键退出"直线"命令，如图6-11所示。接着单击"修改"面板上的"偏移"命令，选项栏默认数值方式，偏移数据修改为800，去除复制的勾选，如图6-12所示。然后移动光标到图6-11中除墙体边缘线之外的直线的外侧位置，出现提示虚线后单击，将这些直线向外偏移800 mm，结果如图6-13所示。

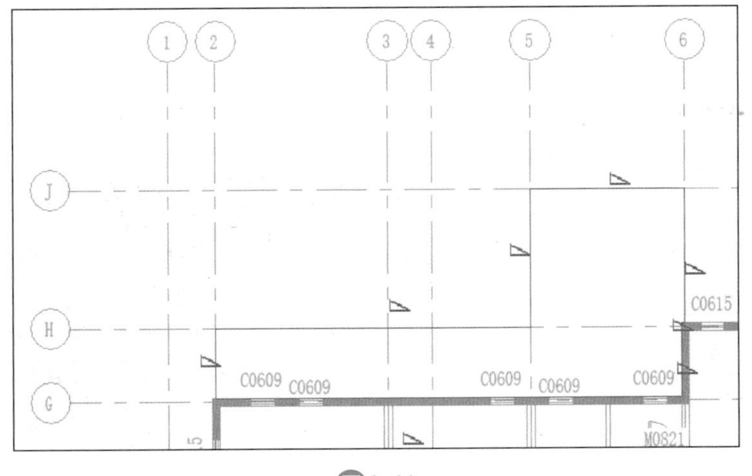

图6-11

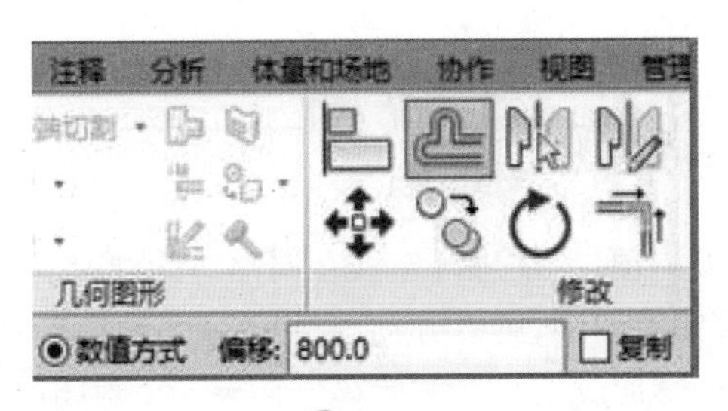

图6-12

微课11

创建迹线屋顶

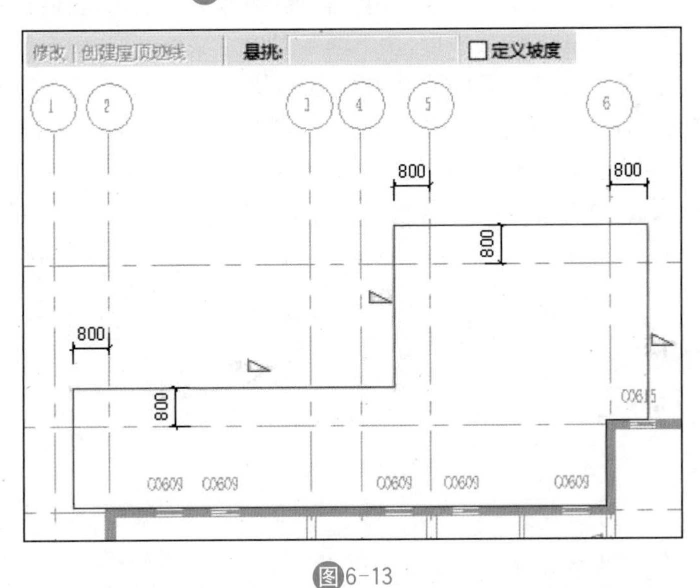

图6-13

按住 Ctrl 键，单击选择图 6－13 中的外墙轮廓线、2 轴和 J 轴的偏移线，然后选项栏上去除“定义坡度”的勾选，这些线段附近的坡度符号消失，余下的保留坡度符号的三个线段将倾斜向上形成坡屋面。类型选择器下拉选择“基本屋顶常规－200 mm”，实例属性的坡度值修改为 22°。单击“修改|创建屋顶迹线”选项卡上的“√”，便完成迹线屋顶的创建任务，项目浏览器切换到 3D 视图，转到西北轴测图，观察二层多坡屋顶效果如图 6－14 所示。

与拉伸屋顶同理，按照此前讲述的墙体选择方法，选择图 6－14 迹线屋顶之下的外墙和内墙，单击“附着”命令，将所选的墙体附着到迹线屋顶，保证屋顶和墙体的密闭性。

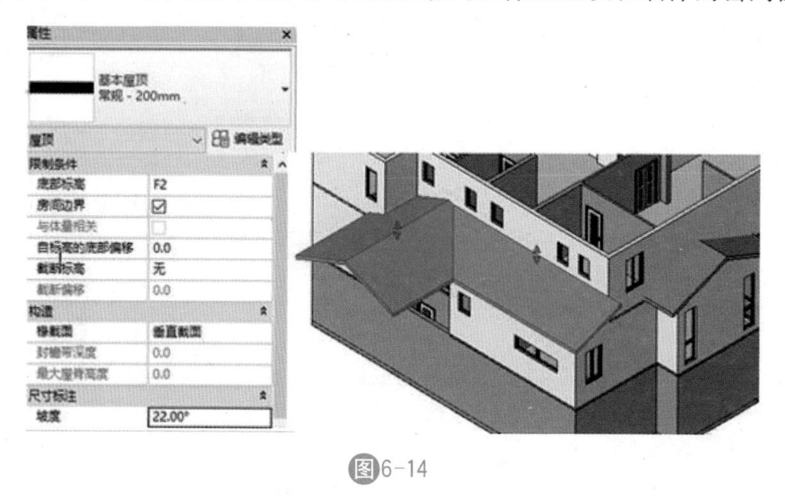

图6-14

6.4 迹线屋顶创建三层多坡屋顶

一般情况下，迹线屋顶默认为同坡屋顶，上述迹线屋顶在属性对话框中设置统一的坡度角就是同坡屋顶。事实上在迹线绘制草图界面中，可以分别选择每一根迹线，分别修改每一个迹线的临时坡度标注的角度数字，这样能够形成不等坡的屋顶。如果一个封闭的迹线轮廓，其中所有迹线均取消定义坡度，则形成平屋顶。包括拉伸屋顶，本质上也是迹线屋顶的特例，矩形的迹线轮廓，其中两条对边取消定义坡度，余下两条对边定义坡度角，便会形成双坡的拉伸屋顶。通过“迹线屋顶”命令，形成不等坡屋顶、平屋顶、双坡屋顶等情况，请自行尝试。

下面通过迹线屋顶命令创建三层多坡屋顶，步骤与二层多坡屋顶相同。项目浏览器中打开“F3”平面视图，楼层平面属性对话框“底图”范围：底部标高下拉选择“F2”。选择“迹线屋顶”命令，进入绘制屋顶轮廓迹线草图模式，选择“直线”命令，如图 6－15 所示，依次捕捉

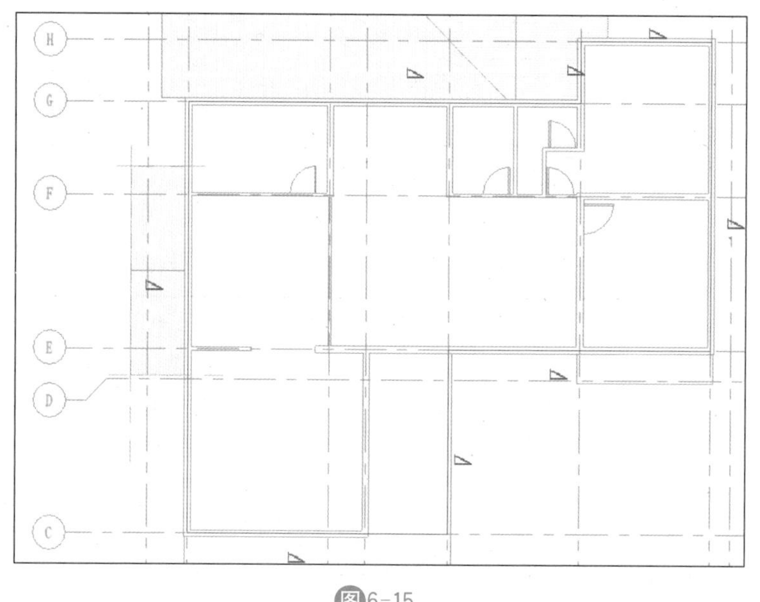

图6-15

各个轴网交点，初步完成封闭的迹线轮廓。选择“偏移”命令，偏移数据为 800，去除复制的勾选，移动光标到图 6 – 15 所示任意一个迹线的外侧位置，出现外侧偏移虚线的预选，按 Tab 键，出现整个封闭迹线轮廓向外偏移虚线后单击，便将图 6 – 15 所有紫色迹线一致向外偏移 800 mm，如图 6 – 16 所示。

选择“参照平面”命令（快捷键 RP），绘制两条参照平面和中间两条水平迹线平齐，并和最外侧的左右两条垂直迹线相交，如图 6 – 16 所示，两条绿色虚线为参照平面的水平投影线。选择“拆分”命令（快捷键 SL），在参照平面和最外侧左右两条垂直迹线交点位置分别单击鼠标左键，将两条垂直迹线拆分成上下两段。按住 Ctrl 键单击选择最左侧迹线拆分后的上半段和最右侧迹线拆分后的下半段，以及最上和最下两条水平迹线，选项栏取消定义坡度，如图 6 – 16 所示。类型选择器选择“基本屋顶常规- 200 mm”，实例属性坡度值修改为 30°。单击“修改|创建屋顶迹线”选项卡上的“√”，便完成三层多坡屋顶的创建任务，项目浏览器切换到 3D 视图，观察三层多坡屋顶效果，如图 6 – 17 所示。

如果屋顶存在错误，可以选中屋顶，然后在“修改|屋顶”选项卡上单击“编辑迹线”命令，系统便进入“修改|屋顶:迹线编辑”页面，返回到迹线草图绘制模式，可以重新绘制、编辑相关迹线，直到符合要求为止，最后单击“√”，完成屋顶的编辑任务，请自行尝试。

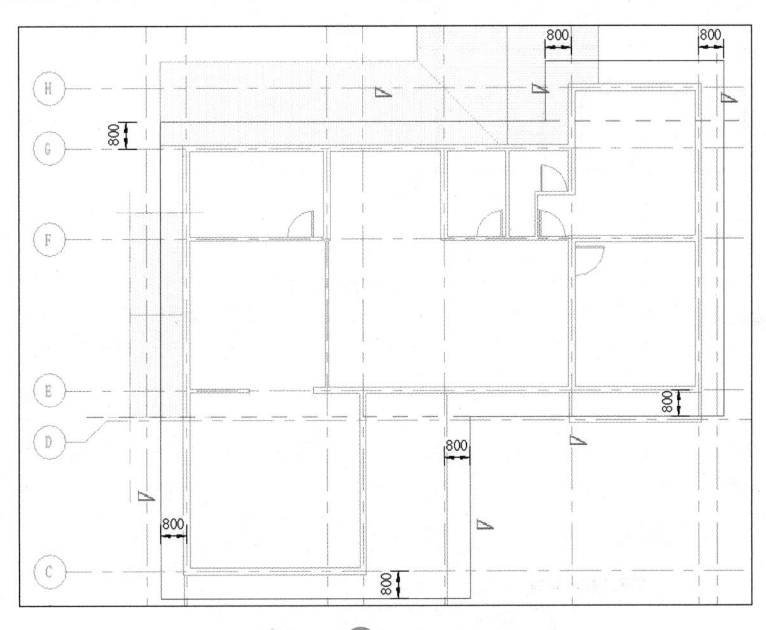

图6-16

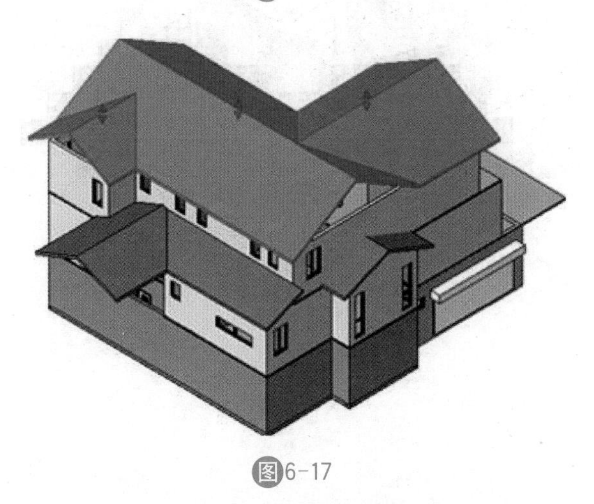

图6-17

三层屋顶下面需要附着的墙体数量众多，一次性选中这些墙体，必须综合运用“隐藏图元”和“过滤器”等命令。切换到F2平面视图，选中二层的两个屋顶，而后单击视图控制栏上的“临时隐藏/隔离”按钮（“小眼镜”图标），下拉选择“隐藏图元”命令，将二层屋顶暂时隐藏，露出其下已经附着的墙体，特别注意不要误选“隐藏类别”命令，否则就会将三层屋顶一并隐藏，导致接下来选择不到“附着”的目标。而后鼠标从视图左上角适当位置单击，实框向右下角拖曳到适当位置松开，框选二层所有外墙（必然框选所有内墙）及其附属的门窗等实体和标志，单击“过滤器”弹出对话框，先“放弃全部”再勾选墙体，单击“确定”，便选中二层所有墙体，如图6－18所示。按住Shift键，单击二层屋顶下面已经附着的墙体，以及E轴上C2156幕墙（属于墙体无法直接过滤），将这些墙体从选择集中减选掉，先单击“附着顶部/底部”命令，然后找到“视图范围”属性编辑如图3－17所示，修改顶偏移量为8000，剖切面偏移量为8000，F2平面图显示出三层多坡屋顶，单击屋顶，刚刚选择的二层墙体，便全部附着到三层屋顶。

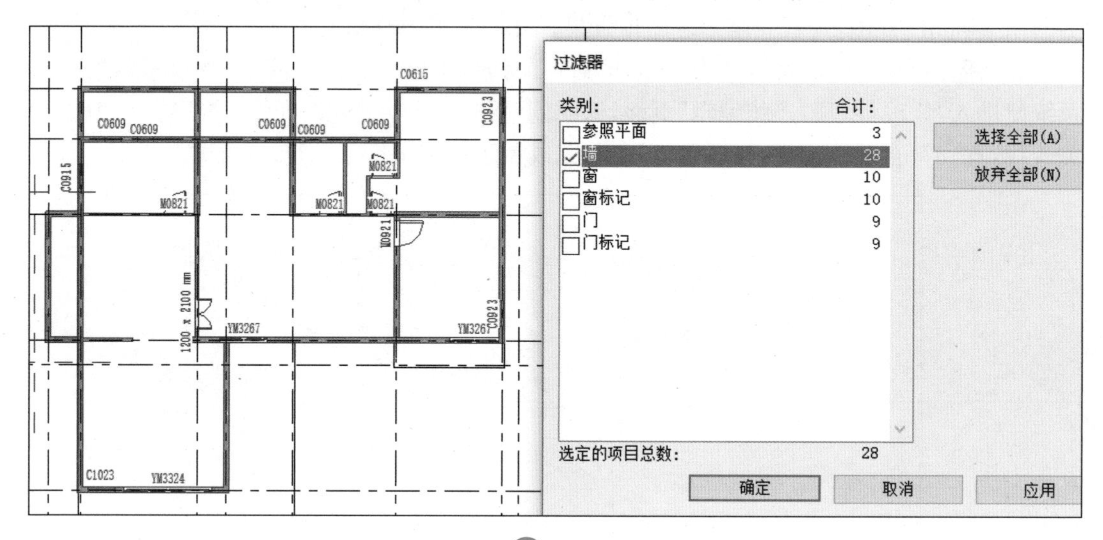

图6－18

项目浏览器切换3D视图，单击三层屋顶，选择“隐藏类别”命令，所有屋顶隐藏，观察附着的外墙和内墙，如图6－19所示。最后选择“小眼镜”图标下“重设临时隐藏/隔离”命令，恢复所有临时隐藏的图元。

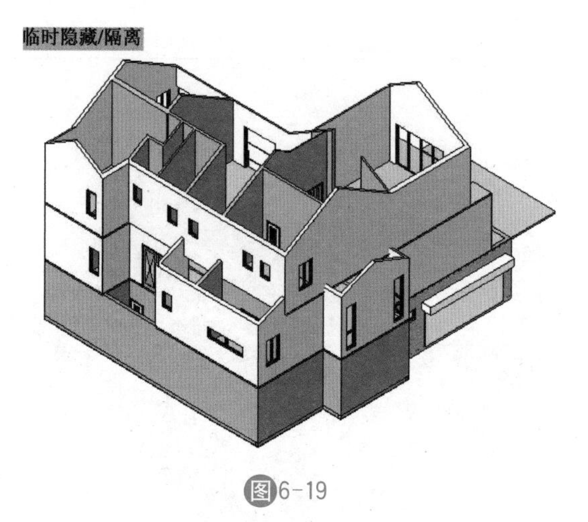

图6－19

6.5 调整屋顶层平面视图范围

项目浏览器中打开"F3"平面视图，此时屋顶被截断涂黑，这是因为 Revit 的楼层平面图默认在标高往上 1200 mm 处剖切生成平面投影。在楼层平面属性对话框中，下拉找到"视图范围"，单击"编辑…"按钮，弹出视图范围对话框，设置"顶"为"无限制"，"剖切面"的"偏移"值为 3000，单击"确定"，便完成屋顶层平面视图范围设置，F3 平面视图便显示完整的屋顶，如图 6－20 所示。至于 F2 平面能够显示完整的屋顶，这是因为插入二层窗户的时候，提前修改视图范围的"剖切面"的"偏移"值为 1800，剖切位置已经高于二层两个屋顶的屋脊线了。

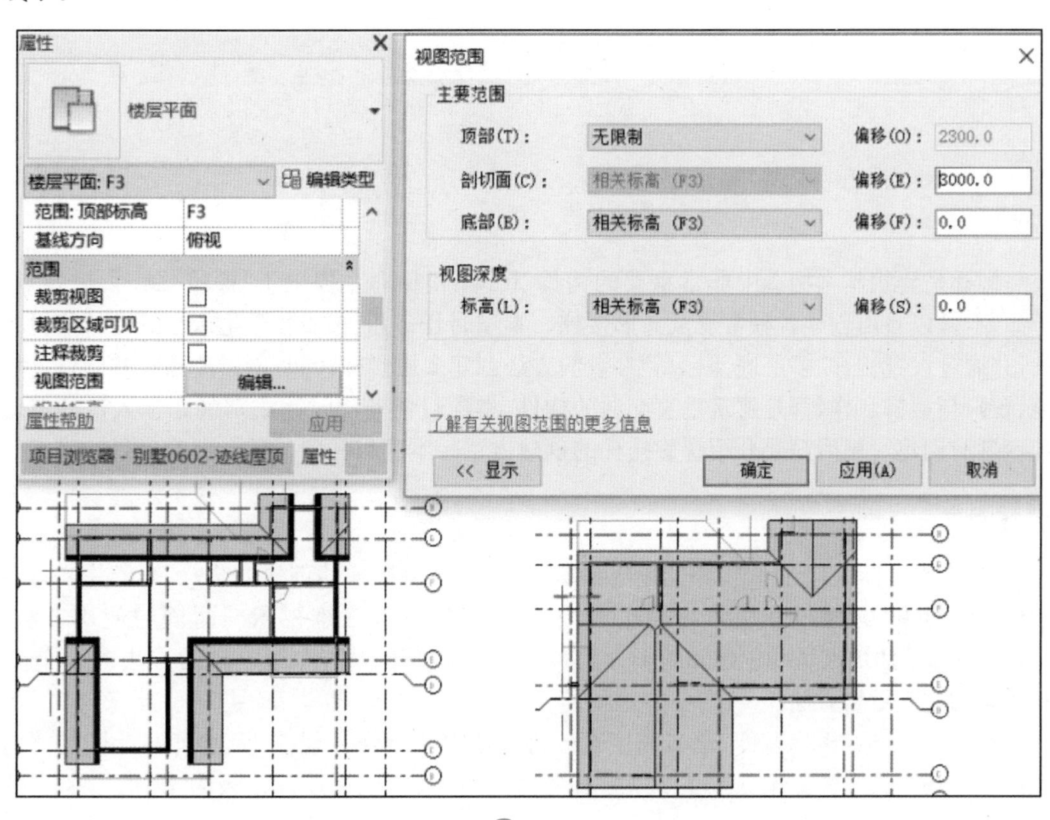

图6-20

项目任务7 创建楼梯

课程概要

楼梯是建筑基本构造中非常重要的构件，Revit 楼梯命令提供了"梯段、踢面、边界"等子命令，可以自由创建各种常规及异形楼梯。本项目任务将详细介绍直梯的创建和编辑方法，并通过设置楼梯"多层底部标高"参数的方法创建多层楼梯，同时创建楼梯竖井洞口。坡道、台阶与楼梯一样，都是建筑垂直交通的构件，本项目任务同时完成别墅几个入口的坡道和台阶的创建。最后简要介绍螺旋楼梯的创建方法。本项目任务是整个别墅项目的难点。

课程目标

1. 技能目标：(1) 直线楼梯的创建和编辑方法；多层楼梯的创建方法；(2) 竖井洞口的创建和编辑方法；楼板和墙体编辑生成洞口的方法；(3) 三维视图剖面框的使用方法；(4) 坡道和带边坡坡道的创建和编辑方法；(5) 内建模型的放样创建实体的方法；(6) 螺旋楼梯的创建和编辑方法。

2. 素质目标：楼梯宽度、踏步高度宽度涉及诸多建筑设计规范，而建筑设计规范的前提则是人体尺度，本项目任务可以提醒与帮助学生形成"建筑设计以人为本"的专业理性思维等。

微课12

创建室外室内直梯

7.1 创建室外楼梯

单击"建筑"选项卡"楼梯坡道"面板上的"楼梯"，弹出"修改|创建楼梯"上下文选项卡，默认优先选择"梯段"命令，同时默认优先"直梯"创建直线梯段，如果需要创建螺旋梯段则单击"圆心—端点螺旋"等。特殊情况下选择"创建草图"命令，绘制梯段、平台、支座的草图，如图 7-1 所示。下面开始创建别墅室外的直线楼梯。

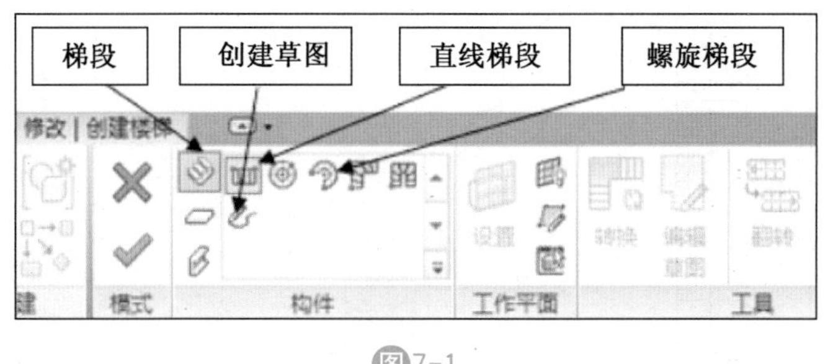

图7-1

打开上一个项目任务完成的“别墅 06 -屋顶. rvt”文件，另存为“别墅 07 -楼梯. rvt”。项目浏览器打开“－1F”地下一层平面视图。选择上述“梯段”命令，进入“修改|创建楼梯”页面。类型选择器下拉选择“整体式楼梯”，实例属性“底部标高”为－1F－1，“顶部标高”为 F1，“所需踢面数”为 20（系统根据楼梯规则和标高条件自动计算一个结果），“实际踏板深度”为 280；选项栏“实际梯段宽度”为 1150，勾选自动平台。默认创建“直梯”，在绘图窗口空白处，单击一点作为第一跑起点，垂直向下移动光标（光标移动方向为梯段踏步升高的方向），直到显示“创建了 10 个踢面，剩余 10 个”时，单击捕捉该点作为第一跑终点，创建第一跑草图。按 1 次 Esc 键暂时退出绘制命令，如图 7 - 2 所示。

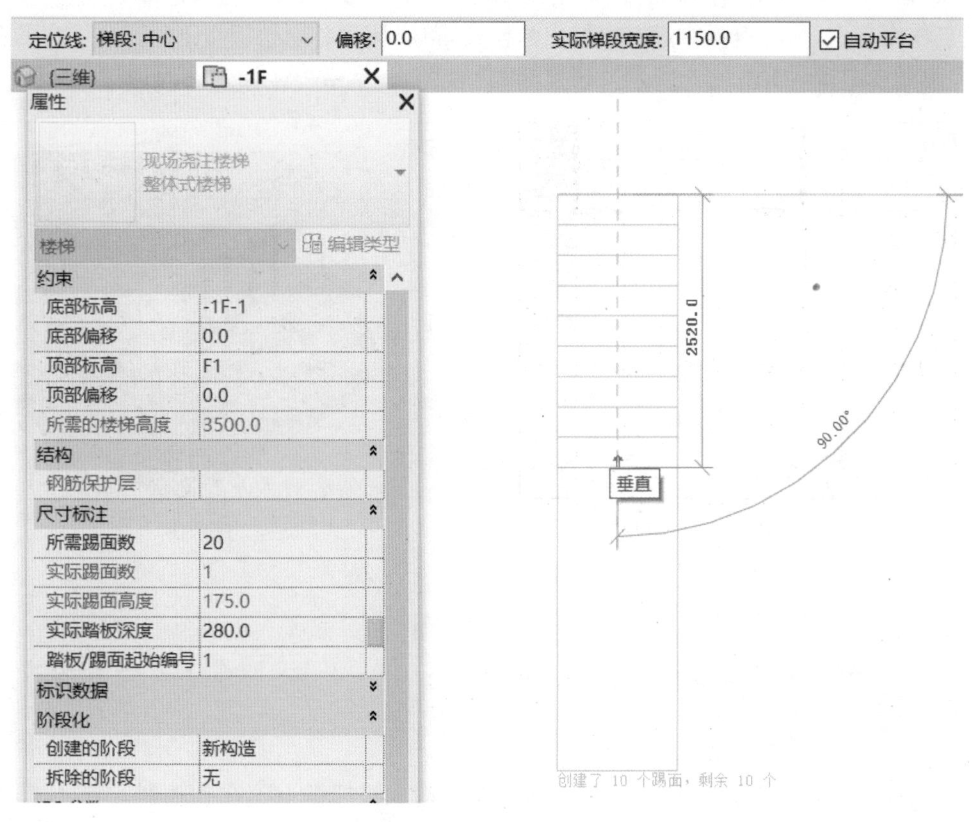

图7-2

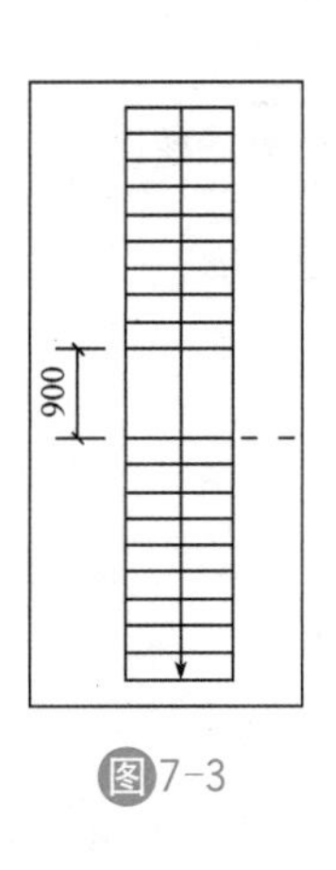

图7-3

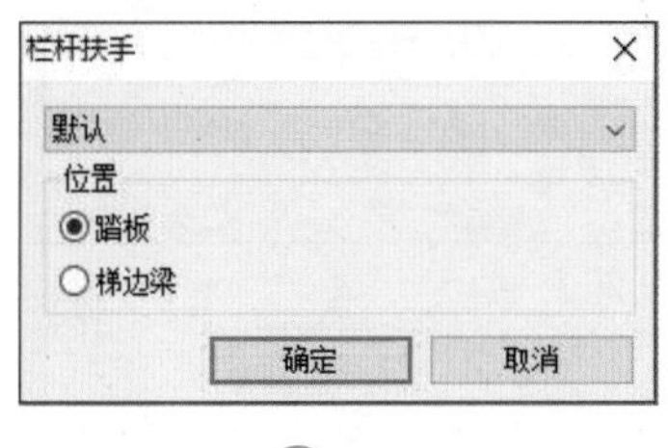

图7-4

输入快捷键 RP，在草图下方绘制一条水平参照平面投影线作为辅助线，修改临时尺寸距离为 900（楼梯休息平台的宽度）。继续“直梯”命令，移动光标至水平参照平面上与梯段中心线延伸相交位置，当参照平面亮显并提示“交点”时单击捕捉此点作为第二跑起点位置，向下垂直移动光标到矩形预览框之外单击，创建剩余的踏步，如图 7－3 所示。单击“工具”面板“扶手类型”命令，可从对话框下拉列表中选择扶手类型，此处默认，如图 7－4 所示，单击“确定”退出对话框。最后单击“√”，退出“修改|创建楼梯”便完成室外楼梯的创建。

项目浏览器打开 F1 平面图。框选刚绘制的楼梯，单击工具栏“移动”命令，单击楼梯左下角点作为基点，移动楼梯靠近首层伸出的楼板，单击捕捉首层楼板右下角凸出平台的拐角点，完成楼梯定位，如图 7－5 所示。切换到 3D 视图，观察室外楼梯效果，如图 7－6 所示。

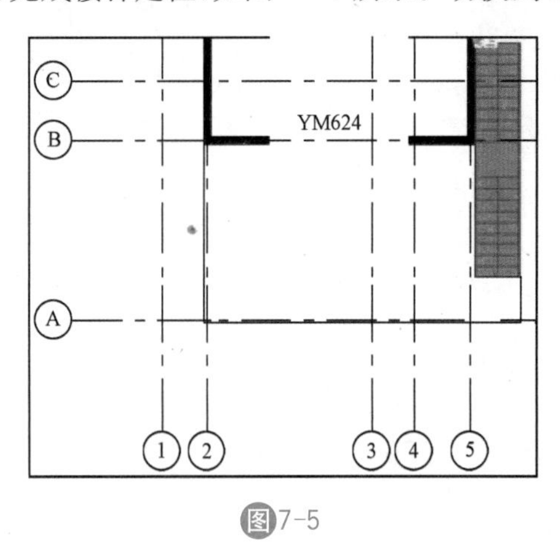

图7-5

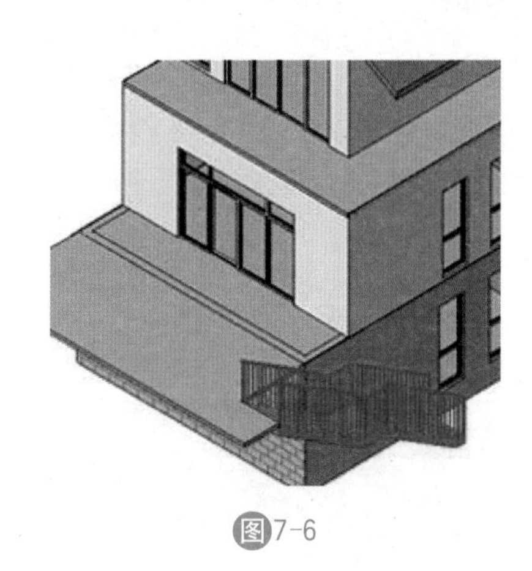

图7-6

7.2 创建室内楼梯

项目浏览器打开“－1F”地下一层平面视图。输入快捷键 RP，在 3 轴到 5 轴、F 轴到 H 轴围成的楼梯间范围内绘制两个垂直和两个水平的参照平面投影线，如图 7－7 所示。其中左右两条垂直参照线到墙边线的距离 825，是梯段宽度的一半。两条水平参照线，建议先绘制下方的参照线，修改临时尺寸 1380，确定第一跑起点位置，再绘制上方的参照线，修改临时尺寸 1820，确定第一跑终点位置。

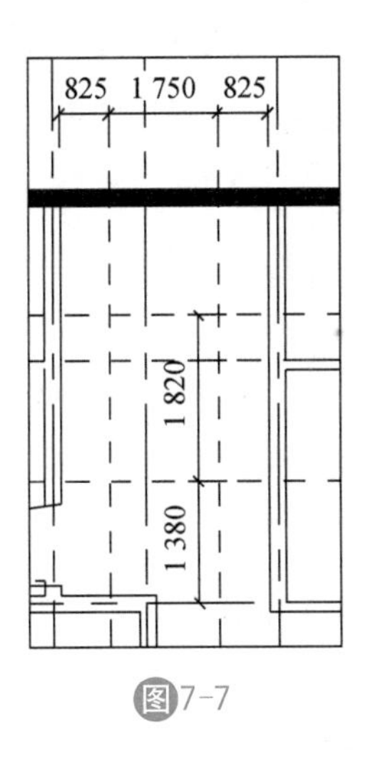

图7-7

类型属性

族(F)：系统族：现场浇注楼梯

类型(T)：整体式楼梯1

类型参数

参数	
计算规则	
最大踢面高度	180.0
最小踏板深度	260.0
最小梯段宽度	1000.0
计算规则	
构造	
梯段类型	整体梯段

图7-8

选择“梯段”命令，进入“修改|创建楼梯”页面。类型选择器下拉选择“整体式楼梯”，单击“编辑类型”打开“类型属性”对话框，单击“复制”，输入新名称：“整体式楼梯 1”，将最小踏板深度由 280 改为 260。关闭类型属性对话框，如图 7-8 所示，单击“确定”关闭“类型属性”对话框，类型选择器变成“整体式楼梯 1”，实例属性“底部标高”为－1F(不同于室外楼梯－1F－1)，“顶部标高”为 F1，“所需踢面数”为 19，“实际踏板深度”为 260；选项栏“实际梯段宽度”为 1650，勾选自动平台。默认创建“直梯”，移动光标至四条参照线右下角交点位置，两条参照平面亮显，同时系统提示“交点”时，单击捕捉该交点作为第一跑起跑位置。向上垂直移动光标至右上角交点位置，同时在起跑点下方出现灰色显示的“创建了 8 个踢面，剩余 11 个”的提示字样，单击捕捉该交点作为第一跑终点位置，自动绘制第一跑踢面和边界草图。移动光标到左上角交点位置，单击捕捉作为第二跑起点位置。向下垂直移动光标到矩形预览图形之外单击捕捉一点，系统会自动创建休息平台和第二跑梯段草图，如图 7-9 所示。

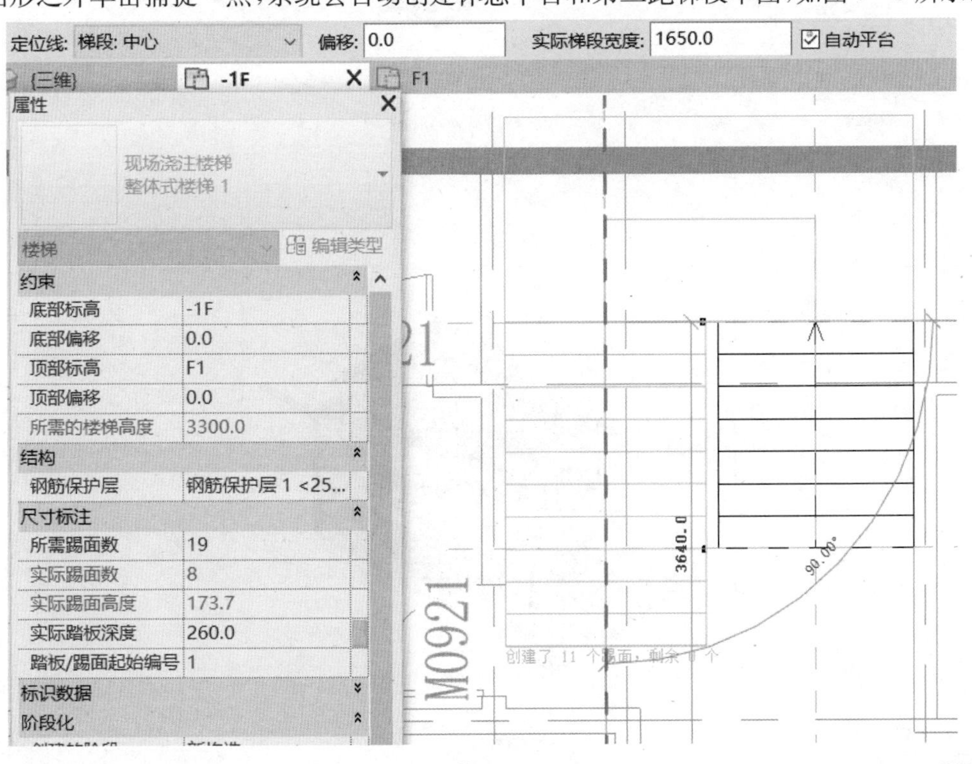

图7-9

单击选择楼梯顶部边界线，整个休息平台蓝色亮显，单击拖曳其顶部控制柄，将休息平台顶部与楼梯间外墙的内边重合，如图 7 - 10 所示。单击“√”，完成室内楼梯的创建。

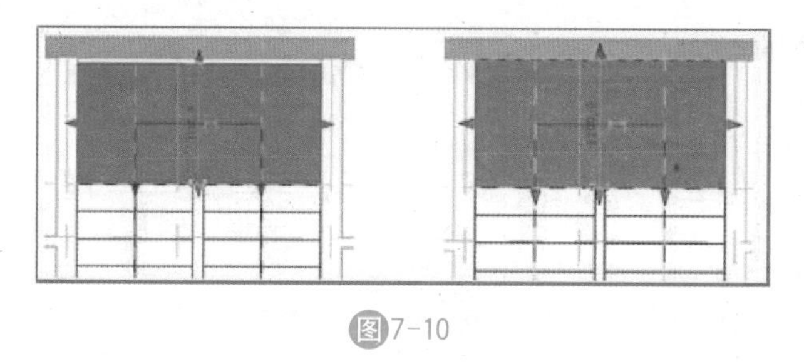

图7-10

项目浏览器切换到 3D 视图，类型选择器显示“三维视图”，在其实例属性中下拉找到“剖面框”，勾选此选项，绘图窗口的三维视图出现一个完全透明的六面长方体，即为剖面框，如图 7 - 11 所示。单击剖面框，六个表面分别出现双向控制箭头，可以单击任意一个箭头拖曳，将剖面框的表面向别墅内部或外部移动，从而显露或隐藏别墅内部三维结构，将图 7 - 11 的剖面框右前侧表面向内部拖曳到适当位置，便可观察到室内楼梯的三维效果，如图 7 - 12 所示。

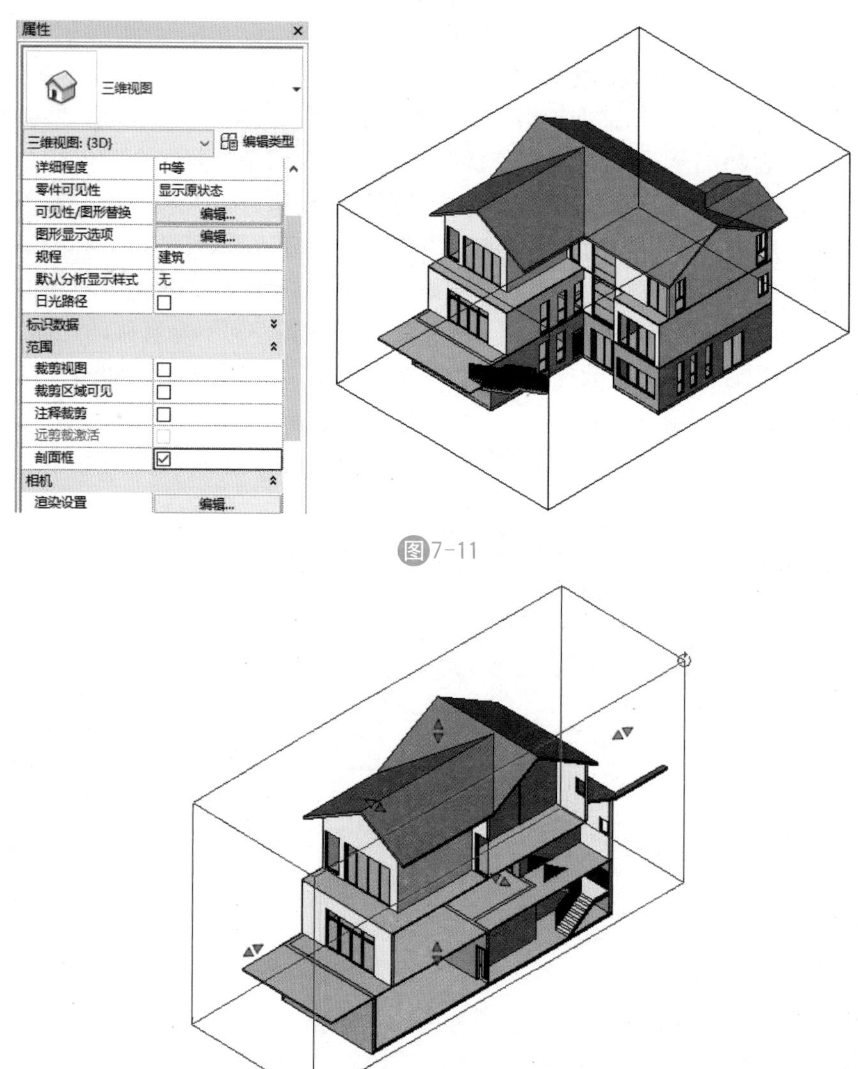

图7-11

图7-12

本项目室内楼梯扶手类型为默认形式。在三维剖面框显露室内楼梯状态下，转动鼠标滚轮，将视图拉近，单击选中楼梯扶手，如果观察到扶手栏杆没有落在楼梯踏步上，鼠标右键菜单中选择“翻转方向”命令，扶手便自动调整使其栏杆落到楼梯踏步上，如图 7－13 所示。

图7－13

微课13

编辑楼梯踢面与边界

7.3 编辑梯段踢面和边界线

接下来将室内楼梯第一跑的踢面改成弧线状。项目浏览器打开－1F 平面视图，单击选中楼梯，单击“修改|楼梯”选项卡上“编辑楼梯”命令，进入与上述楼梯完全相同的绘制页面。选择右侧第一跑踢面和边界线，按 Delete 删除，而后单击“创建草图”指令(如图 7－1 所示)，进入“修改|创建楼梯>绘制梯段”页面，接下来分别绘制第一跑梯段的边界、踢面、楼梯路径。

先单击“边界”命令，默认“直线”，捕捉下方水平参照线与墙体的交点，而后正交向上输入 1820 数据，绘制第一跑梯段的右边界线，然后再次单击“边界”选择“直线”指令，再利用右边界线下端点向左追踪输入数据 1650(梯段宽度)确定起点，然后正交向上输入 1820，绘制第一跑梯段的左边界线，如图 7－14 所示。

单击“踢面”命令，选择“起点、终点、半径弧”命令，分别单击捕捉两条边界线的下端点，再捕捉弧线中间一个端点，便绘制出一条圆弧，修改圆弧半径临时尺寸为 1200。接下来单击“复制”，选项栏勾选“多个”和“约束”，单击圆弧左端点为移动基点，向上移动圆弧到平台范围，连续输入 6 次“260”回车，便复制生成其余 6 条圆弧踢面线(共 7 条圆弧踢面线)，然后再次单击“踢面”选择“直线”指令，绘制第一跑梯段的最上一条的踢面线，如图 7－14 所示。

单击“楼梯路径”命令，默认“直线”，第一点捕捉最下方圆弧中点，正交向上捕捉最上方直线中点，顺序不可颠倒，确保第一跑梯段与第二跑梯段的路径连接，如图 7－14 所示。

单击“√”，完成第一跑梯段的创建，第一跑梯段形成冰蓝色亮显，此时单击属性对话框，将该整体梯段的实例属性“相对基准高度”由默认的“3300”改为“0”，如图 7－15 所示。而后再单击“√”，便退出编辑楼梯界面，完成楼梯编辑任务。项目浏览器切换的 3D 视图，调整剖面框剖切深度，观察室内楼梯第一跑踢面修改的效果，如图 7－16 所示。

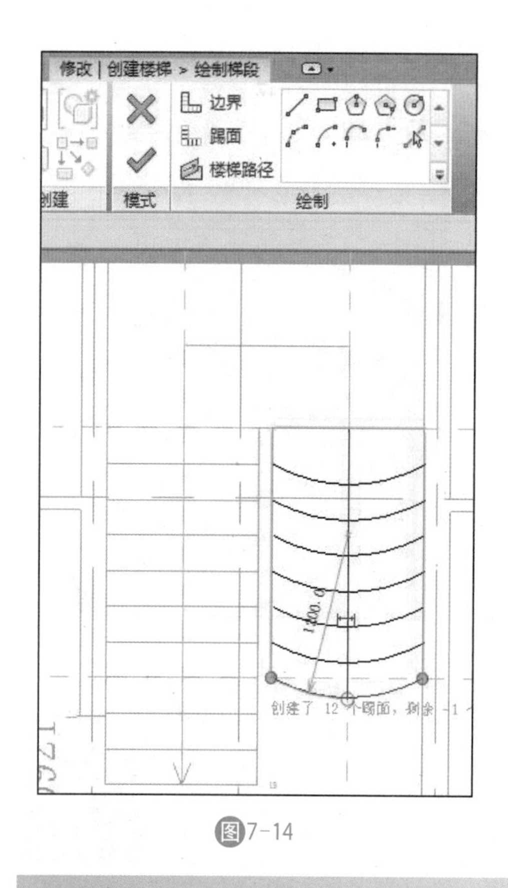

图7-14

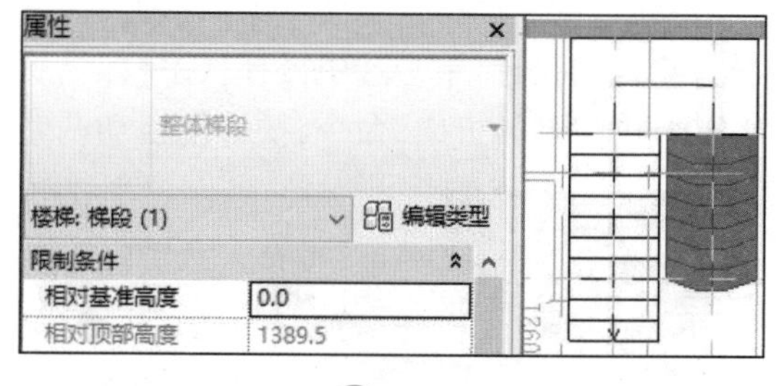

图7-15

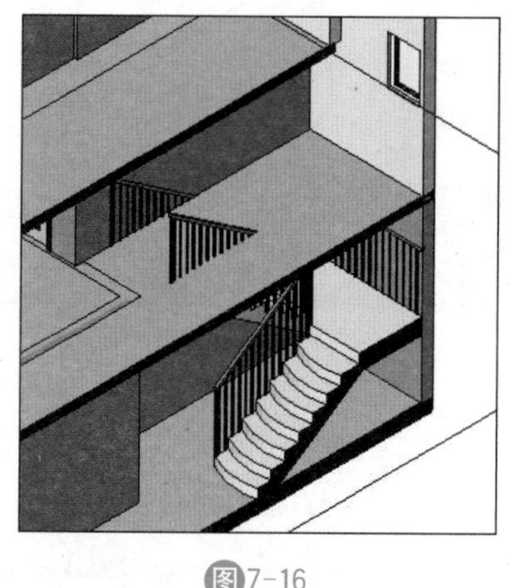

图7-16

7.4 多层楼梯与楼梯间洞口

项目浏览器维持 3D 视图，调整剖面框，观察到如图 7-16 所示状态。单击选择地下一层的室内楼梯，单击选项卡“剪贴板”面板上“复制到剪贴板”命令，然后单击“粘贴”-“按选定标高对齐”命令，打开“选择标高”对话框，如图 3-2 所示 ，选择“F1”，单击“确定”，即可自动创建其余楼层楼梯和扶手，如图 7-17 所示。

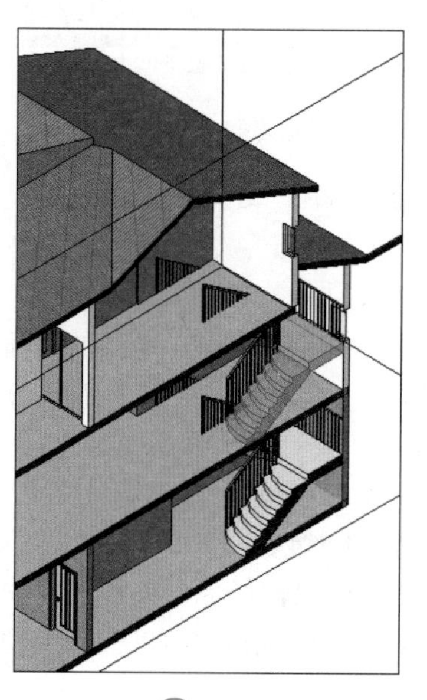

图7-17

微课14

创建洞口

由图 7－17 观察，目前首层和二层楼板位于楼梯间区域并没有让出多层楼梯的通行空间，需要创建洞口或对楼板进行洞口轮廓编辑。项目浏览器打开 F1 平面视图。单击“建筑”选项卡“洞口”面板上“竖井”命令，首先选择“起点、终点、半径弧”命令，描绘最下方踢面弧线，再运用“直线”命令描绘梯段扶手和墙角边界，最后形成封闭的紫色线框，单击“√”完成洞口创建任务，如图 7－18 所示。新生成的洞口模型蓝色亮显，属性对话框中修改其实例属性，“底部偏移”为－600，“无连接高度”为 4500，“底部限制条件”为 F1，“顶部约束”为未连接，如图 7－19 所示。此时，在 3D 视图下观察，洞口贯穿首层和二层楼板，但是位于扶手右侧的二层楼板形成多余的弧线洞口，包括二层多坡屋顶也被洞口贯穿，属于错误设计，将“无连接高度”修改为 3500，此洞口仅贯穿首层楼板。创建新的洞口贯穿二层楼板，或对二层楼板进行如下的轮廓编辑。

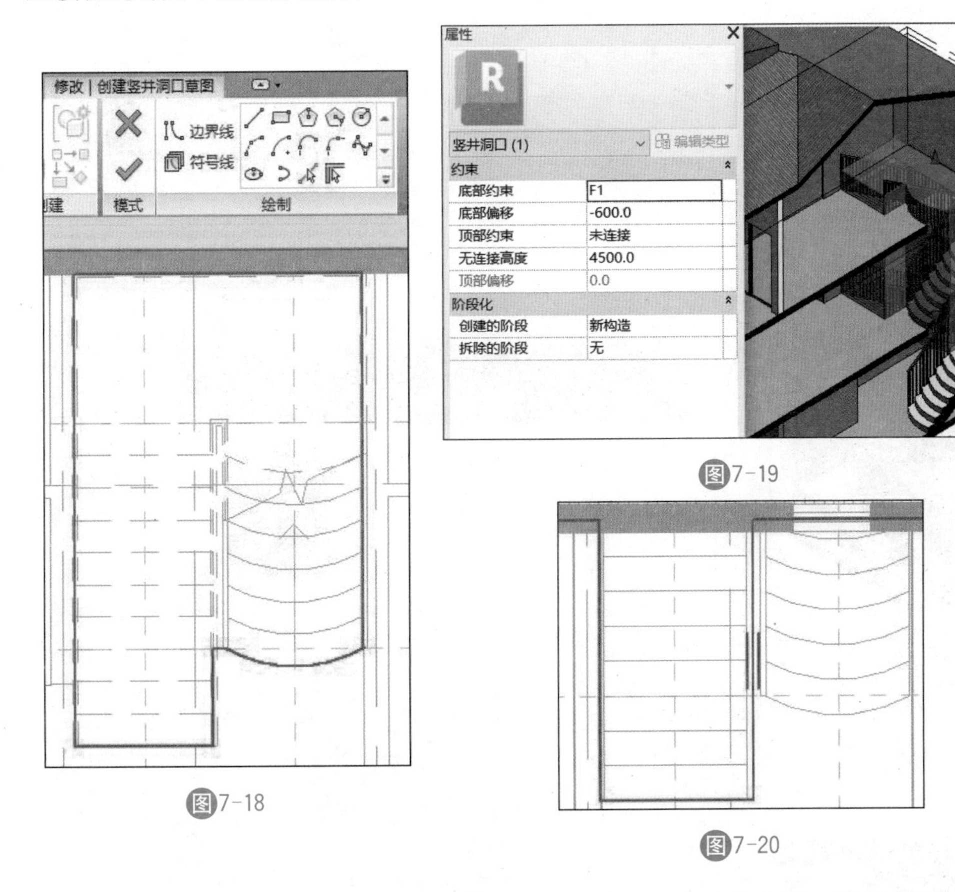

图7-18

图7-19

图7-20

项目浏览器打开 F2 平面视图，单击选中二层楼板，再单击“编辑边界”命令，进入“修改|楼板>编辑边界”页面，默认“直线”命令，描绘楼梯扶手和墙边界，绘制二层楼板洞口边界，单击“拆分”(快捷键 SL)命令，将二层楼板上边界在洞口之内拆分，然后“修剪”(快捷键 TR)命令，修剪掉多余的线段，如图 7－20 所示。单击“√”，弹出“是否希望将高达此楼层标高的墙附着到此楼层的底部?”对话框(如图 4－8 所示)，单击“不附着”，完成二层楼板的边界修改，二层楼板仅在左侧梯段上方形成便于通行的洞口，如图 7－21 所示。

观察图 7－21 所示效果，室内楼梯经过首层和二层之间的休息平台，头顶上方的 G 轴墙体明显影响正常的通行，类似于楼板轮廓编辑生成洞口的过程，下面对 G 轴墙体轮廓进行编辑，生成适当的通行洞口。首先在图 7－21 状态下，按住 Ctrl 单击选中“多层楼梯、二层以上的 G 轴墙体、二层多坡屋顶”三个图元，然后单击视图控制栏上“小眼镜”图标(临时隐

藏/隔离命令)，下拉选择“隔离图元”命令，绘图窗口仅保留刚刚选中的三个图元，而后通过View Club，切换到前视图，单击选择墙体，单击“修改|墙”选项卡上的“编辑轮廓”指令，弹出“编辑墙轮廓之前，Revit将删除顶附着和底附着”的提示对话框，单击“关闭”该提示对话框，在“修改|墙>编辑轮廓”选项卡上绘制面板上单击“直线”命令，绘制洞口边界，两条垂直边界对准下方梯段边界，上方水平线与屋顶下边缘线平齐，而后单击“拆分”命令，将墙体下边缘线在洞口之内拆分，然后“修剪”命令修剪掉多余的线段，如图7-22所示，单击“√”，完成墙体洞口的开设任务。单击“小眼镜”图标，下拉选择“重设临时隐藏/隔离”命令，显示所有图元。View Club返回到东南轴测图主视图状态，如图7-23所示。单击二层以上的G轴墙体，将此墙重新“附着”到三层多坡屋顶之下。

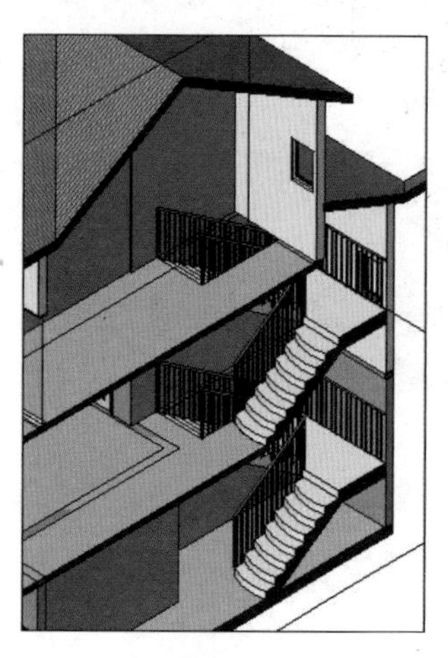

图7-21

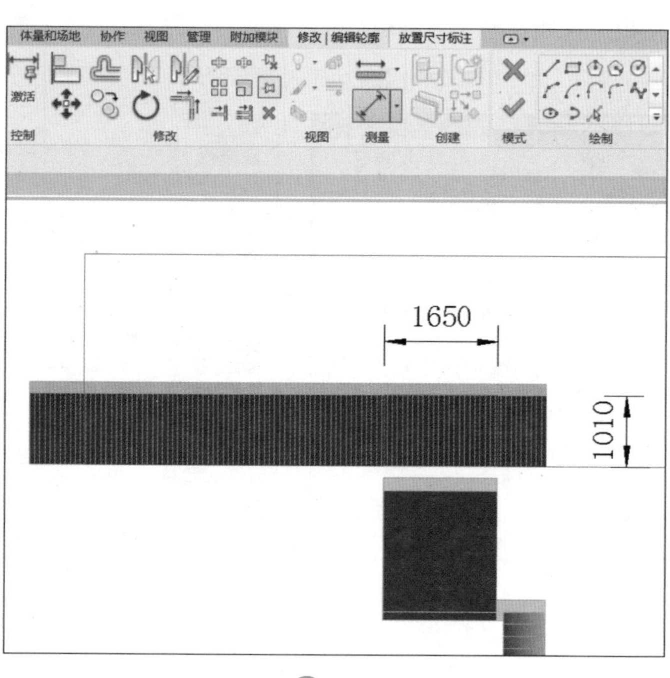

图7-22

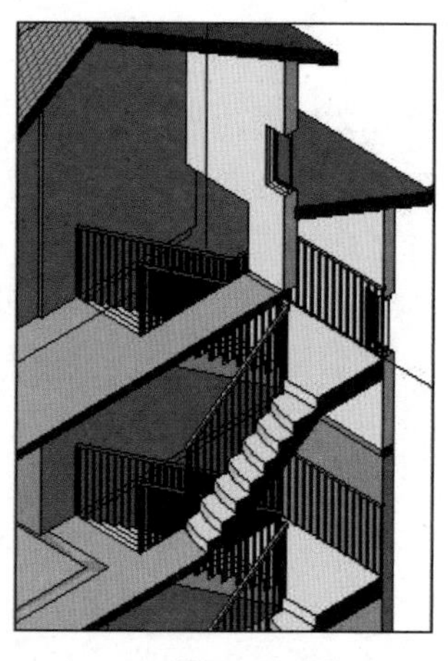

图7-23

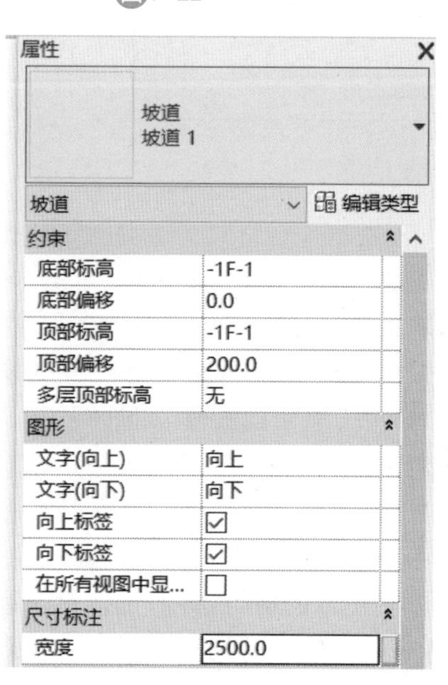

图7-24

7.5 创建地下一层东门坡道

坡道创建方法和“楼梯”命令非常相似，下面创建地下一层东门的坡道。项目浏览器打开“−1F”平面视图。单击“建筑”选项卡“楼梯坡道”面板“坡道”命令，进入绘制坡道模式。类型选择器下拉选择“坡道 1”，实例属性参数“底部标高”和“顶部标高”均为“−1F−1”，“顶部偏移”为“200”、“宽度”为“2500”，如图 7－24 所示。单击“编辑/类型”打开坡道“类型属性”对话框，设置参数“最大斜坡长度”为“6000”、“坡道最大坡度(1/X)”为“2”、“造型”为“实体”，如图 7－25 所示。单击“确定”关闭类型属性对话框。

类型属性

族(F)：系统族：坡道　　载入(L)...

类型(T)：坡道 1　　复制(D)...

重命名(R)...

类型参数(M)

参数	值
构造	
造型	实体
厚度	150.0
功能	内部
图形	
文字大小	2.5000 mm
文字字体	宋体
材质和装饰	
坡道材质	<按类别>
尺寸标注	
最大斜坡长度	6000.0
坡道最大坡度(1/x)	2.000000

图7-25

单击“工具”面板“栏杆扶手”命令，设置“扶手类型”为“无”，如图 7－26 所示，单击“确定”。如果这一步忽略，后续坡道两侧自带默认的扶手，选中扶手，按 delete 删除也可。

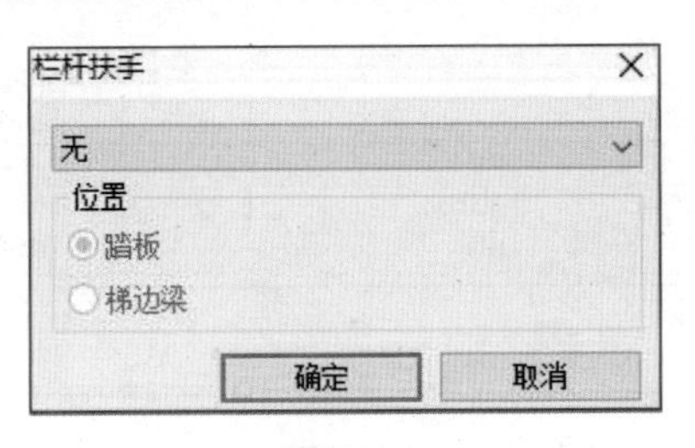

微课15

创建坡道

图7-26

单击“绘制”面板“梯段”命令，默认“直线”命令，移动光标到绘图区域中，靠近地下一层东门(门标志 YM3267)空白处，从右向左正交方向拖拽光标绘制坡道梯段(与楼梯路径方向规则一样，从低处向高处拖曳)，修改坡道长度临时尺寸数字为 800，而后框选所有草图线，单击移动命令，选中左侧垂直边界线的中点为移动基点，基点定位在 YM3267 门中点位置，如图 7－27 所示。单击“√”完成坡道创建，项目浏览器切换到 3D，观察坡道效果，如图 7－28 所示。

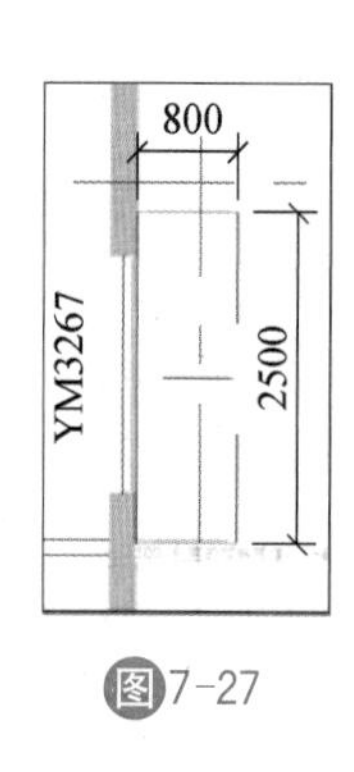

图7-27

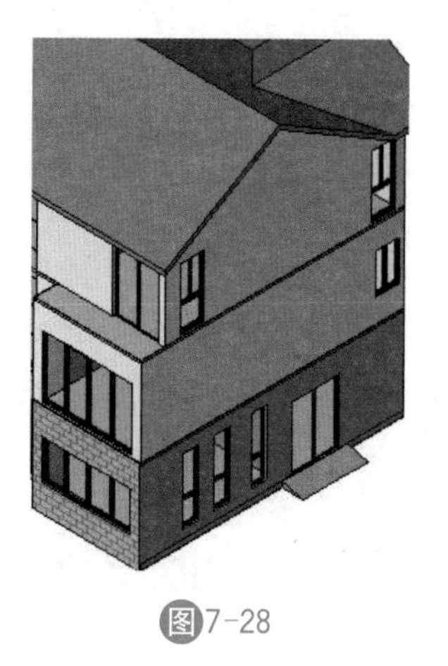

图7-28

7.6 创建车库门带边坡坡道

上述“坡道”命令不能创建两侧带边坡的坡道，本项目推荐使用“楼板”命令来创建车库门外的带边坡坡道。项目浏览器打开“－1F”平面视图。单击“建筑”选项卡“楼板”命令，进入楼板轮廓绘制页面。类型选择器下拉“楼板常规- 200 mm”，单击“编辑类型”打开“类型属性”对话框，单击“复制”，输入新名称“边坡坡道”，单击结构参数栏“编辑”弹出“编辑部件”对话框，勾选结构“可变”复选框，如图 7 - 29 所示，单击两次“确定”，关闭“编辑部件”和“类型属性”对话框。此时类型选择器显示“边坡坡道”，实例属性“标高”为－1F。

编辑部件

族: 楼板
类型: 边坡坡道
厚度总计: 200.0 (默认)
阻力(R): 0.0000 (m²·K)/W
热质量: 0.00 kJ/K

层

	功能	材质	厚度	包络	结构材质	可变
1	核心边界	包络上层	0.0			
2	结构 [1]	默认楼板	200.0	☐	☑	☑
3	核心边界	包络下层	0.0			

图7-29

选择“直线”或“矩形”命令，在地下一层右下角 JLM5422 车库门外的位置，绘制楼板轮廓，如图 7 - 30 所示，注意修改矩形轮廓临时尺寸，长度为 6400，宽度为 1500。单击“√”，完成平楼板的创建任务。

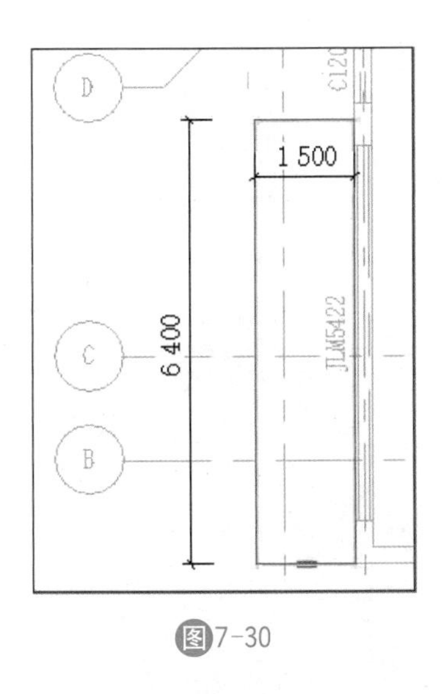

图7-30

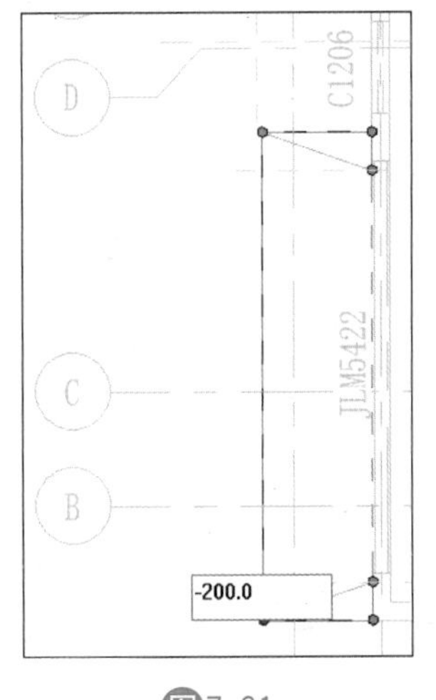

图7-31

选择平楼板，在“修改|楼板”选项卡的“形状编辑”面板上显示形状编辑工具，首先选择“绘制分割线”命令，楼板边界变成绿色虚线显示，如图 7 - 31 所示，在上下角部位置各绘制一条蓝色分割线，注意两个定位尺寸“500”可以追踪实现，如果追踪困难，可以快捷键 RP 绘制两个参照线给予定位。其次单击“修改子图元”命令，分别单击楼板边界的 4 个角点，出现蓝色临时相对高程值(默认为 0，相对基准－1F 标高)，单击文字输入－200(即降低到－1F －1 标高上)按 Enter 键，再按 Esc 键结束编辑命令，平楼板变成带边坡的坡道，项目浏览器切换到 3D 视图，西南轴测图观察效果，如图 7 - 32 所示。

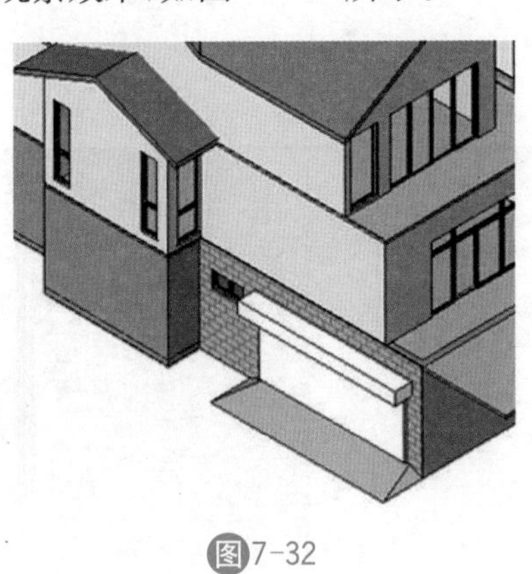
图7-32

7.7 创建首层主入口台阶

Revit 没有专用“台阶”命令，可以采用创建内建族、外部构件族、楼板边缘、甚至楼梯等方式创建台阶模型。下面用“楼板边”命令创建首层主入口台阶。

项目浏览器打开“F1”平面视图。单击“楼板”命令，用“直线”命令绘制楼板轮廓，如图 7 - 33 所示，绘制过程中，输入尺寸数字给予定位。类型选择器下拉替换楼板类型为“常规- 450 mm”，检查实例属性标高为“F1”，单击“✓”完成楼板创建任务，项目浏览器切换 3D 西北轴测图，如图 7 - 34 所示。

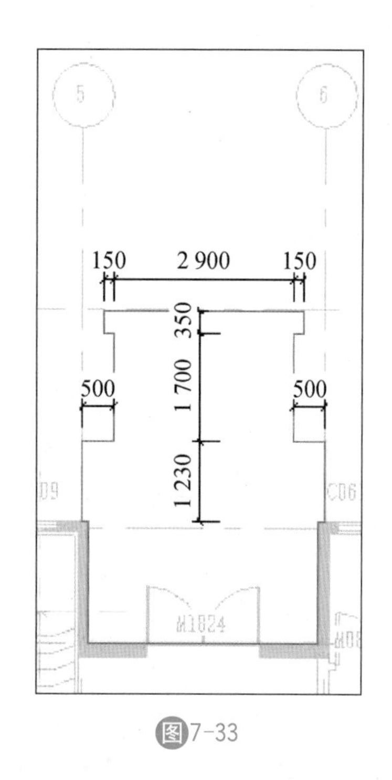

图7-33

微课16

创建台阶

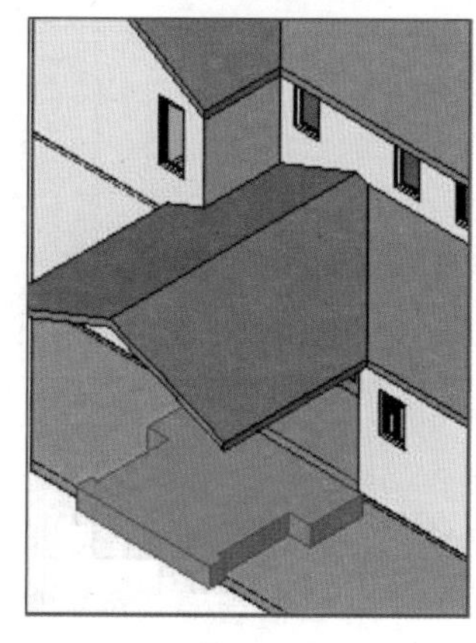

图7-34

项目浏览器切换到3D视图，单击“建筑”选项卡“楼板”命令下拉菜单“楼板边”命令，类型选择器中选择“楼板边缘-台阶”类型。移动光标到楼板一侧凹进部位的水平上边缘，边线高亮显示时单击鼠标放置楼板边缘。单击边时，Revit会将其作为一个连续的楼板边。如果楼板边的线段在角部相遇，它们会相互拼接。用“楼板边”命令生成的台阶，如图7－35所示。

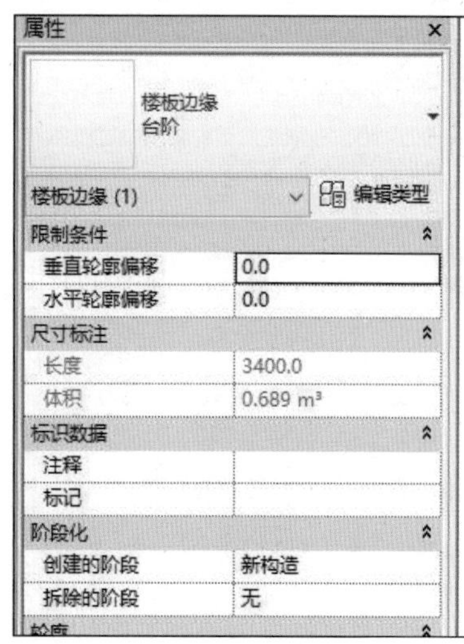

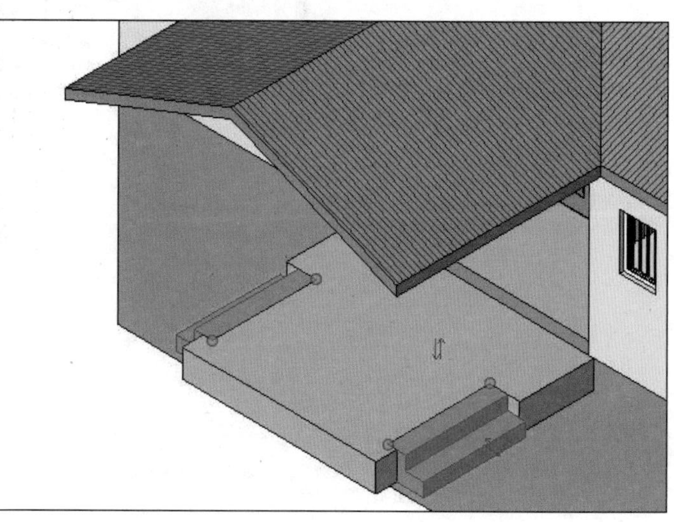

图7-35

7.8 创建地下一层南门台阶

上述"楼板边缘:台阶"高度 450 mm,与主入口楼板厚度一致,而地下一层楼板厚度 200 mm,不适宜使用上述"楼板边"命令和选择"楼板边缘:台阶"类型创建地下一层南门台阶,下面介绍"内建族"的方法。

项目浏览器打开一1F 平面视图。单击"建筑"选项卡"构建"面板上的"构件"下拉中"内建模型"命令,弹出"族类别和族参数"对话框,选择"楼板"族类别,单击"确定",弹出"名称"对话框,输入新名称:南门台阶,如图 7-36 所示,单击"确定",进入族创建和编辑界面,在形状面板上单击"放样"命令,进入"修改|放样"页面,如图 7-37 所示。"放样"创建模型包括两大步骤,一是放样路径,二是放样轮廓。单击"绘制路径"命令,默认"直线"命令,沿地下一层南门外墙边缘绘制放样路径,如图 7-38 所示,单击"√",进入下一步。

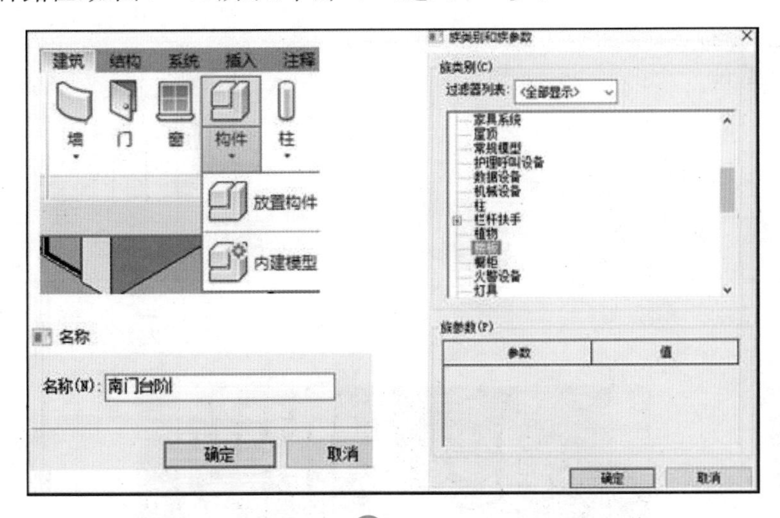

图7-36

图7-37

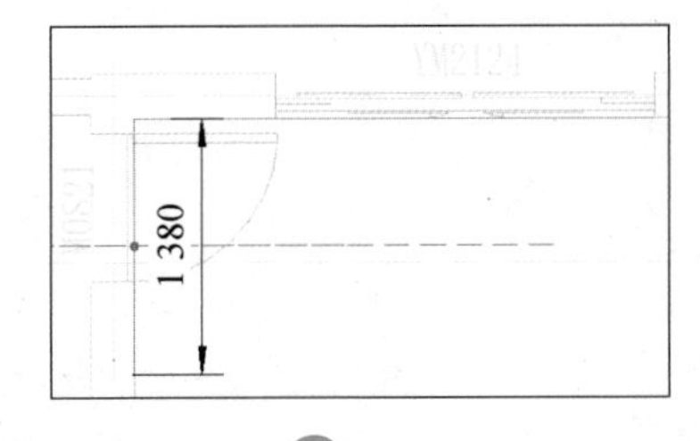

图7-38

完成路径之后，单击新页面上“编辑轮廓”命令（也可以载入轮廓族或拾取现成轮廓），弹出“转到视图”对话框，如图 7－39 所示，选择“立面：南”单击“打开视图”转到南立面，默认“直线”命令，单击快速访问工具栏“细线”模式（见图 0－4），捕捉红色圆点（路径）为起点，绘制台阶截面轮廓，轮廓底部与“－1F－1”平齐，如图 7－40 所示。单击“✓”，完成轮廓编辑，再单击“✓”，进入“修改|放样”选项卡，再单击“完成模型”，便完成地下一层南门的台阶创建任务，项目浏览器切换到 3D 东南轴测图，观察台阶效果，如图7－41 所示。

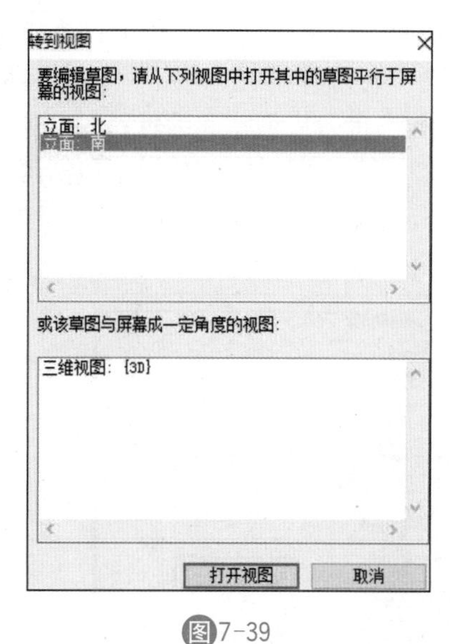

图7-39

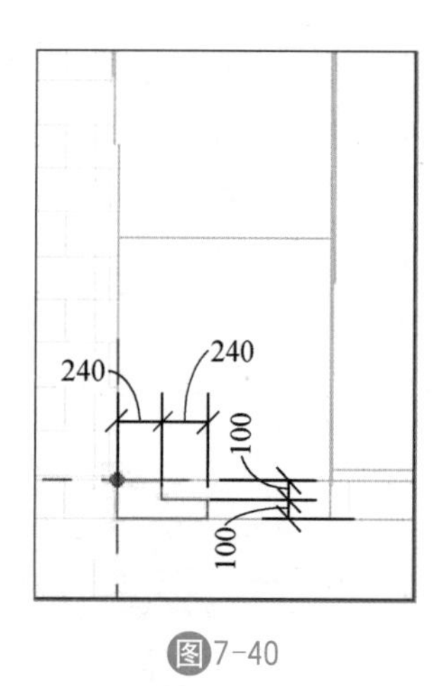

图7-40

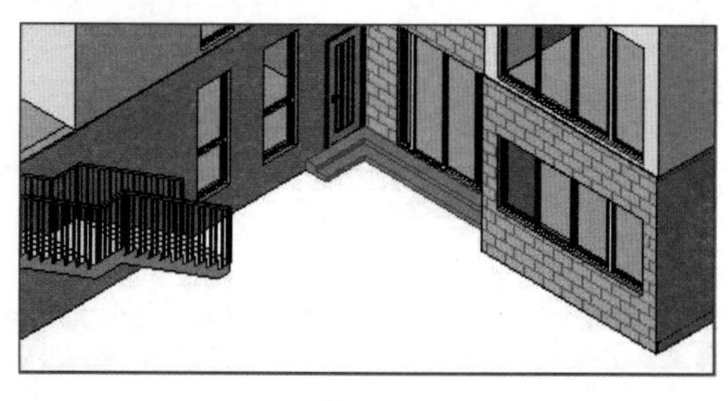

图7-41

项目浏览器切换到－1F 平面视图，紧靠南门台阶的南端创建一段矮墙作为挡板。输入快捷键 WA，类型普通砖 100，底部限制条件：－1F－1，顶部约束：未连接，无连接高度 600，定位线下拉选择：“面层面：外部”，绘制长度 700，高度 600 的砖墙，如图 7－42 所示。编辑这段墙体轮廓，“修剪”（TR）形成倒角，如图 7－43 所示，项目浏览器切换到 3D 视图，观察最终效果，如图 7－44 所示。

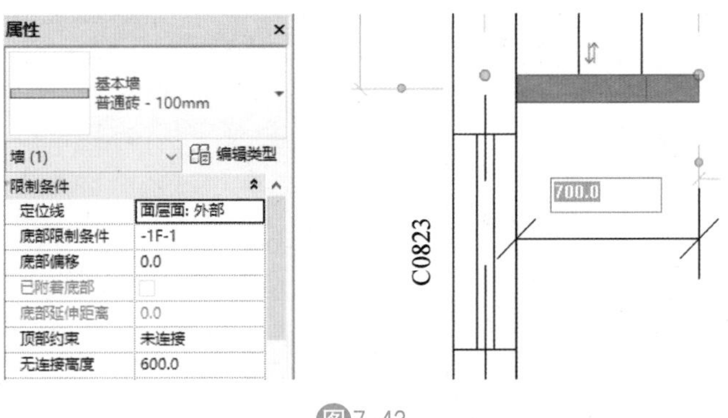

图7-42

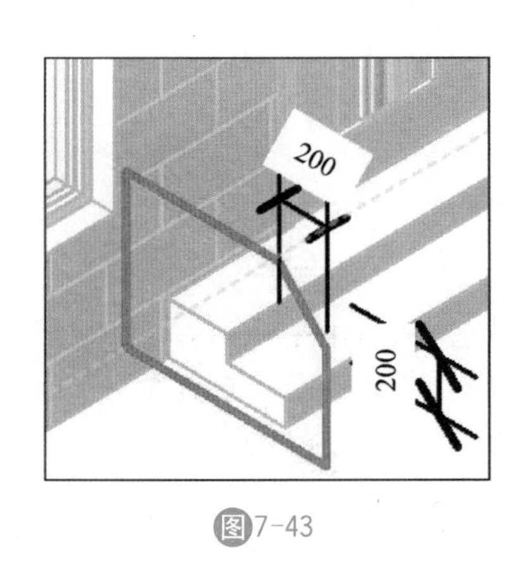

图7-43

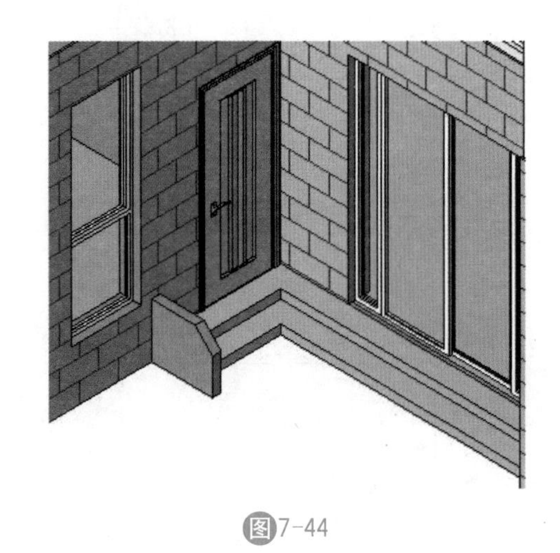

图7-44

7.9 创建螺旋楼梯

Revit 除了直梯外，还可以绘制螺旋楼梯，下面练习将本项目室外直梯替换成螺旋楼梯。项目浏览器打开—1F 平面视图，选择图 7－1 的“梯段”命令。输入快捷键 RP 先绘制 3 条参照平面投影线，属性对话框选择楼梯类型和设置实例属性（与室外直梯一致），单击“梯段”命令中“圆心—端点螺旋”命令，设置选项栏的定位线：“梯段：中心”，梯段实际宽度：1150（默认最近的直梯尺寸），勾选自动平台选项，以上设置如图 7－45 所示。光标先捕捉左垂直参照线与水平参照线的交点，此为螺旋楼梯的圆心，再捕捉右垂直参照线与水平参照线的交点，此为第一跑起点，而后逆时针旋转光标，当出现“创建了 10 个踢面，剩余 10 个”提示，单击捕捉第一跑的终点。再次捕捉螺旋楼梯的圆心，逆时针圆弧路径上寻找和捕捉第二跑的起点（预览第二跑梯段最后一条踢面线与水平参照线平齐时单击，创建 180°螺旋楼梯），顺着圆弧路径旋转，出现“创建了 20 个踢面，剩余 0 个”提示，单击捕捉第二跑的终点，如图 7－46 所示。单击“√”完成螺旋楼梯的创建。然后先移动室外直梯空出位置，再移动螺旋楼梯，与首层平台对接。项目浏览器切换到 3D 视图观察螺旋楼梯效果，如图 7－47 所示。

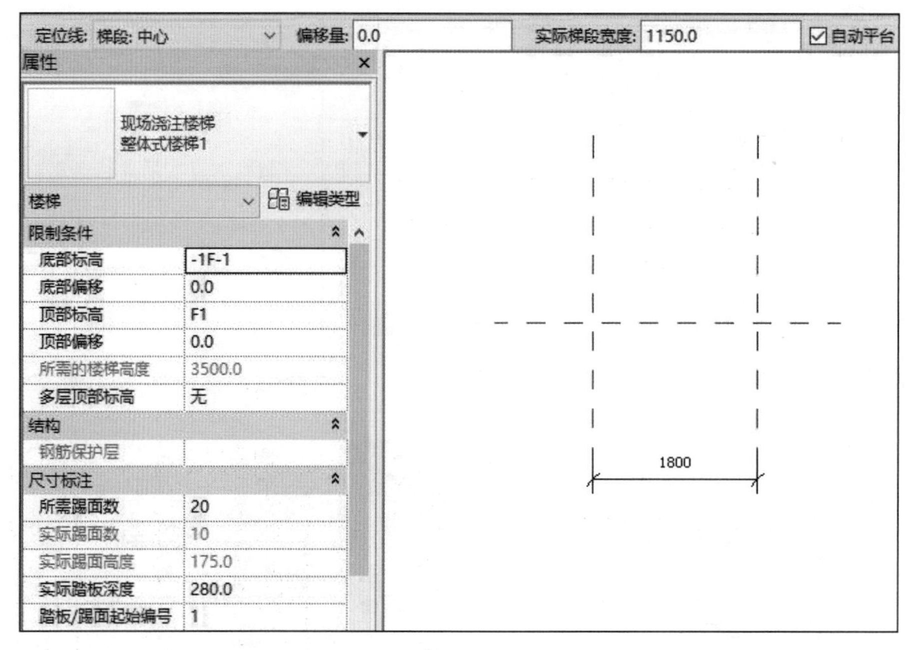

图7-45

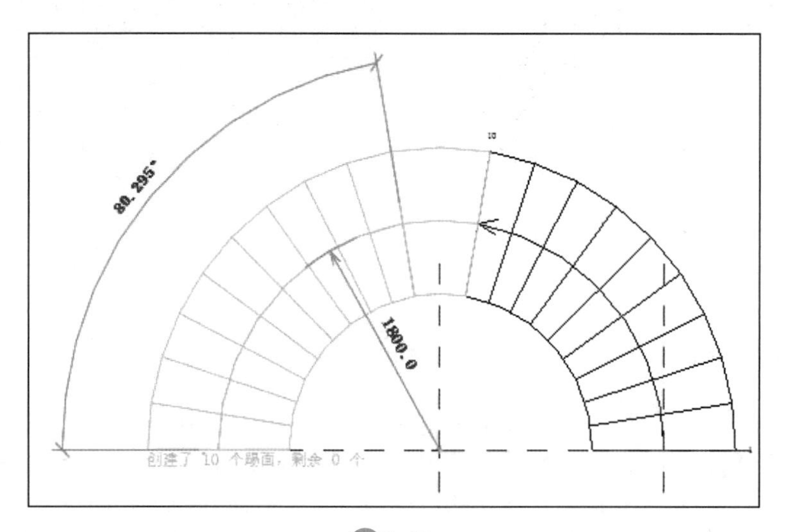

图7-46

图7-47

微课17

创建螺旋楼梯

项目任务8 创建零星构件

课程概要

到目前为止，我们已经完成了别墅各层建筑主体的设计，别墅三维模型已经初步完成，但在细节上略显粗糙，真正的别墅外形还有很多的零星构件需要创建。本项目任务在前期主体设计的基础上，继续创建各种细节设计，给别墅各层平面创建结构柱和建筑柱，添加平台栏杆和阳台扶手，创建各层雨篷及其支撑构件等。

课程目标

1. 技能目标：(1) 结构柱和建筑柱的创建方法；(2) 栏杆扶手的创建及其路径编辑方法；(3) 雨篷构件的创建方法，复习"放样"创建构件的方法；(4) 阵列等编辑方法。

2. 素质目标：栏杆是建筑高处防止坠落的安全设施，本项目任务可以提醒学生观察建筑三维模型，自我判断建筑存在的高处坠落危险点，帮助学生形成工程项目安全管理意识等。

微课18

创建柱子

8.1 创建地下一层平面结构柱

打开上一个项目任务完成的"别墅07-楼梯.rvt"文件，另存为"别墅08-零星构件.rvt"。项目浏览器打开"-1F-1"平面视图，"-1F-1"复制生成的标高，没有自动创建平面视图的，参照图1-11，手动创建该平面视图，此处不再详述。

单击"建筑"选项卡"构建"面板上"柱"命令下拉菜单选择"结构柱"命令，在类型选择器中选择柱类型"钢筋混凝土 250×450 mm"，如果没有直接类型可选，可以通过"编辑类型"创建，此处不再详述。同时选项栏下拉选择"高度"(高度相对基准向上生成柱体，深度相对基准向下生成柱体)。在结构柱的中心点相对于2轴"600 mm"、A轴"1100 mm"的位置单击放置结构柱，也可先放置结构柱，然后编辑临时尺寸调整其位置，放置柱体时，可以空格键翻转长宽方向，如图8-1所示。切换到3D视图，选择刚绘制的结构柱，在选项栏中单击"附

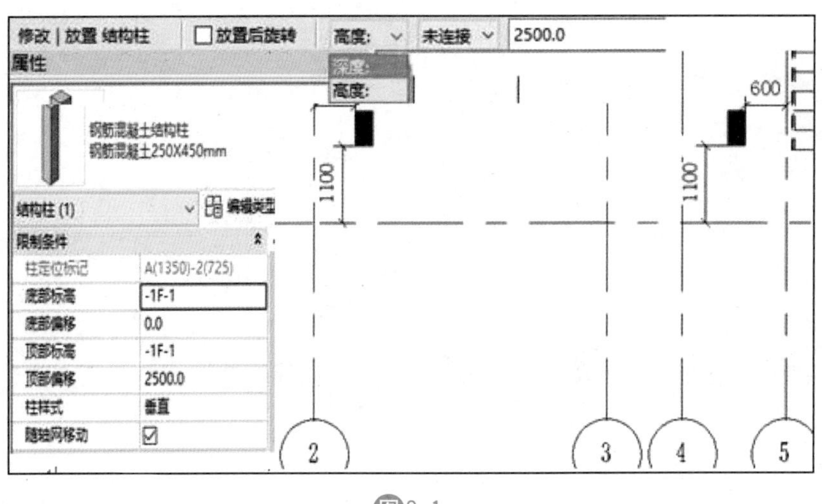

图8-1

着”命令，再单击拾取首层楼板，将柱的顶部附着到首层楼板下面，出现“结构体附着到非结构体”黄色警告提示，直接关闭忽略，如图 8－2 所示。

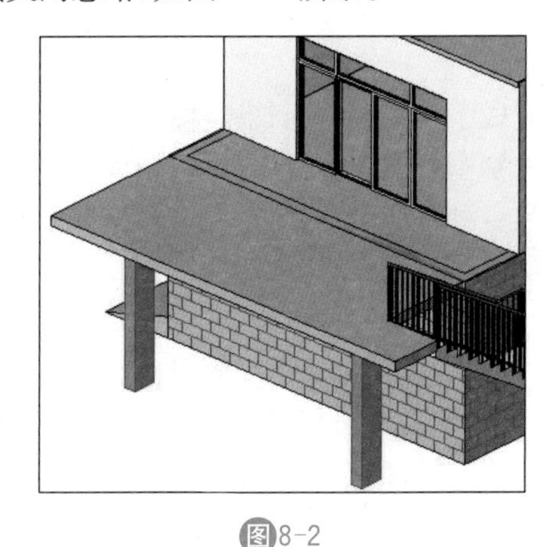

图8-2

8.2 创建首层平面结构柱

项目浏览器打开“F1”平面视图，同上选择“结构柱”，类型选择器选择柱类型“钢筋混凝土 350×350 mm”，在主入口上方先单击放置两个结构柱，而后单击“移动”命令，通过基点精确定位两个结构柱。单击选择两个结构柱，实例属性设置“底部标高”为“0F”，“顶部标高”为“F1”，“顶部偏移”为“2800”，如图 8－3 所示。

单击“建筑”选项卡“构建”面板“柱”命令下拉菜单选择“柱:建筑”命令，类型选择器选择柱类型“矩形柱 250×250 mm”。单击捕捉两个结构柱的中心位置，在结构柱上方放置两个建筑柱。选择两个建筑柱，实例属性设置“底部标高”为“F1”，“顶部标高”为“F2”，“底部偏移”为“2800”，这时“矩形柱 250×250 mm”底部正好在“钢筋混凝土 350×350 mm”结构柱的顶部位置。项目浏览器切换到 3D 视图，选择两个建筑矩形柱，单击“附着”命令，选项栏“附着对正”选择“最大相交”，再单击拾取屋顶，将矩形柱附着于屋顶下面，如图 8－4 所示。

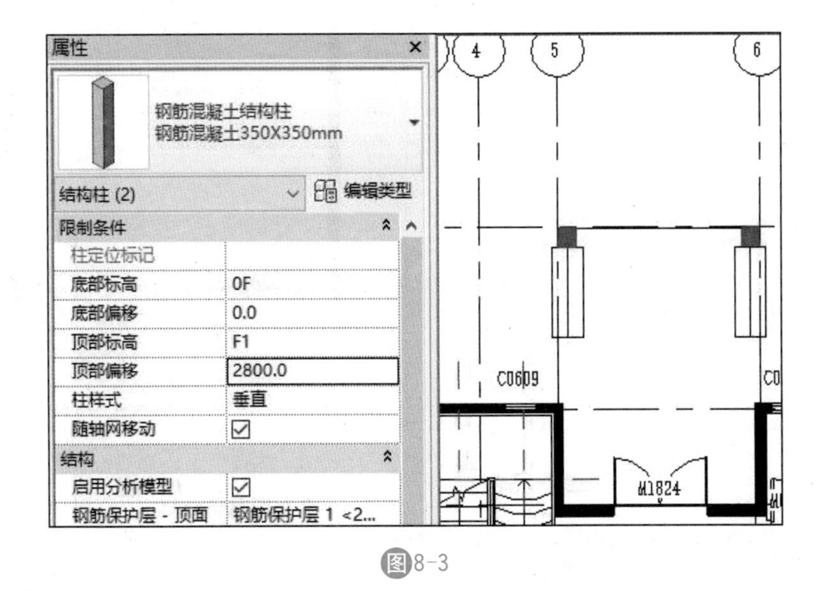

图8-3

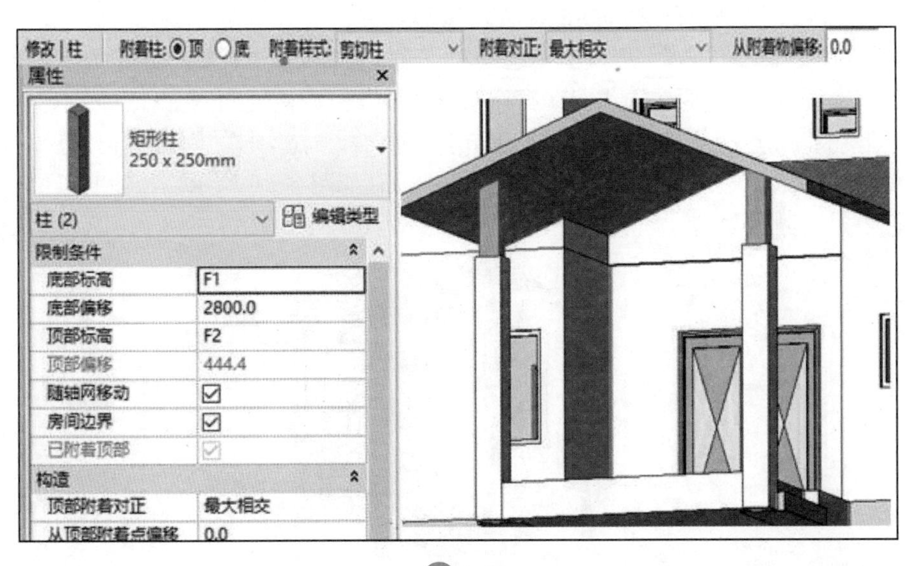

图8-4

有关结构柱和建筑柱主要区别在于，前者是承重构件，内部布置钢筋，与梁板等承重构件之间有连接关系，Revit 建模过程中，结构柱可以依据轴网自动放置，Revit 建模之后，结构柱可以用于建筑结构力学分析等，而后者非承重构件，通常手动放置，不参与建筑结构力学分析等。

8.3 创建二层平面建筑柱

项目浏览器打开“F2”平面视图，同上选择“柱：建筑”，类型选择器选择柱类型“矩形柱 300×200 mm”。实例属性默认“底部标高”为“F2”，“顶部标高”为“F3”，“底部偏移”和“顶部偏移”均为“0”。

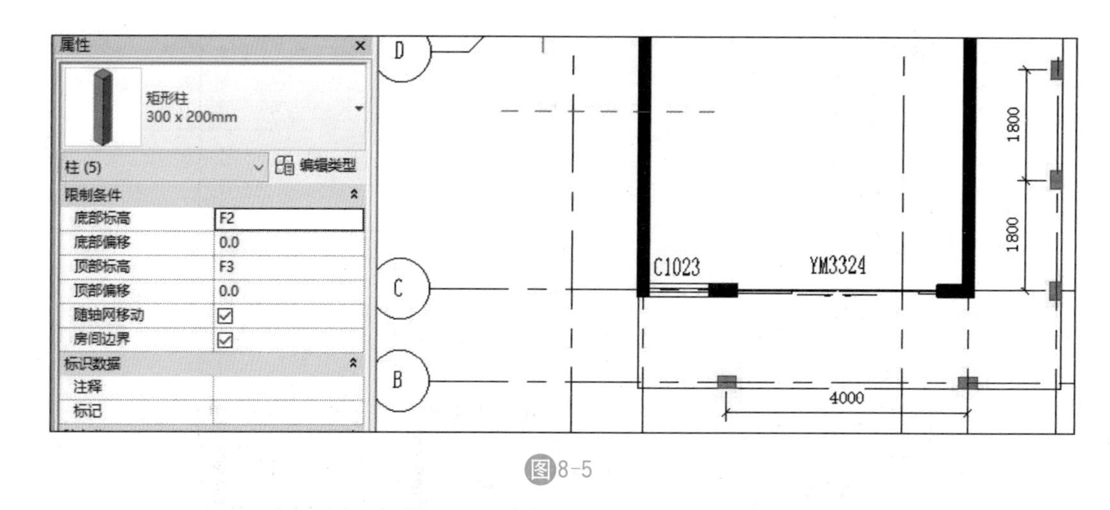

图8-5

移动光标捕捉 B 轴与 4 轴的交点单击放置柱。移动光标捕捉 C 轴与 5 轴的交点，先单击“空格键”翻转柱的方向，再单击放置柱。选择 B 轴上的柱，单击“复制”命令，单击捕捉一点作为复制的基点，水平向左移动光标，输入“4000”，按“Enter”键，左侧复制一个柱。选择 C 轴上的柱，单击“复制”命令，选项栏勾选“多个”连续复制，单击捕捉一点作为复制的基点，垂直向上移动光标，连续两次输入“1800”后按“Enter”键，右侧复制两个柱，如图 8-5 所示。切换到 3D 视图，先选择 5 轴上的 3 根柱，单击“附着”命令，选项栏“附着对正”选择“最大相交”，再单击拾取三层屋顶，将 3 根柱附着于屋顶下面，如图 8-6 所示。B 轴 2 根柱，等后续雨篷建模再进行附着处理。

图8-6

8.4 创建二层雨篷及工字钢梁

二层南侧雨篷分顶部玻璃和工字钢梁两部分。项目浏览器打开“F2”平面视图。单击“建筑”选项卡构建面板上“屋顶”下拉中“迹线屋顶”命令，选择“直线”命令，选项栏取消勾选“定义坡度”选项，绘制平屋顶轮廓线，如图 8-7 所示。类型选择器选择“玻璃斜窗”，实例属性设置“自标高的底部偏移”为“2600”。单击“√”完成顶部玻璃创建，项目浏览器切换到 3D 视图，选择上述 B 轴上 2 根矩形立柱，将其附着到该雨篷屋顶之下，如图 8-8 所示。

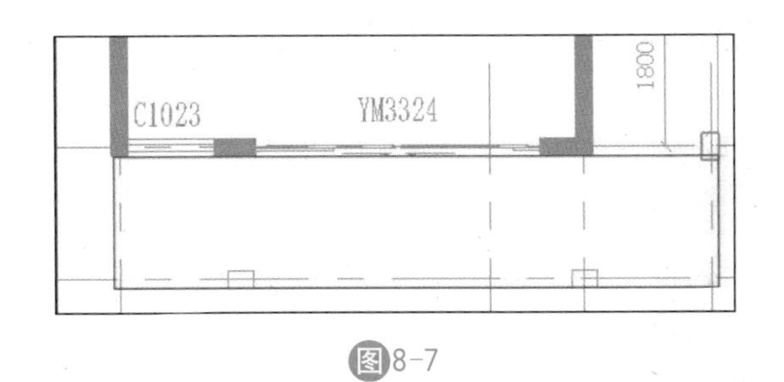

图8-7

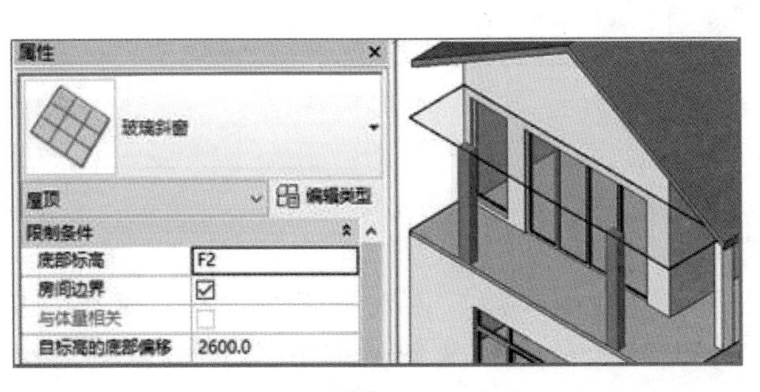

图8-8

二层南侧雨篷玻璃下面的支撑工字钢梁，采取与“地下一层南门台阶”完全相同方法创建，即创建内建模型，内建模型是在位族，仅存于此项目，不能载入其他项目。项目浏览器打开“F2”平面视图。选择“内建模型”命令，弹出“族类别和族参数”对话框，选择“屋顶”族类别，单击“确定”，弹出“名称”对话框，输入新名称：工字钢梁 1，单击“确定”，进入族编辑界面，单击“放样”命令，单击“绘制路径”命令，默认“直线”命令，绘制如图 8－9 所示的路径(此路径不同于构件的轮廓线，无须封闭)，单击“√”完成路径，进入下一步。

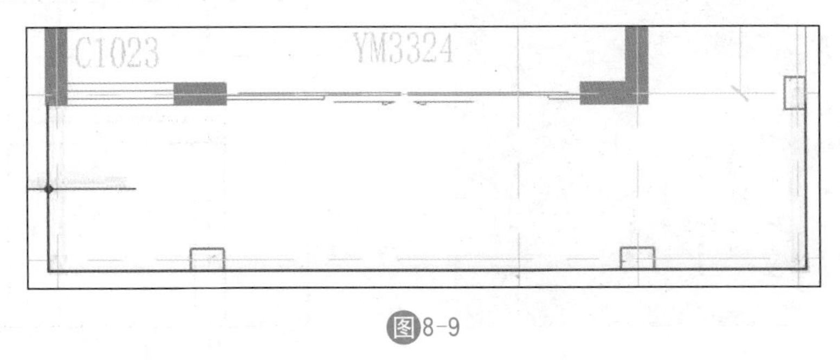

图8-9

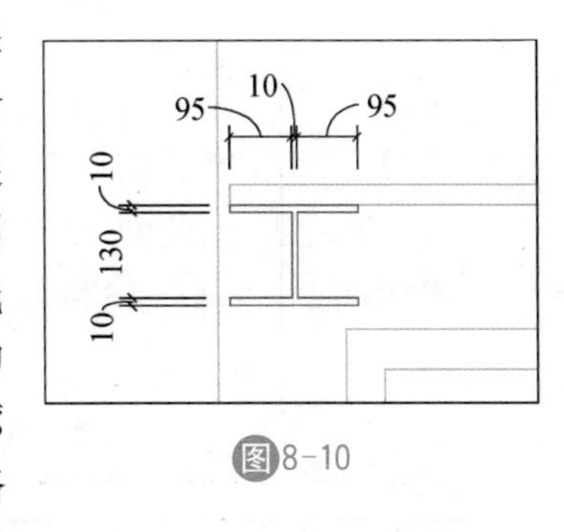

图8-10

单击“编辑轮廓”命令，弹出“转到视图”对话框，选择“立面:南”，单击“打开视图”转到南立面，默认“直线”命令，在南立面二层玻璃雨篷下边缘线的左端点处单击捕捉起点，连续捕捉转折点，绘制封闭的工字钢截面轮廓，如图 8－10 所示，因该处尺寸较小，建议单击“细线”模式绘制线条。放样路径是轮廓拉伸扫掠的路线，路径与真实构件的中心线在空间保持平行即可，不一定非要重合，但是轮廓必须精准定位在真实构件的空间路线上，并垂直于放样路径。单击“√”完成轮廓编辑，再单击“√”完成放样过程，在“属性”面板中，设置“材质”为“金属—钢”，最后单击“完成模型”按钮便完成二层雨篷外边缘的工字钢梁的创建任务。项目浏览器切换到3D东南轴测图，观察工字钢效果，如图8-11所示。

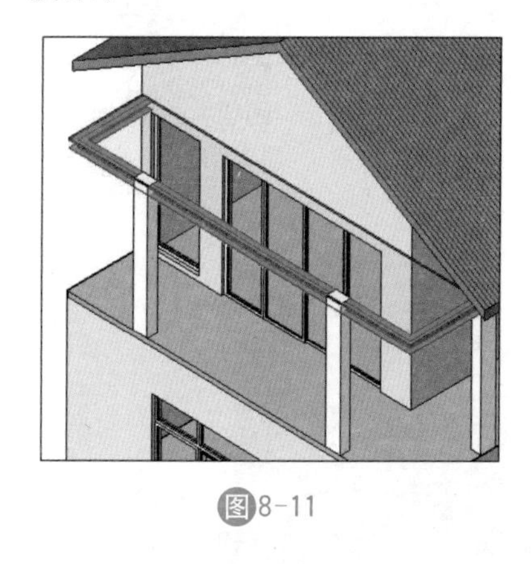
图8-11

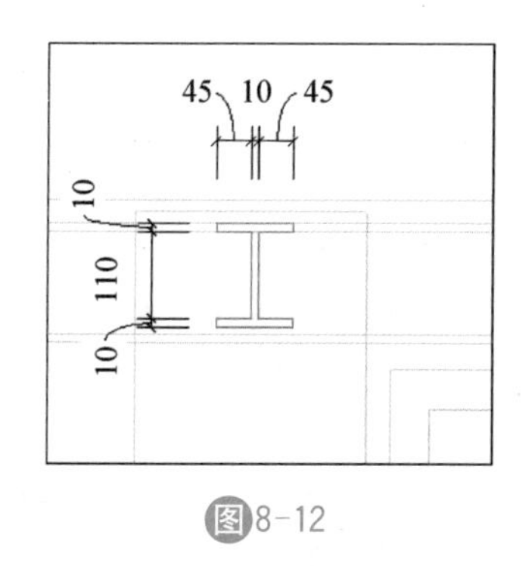

图8-12

接下来创建雨篷中间支撑的小截面工字钢。打开"F2"平面视图，选择"内建模型"命令，弹出"族类别和族参数"对话框，选择"屋顶"族类别，弹出"名称"对话框，输入新名称：工字钢梁2，进入族编辑界面，单击"拉伸"命令，单击"工作平面"面板上的"设置"命令，在"工作平面"对话框中选择"拾取一个平面"项，在F2平面视图中拾取B轴，在"进入视图"对话框中选择"立面：南"，单击"打开视图"切换至南立面，此处与"放样"命令"编辑轮廓"完全一致。使用"直线"指令，绘制工字钢封闭的轮廓线，工字钢中心线与南立面二层矩形柱中心线平齐，上边缘与雨篷下边缘平齐，如图8-12所示。单击"√"完成拉伸，设置材质为"金属—钢"，单击"完成模型"生成第一根工字钢。切换到3D视图，观察该工字钢穿入室内，如图8-13所示。切换到东立面，单击工字钢右端控制点，将其拖曳到与大截面工字钢右端平齐，如图8-14所示。

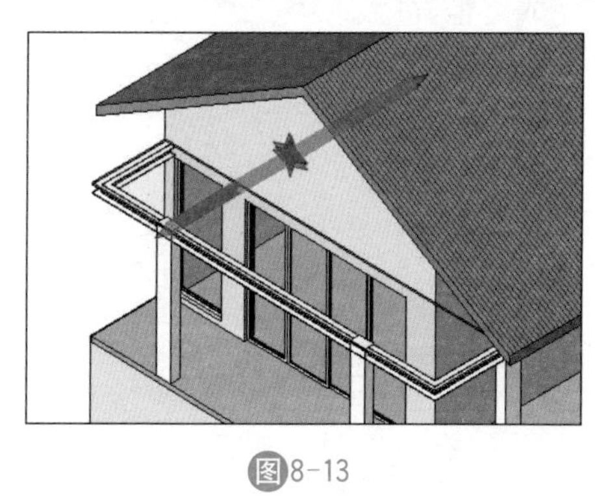
图8-13

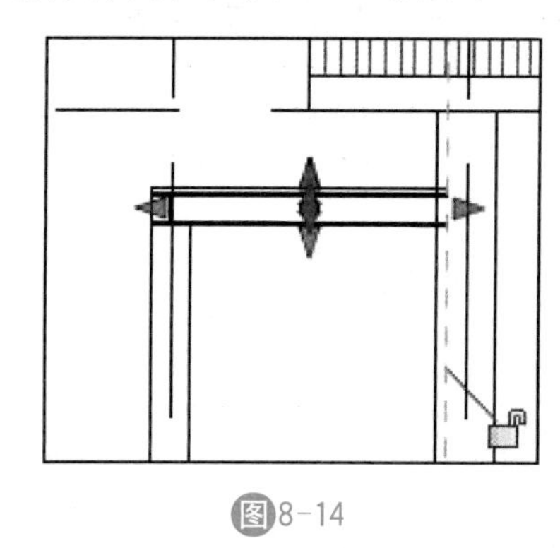
图8-14

上述"放样"和"拉伸"命令区别在于，前者需要"绘制路径"和"编辑轮廓"，后者仅需绘制轮廓，拉伸的直线路径默认垂直于"轮廓"平面。放样和拉伸绘制轮廓的时候，均需要选择工作平面和切换视图，此前创建"拉伸屋顶"，同样遇到选择工作平面和切换视图的操作。

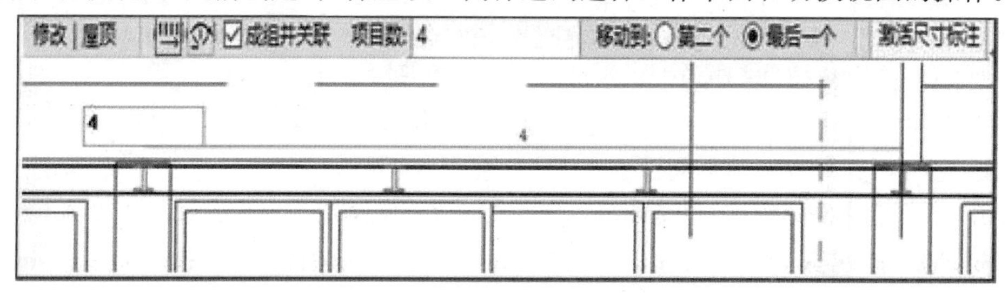

图8-15

在工字钢蓝色亮显选中状态，切换到南立面视图，单击修改面板上的“阵列”命令（快捷键 AR），选项栏勾选“成组并关联”，项目数：4，移动到：最后一个。而后单击工字钢上边缘中点作为基点，正交移动到右侧立柱上端中点位置，系统便在两个立柱之间均匀布置四根工字钢，如图 8－15 所示。阵列“移动到”两个选项：“第二个”：指定第一个图元和第二个图元之间的间距，所有后续图元将使用相同的间距；“最后一个”：指定第一个图元和最后一个图元之间的间距，所有剩余的图元将在它们之间以相等间隔分布。切换到 3D 视图，观察整体效果，如图 8－16 所示。

图8－16

8.5 创建地下一层雨篷

项目浏览器打开“－1F－1”平面视图。首先绘制挡土墙，输入快捷键 WA，类型选择器中选择墙类型“挡土墙- 300 mm”，实例属性设置，“底部限制条件”为“－1F－1”，“顶部限制条件”为“F1”，在别墅东北角绘制 4 面挡土墙，如图 8－17 所示。

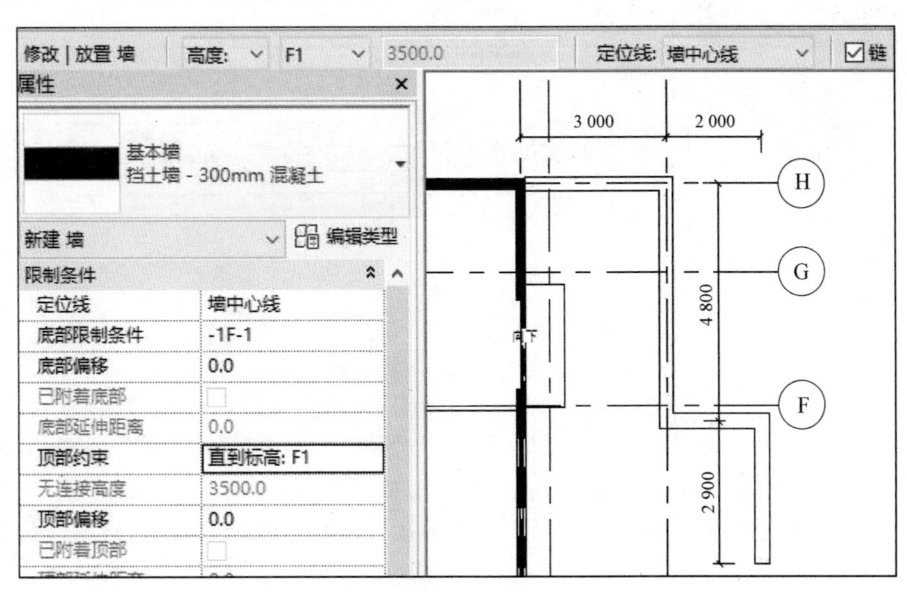

图8－17

其次绘制雨篷玻璃。项目浏览器打开“F1”平面视图，楼层平面属性对话框“底图”范围：底部标高下拉选择“－1F－1”。选择“迹线屋顶”命令，选项栏取消“定义坡度”，类型选择器选择“玻璃斜窗”，实例属性设置“底部标高”为“F1”、“自标高的底部偏移”为“550”。默认“直线”命令，绘制屋顶轮廓线，如图8－18所示。单击“√”完成雨篷顶部玻璃的创建，切换到3D，如图8－19所示。

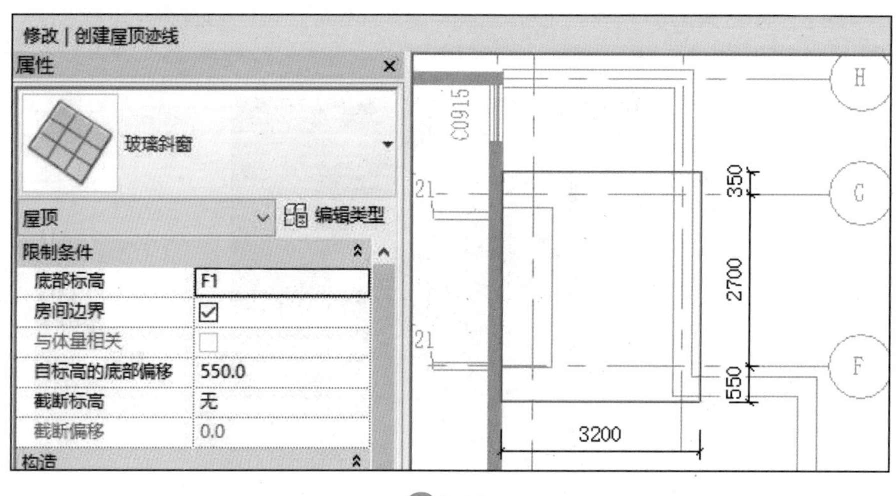

图8－18

微课20

创建地下一层挡土墙及雨篷

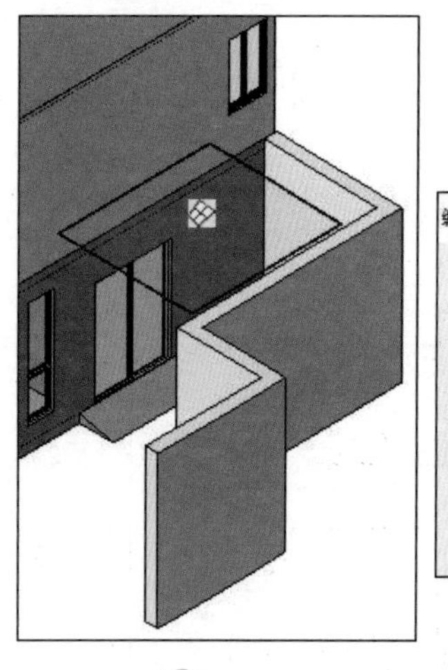

图8－19

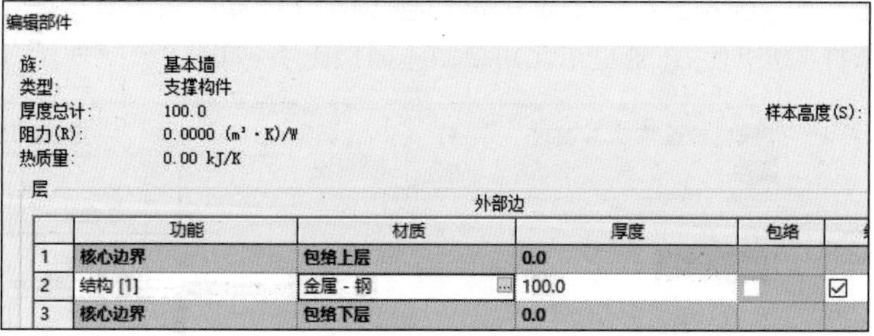

编辑部件

族：基本墙
类型：支撑构件
厚度总计：100.0
阻力(R)：0.0000 (m²·K)/W
热质量：0.00 kJ/K

样本高度(S)：

层

外部边

	功能	材质	厚度	包络	
1	核心边界	包络上层	0.0		
2	结构 [1]	金属 - 钢	100.0	☐	☑
3	核心边界	包络下层	0.0		

图8－20

接下来用“墙”来创建雨篷玻璃的底部支撑。项目浏览器打开“F1”平面视图。输入快捷键WA，类型选择器选择“普通砖－100 mm”，单击“编辑类型”打开“类型属性”对话框，单击“复制”，输入新名称“支撑构件”，在“类型属性”对话框中单击参数“结构”后面的“编辑”按钮，打开“编辑部件”对话框，如图8－20所示，单击第2行“结构[1]”的“材质”列单元格，单击矩形“…”浏览按钮，打开“材质”对话框，选择材质“金属—钢”，即将普通砖材质替换为金属钢。单击“确定”2次，关闭上述两个对话框。类型选择器显示墙类型：支撑构件。实例属性设置，“底部限制条件”为“F1”、“顶部约束”为“未连接”、“无连接高度”为“550”。单击“直线”命令，“定位线”选择“墙中心线”，绘制长度为 3000 mm 的一面墙，如图 8－21 所示。

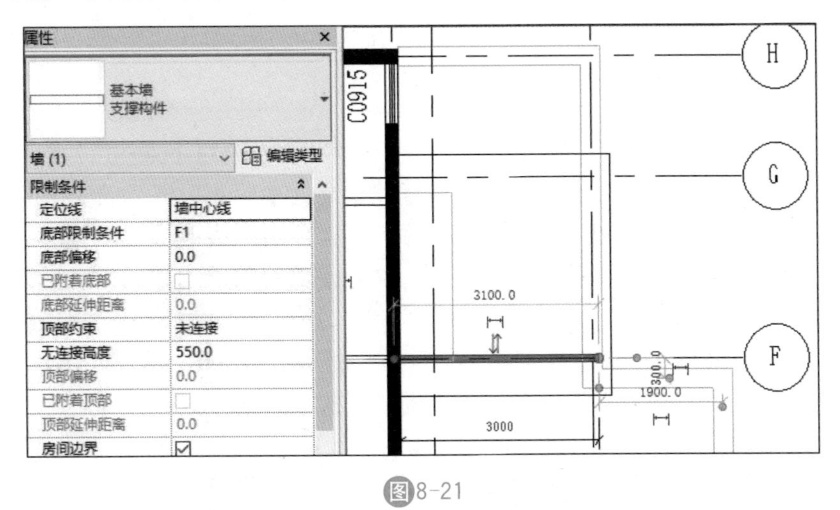

图8-21

切换至南立面，选择刚创建的“支撑构件”墙，单击“编辑轮廓”命令，修改墙体轮廓，如图 8－22 所示，单击“√”完成 L 形墙体的创建。切换到 F1 平面视图，设置平面视图范围，设置剖切面偏移量为 500，如图 8－23 所示，平面图显示出支撑构件。而后选择“支撑构件”墙体，单击“阵列”命令(快捷键 AR)，选项栏勾选“成组并关联”，项目数：4，移动到：最后一个。移动光标单击捕捉下面墙体所在 F 轴线上一点作为阵列起点，再正交移动光标单击捕捉上面 G 轴线上一点为阵列终点，阵列结果如图 8－24 所示。切换到 3D 视图，观察地下一层雨篷的整体效果，如图 8－25 所示。

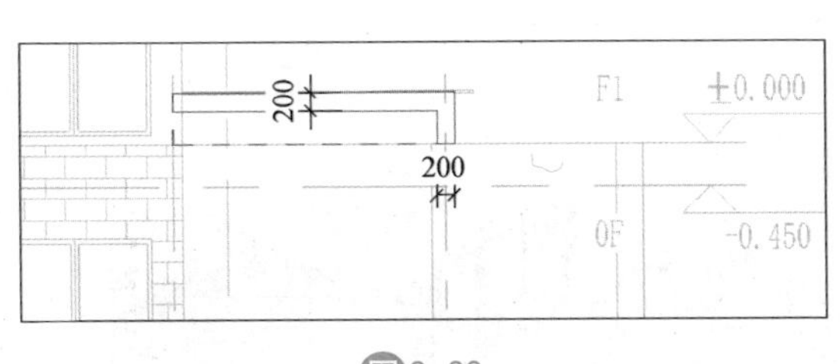

图8-22

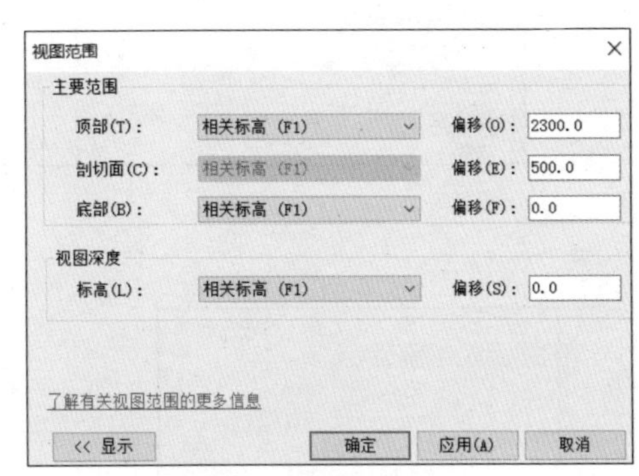

图8-23

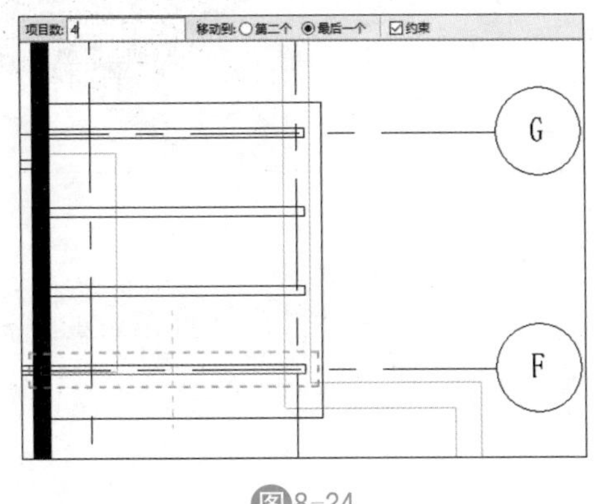

图8-24

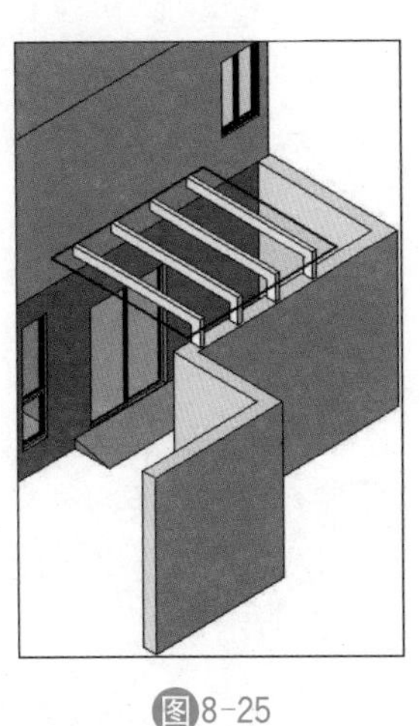

图8-25

8.6 创建平台栏杆

此前创建楼梯和坡道的时候，可自动生成配套的栏杆扶手，以下通过“绘制路径”的方式创建别墅几个高处平台（阳台）的栏杆扶手，确保建筑高处平台的人员活动安全。

项目浏览器打开 F1 平面视图，楼层平面的实例属性的基线改成“无”。单击“建筑”选项卡“楼梯坡道”面板上的“栏杆扶手”命令下拉中“绘制路径”命令，进入“修改|创建栏杆扶手路径”页面，单击“直线”命令，选项栏勾选“链”，而后捕捉室外楼梯外侧扶手的上端点，沿首层平台外边绘制路径，类型选择器下拉选择“栏杆扶手 1100 mm”，底部标高：F1。如图 8－26 所示，单击“√”完成首层南侧平台外围栏杆扶手的创建。

Revit 一次只能创建一条路径连贯的栏杆扶手，重复上述过程，创建首层南侧平台上靠近室外楼梯内侧的栏杆扶手，其路径如图 8－27 所示。项目浏览器切换到 3D 视图，观察首层栏杆扶手的整体效果，如图 8－28 所示。

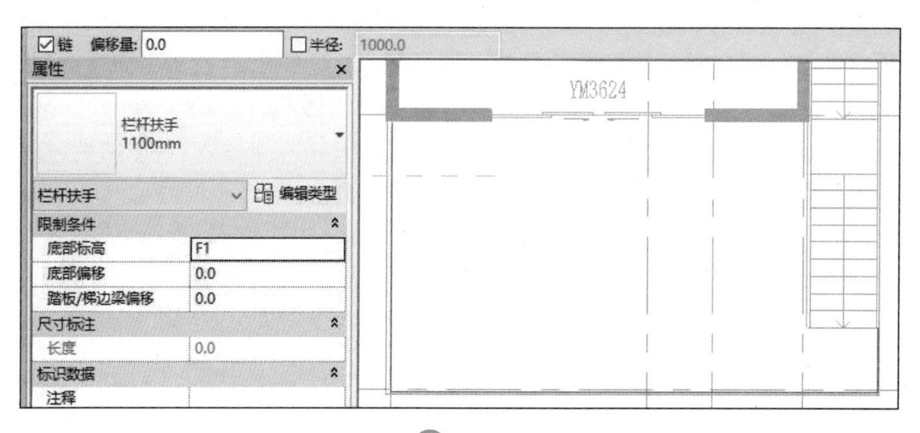

图8-26

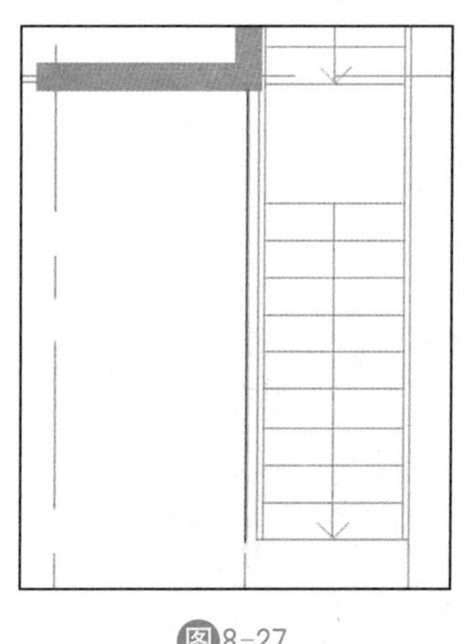

图8-27

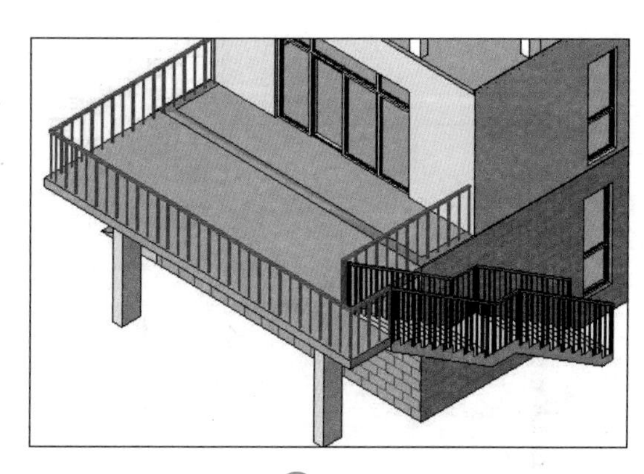

图8-28

项目浏览器打开 F2 平面视图，重复上述过程，分别创建二层两处阳台的栏杆扶手，路径分别如图 8－29 和图 8－30 所示。项目浏览器切换到 3D 视图，观察二层栏杆扶手的整体效果，如图 8－31 所示。

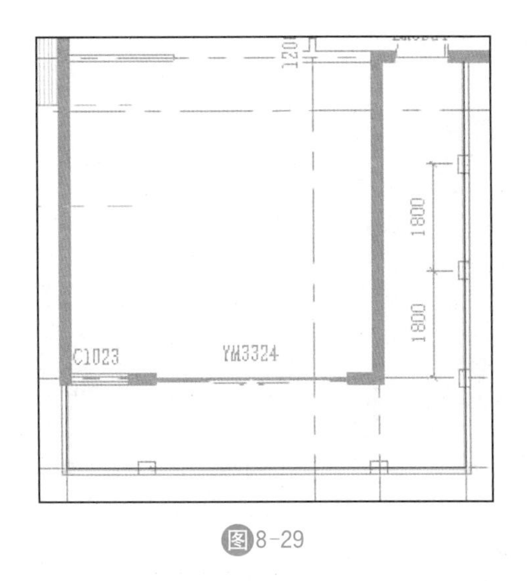

图8-29

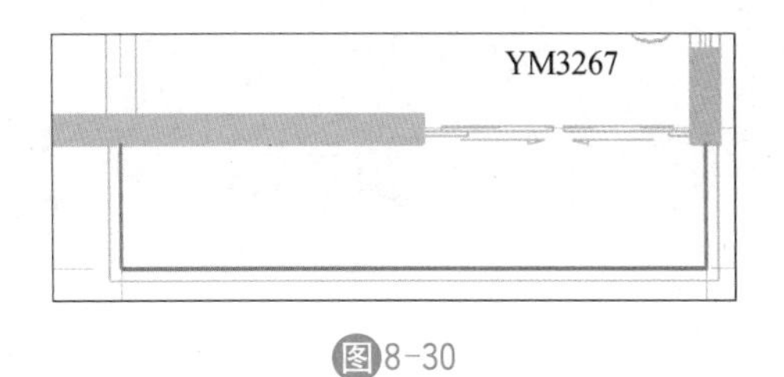

图8-30

图8-31

重复上述过程，在 F2 平面室内楼梯外侧平台创建栏杆扶手，路径如图 8 - 32 所示。项目浏览器切换到 3D 视图，通过剖面框观察室内楼梯二层平台栏杆扶手的效果，如图 8 - 33 所示。

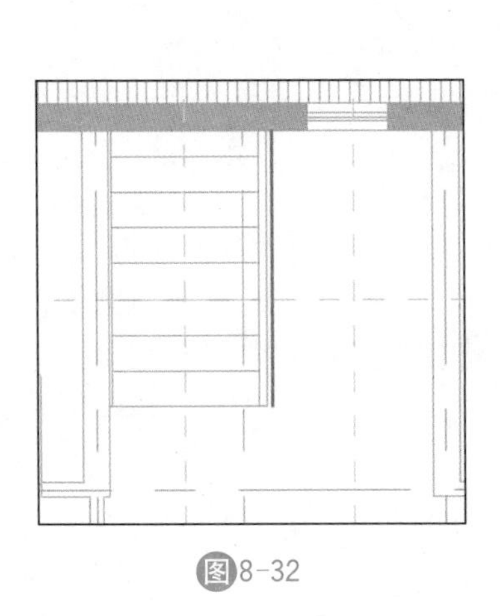

图8-32

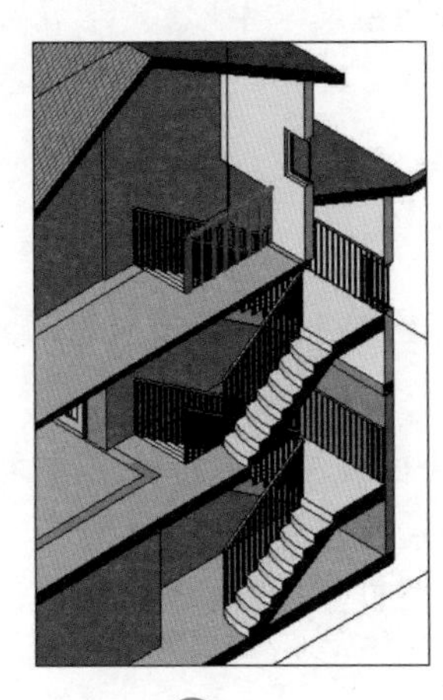

图8-33

项目任务9 创建场地

课程概要

目前我们已经完成别墅三维模型的设计，但如果只有三维模型，而不能把模型和项目周边的环境相结合的话，依然不能完美展示建筑师的创意。本项目将为别墅模型创建场地，全方位展现别墅项目。本项目任务将使用创建高程“点”的方法为三维别墅创建三维地形表面，并为建筑创建建筑地坪，然后用“地形子面域”命令规划别墅进出道路，并创建植物等配景构件。

课程目标

1. 技术目标：(1) 用“点”创建地形表面的基本方法；(2) 创建“建筑地坪”的方法；(3) 场地规划：“地形子面域”的设计方法；(4) 植物等建筑配景构件的创建方法。

2. 素质目标：万丈高楼平地起，任何建筑离不开场地支撑和周边环境的衬托。本项目任务可以提醒与帮助学生形成“建筑与环境和谐协调”的专业理性思维等。

微课22

创建场地

9.1 地形表面

打开上一个项目任务完成的“别墅 08 -零星构件. rvt”文件，另存为“别墅 09 -场地. rvt”。地形表面是建筑场地地形或地块地形的图形表示。默认情况下，楼层平面视图不显示地形表面，可在三维视图或在系统自带“场地”视图中创建。场地视图范围覆盖整个建筑屋顶。

项目浏览器打开“场地”，进入场地平面视图，为了便于捕捉，在场地平面视图中根据绘制地形的需要，绘制 6 个参照平面。输入快捷键 RP，移动光标到图中 1 号轴线左侧，单击垂直方向上下两点绘制一条垂直参照平面。选择刚绘制的参照平面，出现蓝色临时尺寸，单击蓝色尺寸文字，输入 10000，按 Enter 键确认，使参照平面到 1 号轴线之间距离为 10 m(如临时尺寸右侧尺寸界线不在 1 号轴线上，可以拖拽尺寸界线上蓝色控制柄到轴线上松开鼠标，调整尺寸参考位置)。同样方法,在 8 轴右侧 10 m、J 轴上方 10 m、A 轴下方 10 m、H 轴上方 240 mm、D 轴下方1100 mm 位置绘制其余 5 条参照平面。6 条参照线长度需保证找到它们两两相交,共有的 8 个相交点,如图 9-1 所示。原先平面视图的 4 个立面小眼睛需要正交移动到参照线外侧。

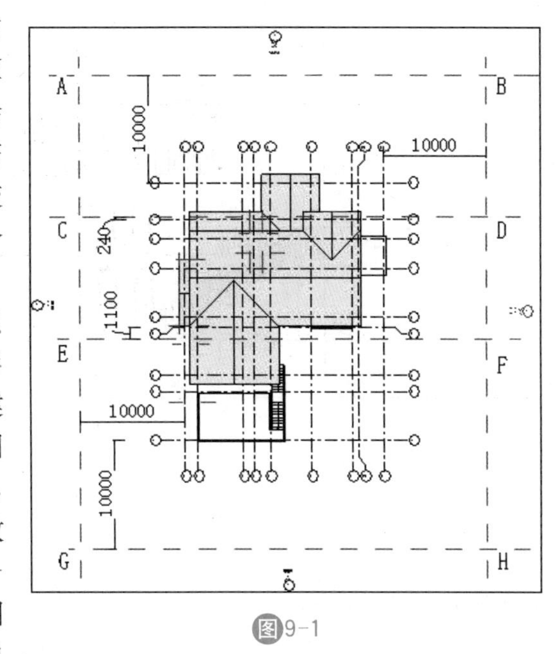

图9-1

下面将捕捉 6 条参照平面的 8 个交点 A～H,通过创建地形高程点来设计地形表面。单击"体量和场地"选项卡"场地建模"面板上"地形表面"命令,光标回到绘图区域,进入草图模式。单击"放置点"命令,选项栏显示高程选项,将光标移至高程数值"0.0"上双击,即可设置新值,输入"－450",按 Enter 键完成高程值的设置,如图 9-2 所示。移动光标至绘图区域,依次单击图 9-1 中 A、B、C、D 四点,即放置了 4 个高程为"－450"的点,并形成了以该四点为端点的高程为"－450"的地形平面。再次将光标移至选项栏,双击"高程"值"－450",设置新值为"－3500",按 Enter 键。光标回到绘图区域,依次单击 E、F、G、H 四点,放置四个高程为"－3500"的点,并形成了以该四点为端点的高程为"－3500"的地形平面,单击"√"完成地形表面的创建。

特别提醒:上述 8 个高程点必须在一个"放置点"命令之中完成,这样才能够形成一个整体性的地形表面,如果 2 次放置点,将是 2 个地形表面。

图9-2

单击场地图元,属性对话框修改"材质"参数,按类别浏览图标,打开"材质"对话框,选择"场地—草",确定并关闭所有对话框。此时给地形表面添加了草地材质,如图 9-3 所示。项目浏览器切换到3D 视图,观察地形表面的效果,如图 9-4 所示。亦可切换到东立面观察 8 个高程点控制形成的"两个平面和一个坡面"的组合地形表面,两个平面标高分别是 0F 和－1F－1,如图 9-5 所示。

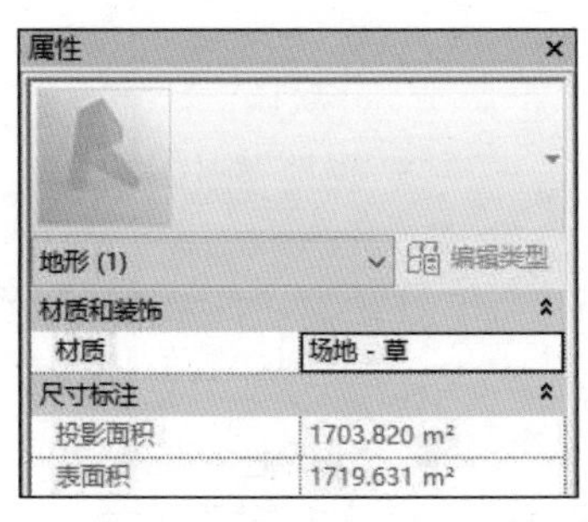

图9-3

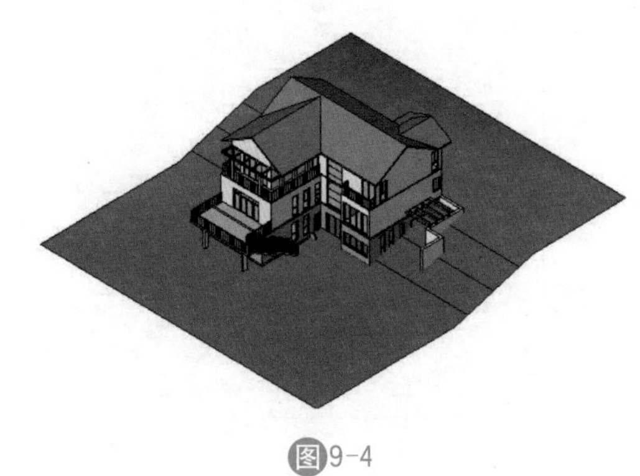
图9-4

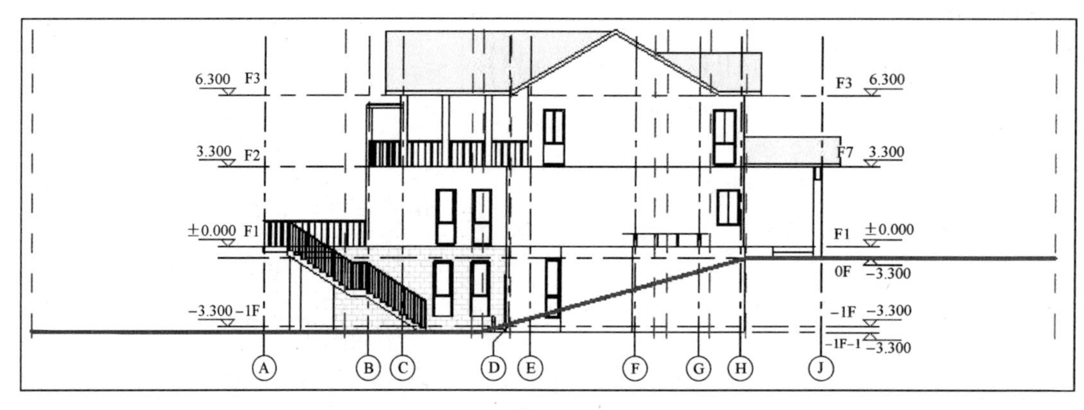

图9-5

9.2 建筑地坪

以上创建了一个带有简单坡度的地形表面，而建筑的首层地面是水平的，下面将进行“建筑地坪”的创建。“建筑地坪”工具适用于快速创建水平地面、停车场、水平道路等。建筑地坪可以在“场地”平面中绘制，为了参照地下一层外墙，也可以在－1F平面绘制。项目浏览器中打开“－1F”平面视图。单击“体量和场地”选项卡“场地建模”面板上“建筑地坪”命令，进入建筑地坪的草图绘制模式。单击“绘制”面板上的“直线”命令，移动光标到绘图区域，开始顺时针绘制建筑地坪轮廓，如图9－6所示，必须保证轮廓线闭合。单击“√”，完成建筑地坪的创建，即对地形表面剪切形成“建筑地坪”空间。

特别提醒：可使用设计栏“拾取墙”命令，单击可作为建筑地坪轮廓边缘的墙体，即可生成建筑地坪的轮廓线，并结合“直线”命令绘制图中无法拾取墙体形成的轮廓线，然后使用“修剪”命令将紫色线条修剪为闭合轮廓线。

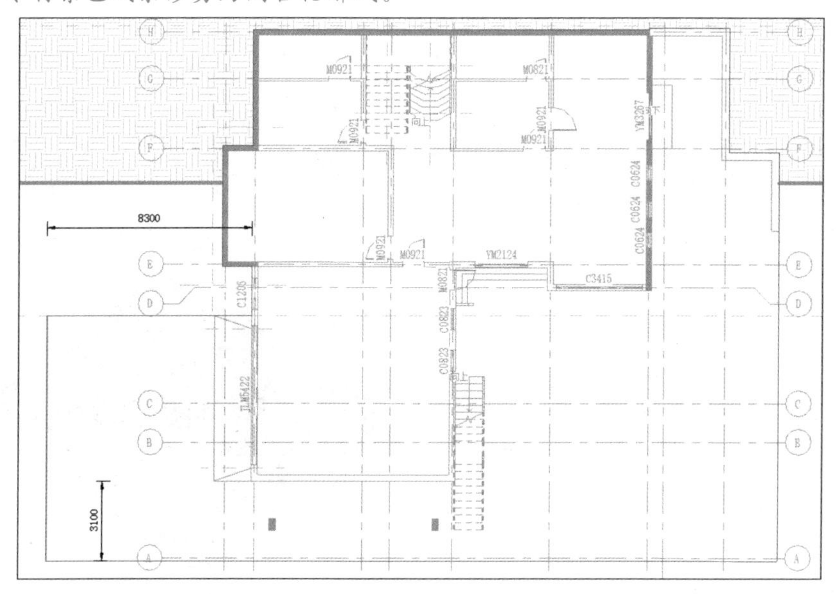

图9-6

单击刚创建的"建筑地坪"图元，实例属性设置"标高"为"－1F－1"，如图 9－7 所示。单击"编辑类型"打开"类型属性"对话框，单击"结构"编辑按钮，打开"编辑部件"对话框，单击"按类别"的浏览图标，打开"材质"对话框，选择材质"场地—碎石"，如图 9－8 所示，连续单击"确定"关闭所有对话框。切换到 3D 视图，观察建筑地坪效果，如图 9－9 所示。

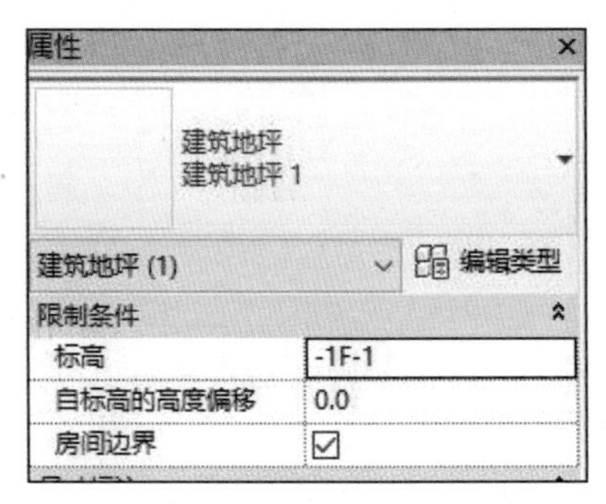

图9-7

编辑部件

族: 建筑地坪
类型: 建筑地坪 1
厚度总计: 304.8
阻力(R): 0.0000 (m²·K)/W
热质量: 0.00 kJ/K

层

	功能	材质	厚度
1	核心边界	包络上层	0.0
2	结构 [1]	场地 - 碎石	304.8
3	核心边界	包络下层	0.0

图9-8

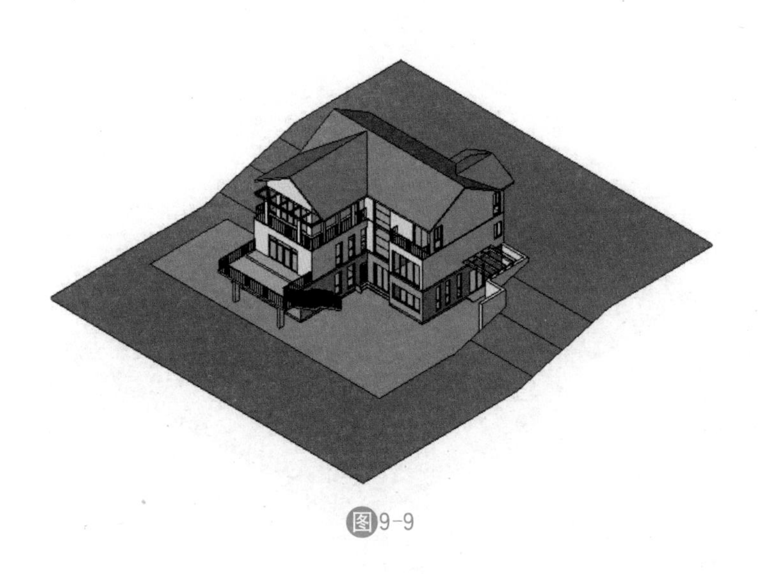

图9-9

9.3 地形子面域(道路)

接下来使用"子面域"命令在现有的地形表面上绘制道路区域。"子面域"命令除了绘制道路区域，也可绘制停车场区域等，子面域和建筑地坪不同，建筑地坪会创建出单独的水平表面，并剪切地形，而子面域不会生成单独的地平面，而是在地形表面上圈定了某块可以定义不同属性集(例如材质)的表面区域。

项目浏览器打开"场地"平面视图，单击"体量和场地"选项卡"修改场地"面板上"子面域"命令，进入草图绘制模式。单击"直线"命令，绘制封闭的子面域轮廓，其中最左、最下、最右三条线与地形表面的参照线平齐，内部三条线相对主入口屋顶边缘线向内偏移 700，绘制到弧线时，单击"起点—终点—半径弧"命令，勾选选项栏"半径"，将半径值设置为 2350，如图 9－10 所示，单击"√"完成子面域即道路区域的绘制。单击子面域图元，属性对话框修改"材质"参数，单击按类别浏览图标，打开"材质"对话框，选择"场地—柏油路"，确定并关闭所有对话框，此时给子面域添加了柏油路材质，切换到3D视图，观察道路效果，如图9－11所示。

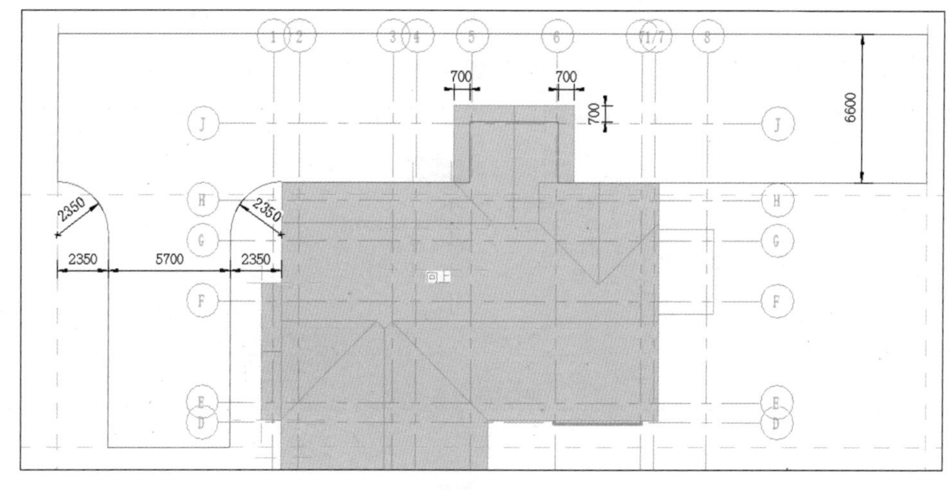

图9-10

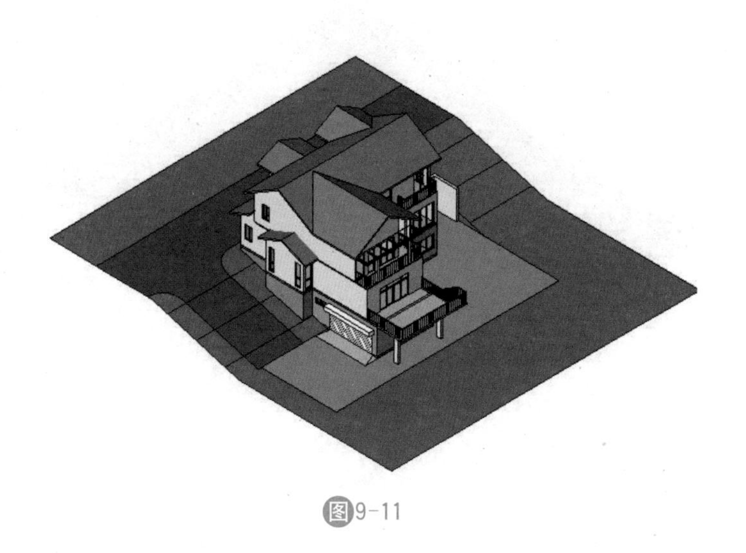
图9-11

9.4 场地构件

有了地形表面和道路，再配上生动的花草、树木、汽车等场地构件，可以使整个场景更加丰富。项目浏览器打开“场地”视图。单击“体量和场地”选项卡“场地建模”面板上“场地构件”命令，首先在类型选择器中选择如“M树—落叶树　黑橡—8.2米”树木构件，如图9－12所示。鼠标在绘图区域放置黑橡树，放置过程中，尽可能使用自动追踪功能，确保树木排列对齐，间距均匀等，如图9－13所示。然后按住Ctrl键，分别选择“北侧4棵”和“南侧6棵”两批不同平面的树木，修改实例属性“标高”参数分别为“0F”和“－1F－1”，如图9－14所示。

其次在“修改|场地构件”选项卡“模型”面板上单击“载入族”命令，打开“载入族”对话框，定位到本地电脑特定文件夹，载入“甲虫.rfa”汽车模型，放置在场地之中，如图9－13所示。如果本地电脑没有所需的汽车族，可以自行尝试网络上搜索相应族载入到项目中。最

后项目浏览器切换到 3D 视图，观察整个别墅的场地构件的效果，如图 9－15 所示。

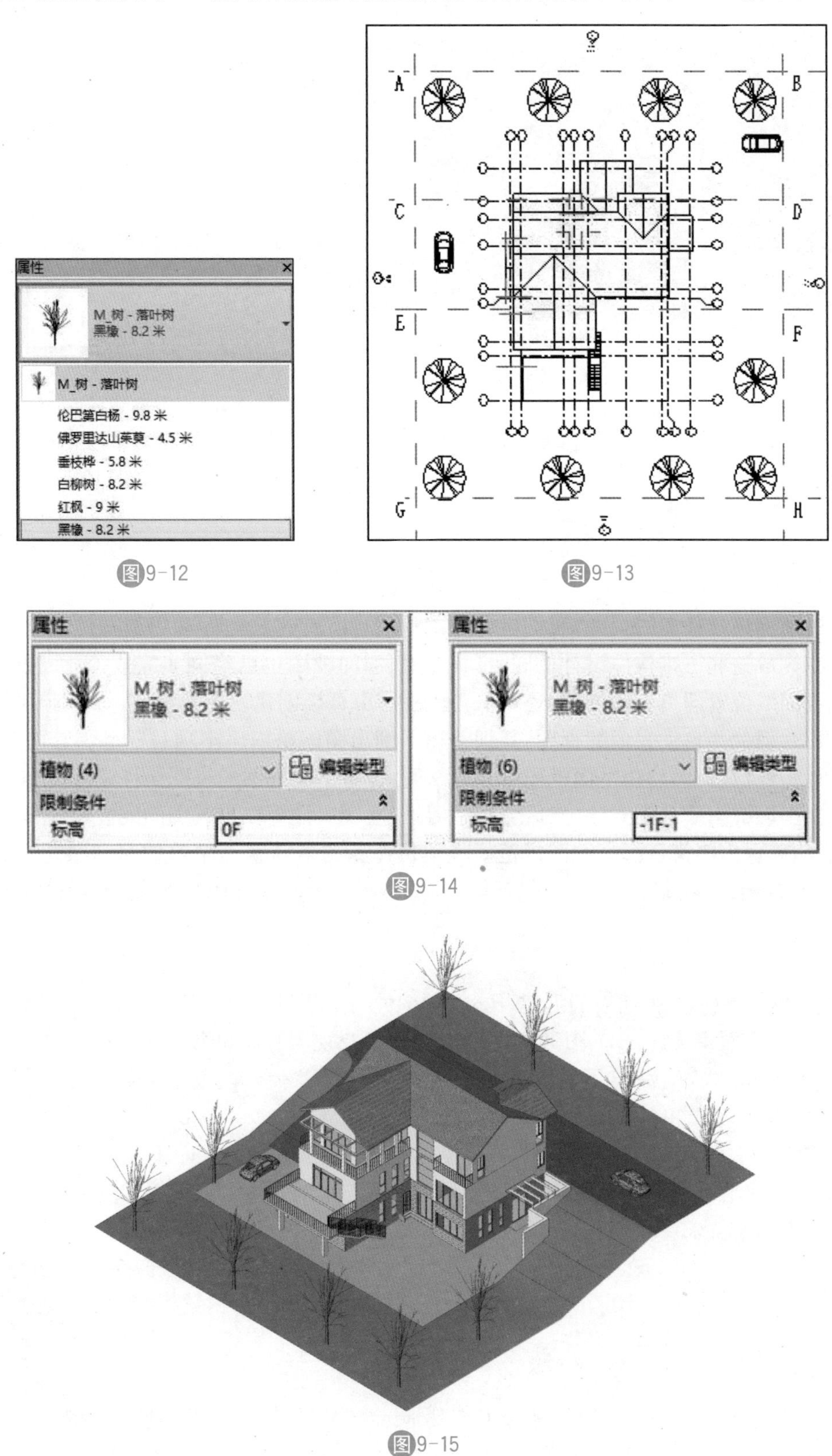

图9－12

图9－13

图9－14

图9－15

项目任务 10 二维图表处理

课程概要

通过前面项目任务的训练，我们已完成别墅项目所有建筑构件和场地构件三维模型的设计。在完成这些三维构件设计的同时，其平面、立面视图也已经同步完成，剖面视图也只需指定剖面线位置即可自动创建，还可从各个视图中直接创建视图索引，从而快速创建节点大样详图。但这些自动完成的视图，其细节达不到出图的要求。本项目任务将首先学习明细表统计构件信息，然后在平面视图中放置房间，设置平面视图的视图属性及视图样板等一系列控制平面视图效果的方法，然后分别学习平、立、剖、详等二维视图的线性尺寸、标高、文字标注等，确保出图符合国家制图规范。本项目任务的本质就是学习如何利用 3D 模型导出 2D 性质的明细表和施工图，达到“算量、出图”两个目标，这是 BIM 最基础的信息应用。

课程目标

1. 技能目标：(1) 明细表的创建，Revit 的构件与工程量统计方法；(2) 创建房间及颜色填充，进行房间面积统计；(3) 图形可见性的设置以及视图样板的设置与应用；(4) 二维视图的深化处理方法，确保出图符合制图规范；(5) 剖面图和详图的生成及其深化处理；(6) 二维图纸的布局和打印。

2. 素质目标：BIM 是精益化建造的前提，基于信息模型导出施工图，必须遵循建筑制图规范，必须标注精确的尺寸等，本项目任务可以提醒与帮助学生形成遵循专业规范的工程意识和一丝不苟精益求精的工匠精神等。

微课23

明细表创建与导出

10.1 明细表创建与导出

打开上一个项目任务完成的“别墅 09 -场地. rvt”文件，另存为“别墅 10 -二维视图处理. rvt”。明细表是通过表格的方式来展现模型图元的参数信息，对于项目的任何修改，明细表都将自动更新来反映这些修改。单击“视图”创建选项卡

“明细表”下拉菜单，可以看到所有明细表类型：明细表/数量：针对“建筑构件”按类别创建的明细表，例如：门、窗、幕墙嵌板、墙明细表，可以列出项目中所有门窗的数量、类型等常用信息。提取材质：除了具有“明细表/数量”的所有功能之外，还能够针对建筑构件的子构件材质进行统计。例如：可以列出所有用到“砖”这类材质的墙体，并且统计其面积，用于工程量计算，如图10－1所示，明细表应用本质就是工程量统计，门窗明细表就是实际工程的门窗采购依据。图纸列表：列出项目中所有的图纸信息。视图列表：列出项目中所有的视图信息。注释块：列出项目中所使用的注释、符号等信息，例如：列出项目中所有选用标准图集的详图。

以创建窗明细表为例，讲述明细表创建基本流程。单击“视图”创建选项卡“明细表”下拉菜单选择“明细表/数量”，在新建明细表对话框中，如图10－2所示，进行以下设置：“过滤器列表”中选择“建筑”，在“类别”栏中选择“窗”，修改明细表名称“窗明细表”，单击“确定”进入“明细表属性”对话框的“字段”选项卡，依次将左侧可用的字段中的“类型”“宽度”“高度”“合计”“标高”“说明”添加到右侧的“明细表字段”中，单击“上移”“下移”按钮，将所选字段调整好排列顺序，如图10－3所示，单击确定，便形成一张明细表，如图10－4所示。

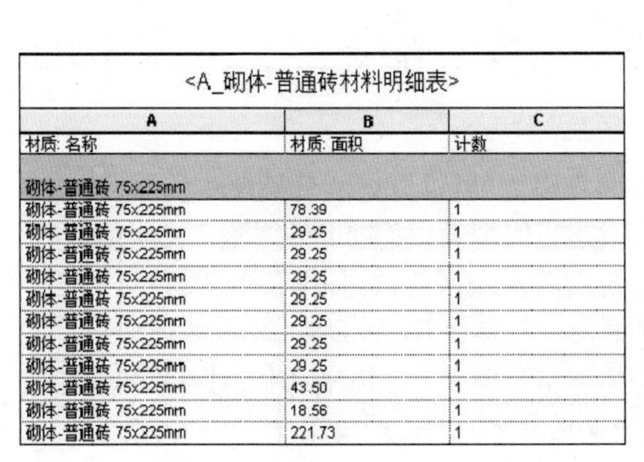

<A_砌体-普通砖材料明细表>

A	B	C
材质: 名称	材质: 面积	计数
砌体-普通砖 75x225mm		
砌体-普通砖 75x225mm	78.39	1
砌体-普通砖 75x225mm	29.25	1
砌体-普通砖 75x225mm	29.25	1
砌体-普通砖 75x225mm	29.25	1
砌体-普通砖 75x225mm	29.25	1
砌体-普通砖 75x225mm	29.25	1
砌体-普通砖 75x225mm	29.25	1
砌体-普通砖 75x225mm	29.25	1
砌体-普通砖 75x225mm	43.50	1
砌体-普通砖 75x225mm	18.56	1
砌体-普通砖 75x225mm	221.73	1

图10-1

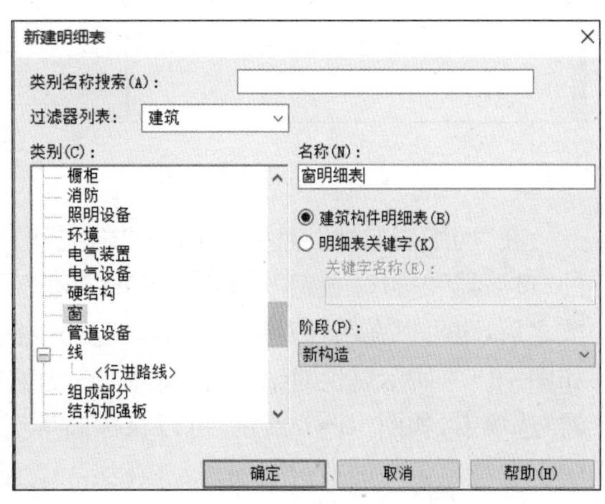

图10-2

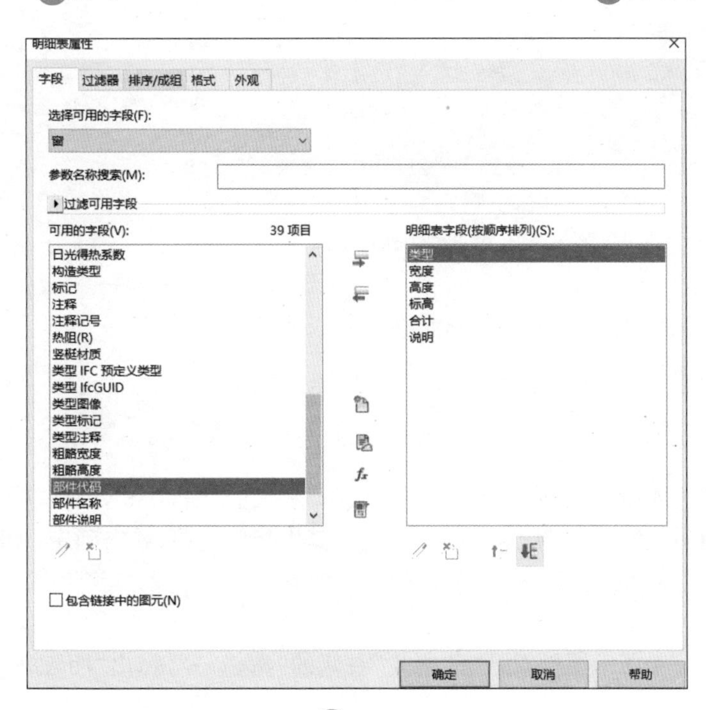

图10-3

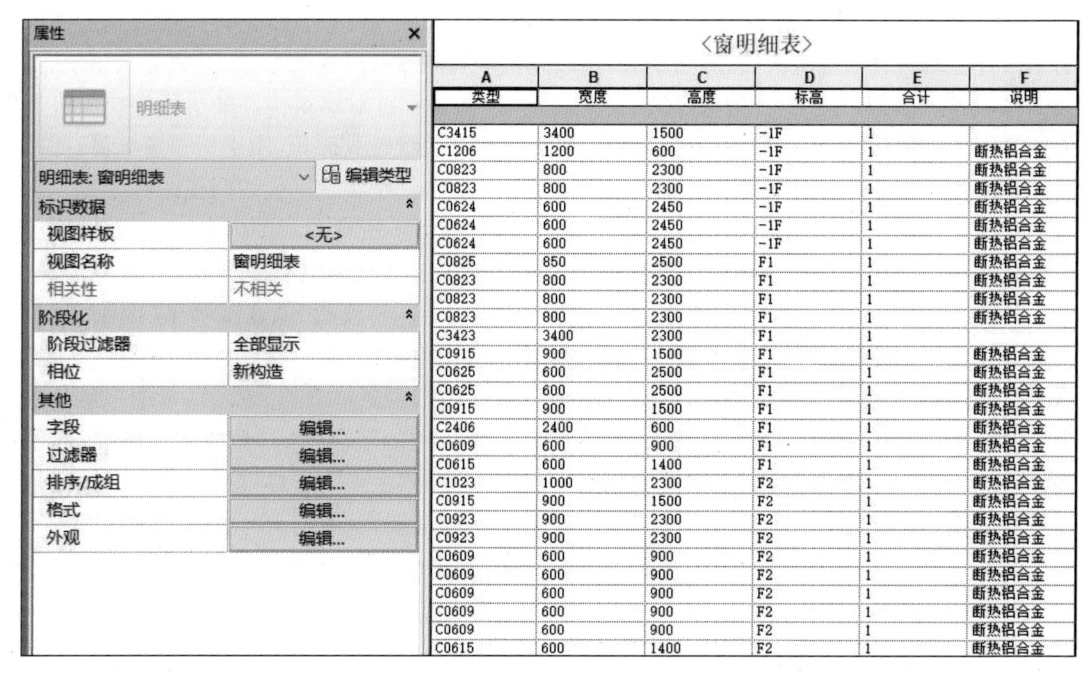

<窗明细表>

A	B	C	D	E	F
类型	宽度	高度	标高	合计	说明
C3415	3400	1500	-1F	1	
C1206	1200	600	-1F	1	断热铝合金
C0823	800	2300	-1F	1	断热铝合金
C0823	800	2300	-1F	1	断热铝合金
C0624	600	2450	-1F	1	断热铝合金
C0624	600	2450	-1F	1	断热铝合金
C0624	600	2450	-1F	1	断热铝合金
C0825	850	2500	F1	1	断热铝合金
C0823	800	2300	F1	1	断热铝合金
C0823	800	2300	F1	1	断热铝合金
C0823	800	2300	F1	1	断热铝合金
C3423	3400	2300	F1	1	
C0915	900	1500	F1	1	断热铝合金
C0625	600	2500	F1	1	断热铝合金
C0625	600	2500	F1	1	断热铝合金
C0915	900	1500	F1	1	断热铝合金
C2406	2400	600	F1	1	断热铝合金
C0609	600	900	F1	1	断热铝合金
C0615	600	1400	F1	1	断热铝合金
C1023	1000	2300	F2	1	断热铝合金
C0915	900	1500	F2	1	断热铝合金
C0923	900	2300	F2	1	断热铝合金
C0923	900	2300	F2	1	断热铝合金
C0609	600	900	F2	1	断热铝合金
C0609	600	900	F2	1	断热铝合金
C0609	600	900	F2	1	断热铝合金
C0609	600	900	F2	1	断热铝合金
C0609	600	900	F2	1	断热铝合金
C0615	600	1400	F2	1	断热铝合金

图10-4

在“明细表属性”对话框中单击“确定”形成明细表之前，可以继续分别单击该对话框中的“过滤器”“排序/成组”“格式”“外观”等选项卡，进行明细表相关细节的调整。在明细表形成之后，也可以在属性对话框单击对应的按钮，进行相关细节修改，如图 10－4 所示。单击如图 10－4 所示属性对话框“过滤器”右侧的“编辑…”，弹出“明细表属性”对话框中“过滤器”选项卡，如图 10－5 所示，可以将标高等于 F1 的窗户单独统计出来，利用过滤器，从总表中提取特定条件的窗户明细表，这在实际工程中就是分阶段的工程量统计。

图10-5

图10-6

单击如图 10－4 所示属性对话框“排序/成组”右侧的“编辑…”，弹出“明细表属性”对话框中“排序/成组”选项卡，如图 10－6 所示，勾选其中相关选项，单击确定，调整后的明细表，所有窗户按照“类型”和“标高”两个条件排列，同时按照“类型”和“标高”进行总数统计，如图 10－7 所示。

单击如图 10－4 所示属性对话框“格式”右侧的“编辑…”，弹出“明细表属性”对话框中

<窗明细表>					
A	B	C	D	E	F
类型	宽度	高度	标高	合计	说明
C0609	600	900	F1	1	断热铝合金
C0609	600	900	F2	5	断热铝合金
C0615	600	1400	F1	1	断热铝合金
C0615	600	1400	F2	1	断热铝合金
C0624	600	2450	-1F	3	断热铝合金
C0625	600	2500	F1	2	断热铝合金
C0823	800	2300	-1F	2	断热铝合金
C0823	800	2300	F1	3	断热铝合金
C0825	850	2500	F1	1	断热铝合金
C0915	900	1500	F1	2	断热铝合金
C0915	900	1500	F2	1	断热铝合金
C0923	900	2300	F2	2	断热铝合金
C1023	1000	2300	F2	1	断热铝合金
C1206	1200	600	-1F	1	断热铝合金
C2406	2400	600	F1	1	断热铝合金
C3415	3400	1500	-1F	1	
C3423	3400	2300	F1	1	

图10-7

"格式"选项卡，选择"高度"字段，再单击"条件格式"按钮，弹出条件格式对话框，设置高度大于1500的窗户，其背景色为红色，如图10-8所示，单击"确定"，关闭两级对话框，调整后的明细表，高度大于1500窗户便红色显示，如图10-9所示，也可以单击"条件格式"按钮，将已设置的格式，单击"全部清除"按钮，将已经设置的条件格式予以全部清除。

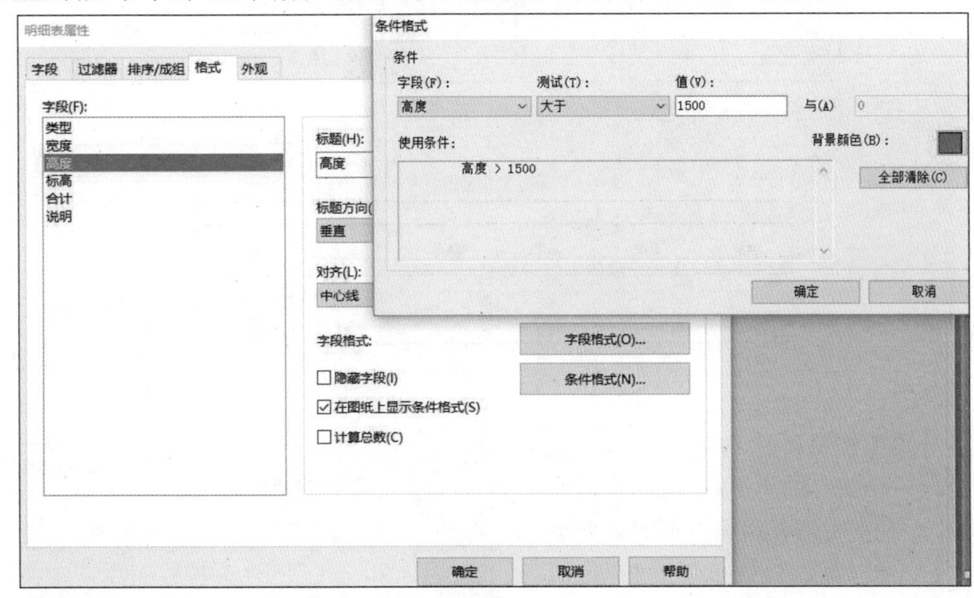

图10-8

<窗明细表>					
A	B	C	D	E	F
类型	宽度	高度	标高	合计	说明
C0609	600	900	F1	1	断热铝合金
C0609	600	900	F2	5	断热铝合金
C0615	600	1400	F1	1	断热铝合金
C0615	600	1400	F2	1	断热铝合金
C0624	600	2450	-1F	3	断热铝合金
C0625	600	2500	F1	2	断热铝合金
C0823	800	2300	-1F	2	断热铝合金
C0823	800	2300	F1	3	断热铝合金
C0825	850	2500	F1	1	断热铝合金
C0915	900	1500	F1	2	断热铝合金
C0915	900	1500	F2	1	断热铝合金
C0923	900	2300	F2	2	断热铝合金
C1023	1000	2300	F2	1	断热铝合金
C1206	1200	600	-1F	1	断热铝合金
C2406	2400	600	F1	1	断热铝合金
C3415	3400	1500	-1F	1	
C3423	3400	2300	F1	1	

图10-9

有关“明细表属性”对话框中“外观”选项卡，通常采用系统默认参数设置，读者可以自行尝试相关个性设置。接下来合并标题中的部分列标题：使用鼠标单击“宽度”标题格不放，并移动鼠标到“高度”标题格之后释放鼠标，此时“修改明细表/数量”的选项面板中的“成组”按钮可以操作，如图 10－10 所示，单击“成组”按钮之后在这两列的标题上方增加了一行合并的空白标题格，在空白标题格中填写“洞口尺寸”文字，便可将窗户宽度和高度两个参数合并成洞口尺寸一个参数组，如图 10－11 所示。如果选中已经“成组”明细表参数，“修改明细表/数量”的选项面板中的“解组”按钮可以操作，读者可以自行尝试练习。

〈窗明细表〉

B	C	D	E	F
宽度	高度	标高	合计	说明
600	900	F1	1	断热铝合金
600	900	F2	5	断热铝合金
600	1400	F1	1	断热铝合金
600	1400	F2	1	断热铝合金

图10-10

〈窗明细表〉

A	B	C	D	E	F
	洞口尺寸				
类型	宽度	高度	标高	合计	说明
C0609	600	900	F1	1	断热铝合金
C0609	600	900	F2	5	断热铝合金
C0615	600	1400	F1	1	断热铝合金
C0615	600	1400	F2	1	断热铝合金

图10-11

在导出明细表之前，读者可以尝试模型中修改一个窗户的类型，或添加或删除一个窗户，观察明细表相关数据的自动更新，体验“一处修改，处处自动更新”建筑信息化设计的特点。接下来导出明细表，也就是实际工程中的工程量清单的导出。项目浏览器打开要导出的明细表，单击应用程序菜单，选择“导出”中“报告”下“明细表”，如图 10－12 所示，在导出对话框中指定明细表的名称和路径，单击“保存”按钮将文件保存为“＊txt”文本，后续利用 Excel 电子表格程序，将导出的明细表进行相应的编辑修改等。至此初步完成明细表的练习，后续训练任务中，将会利用明细表进行房间的统计等。

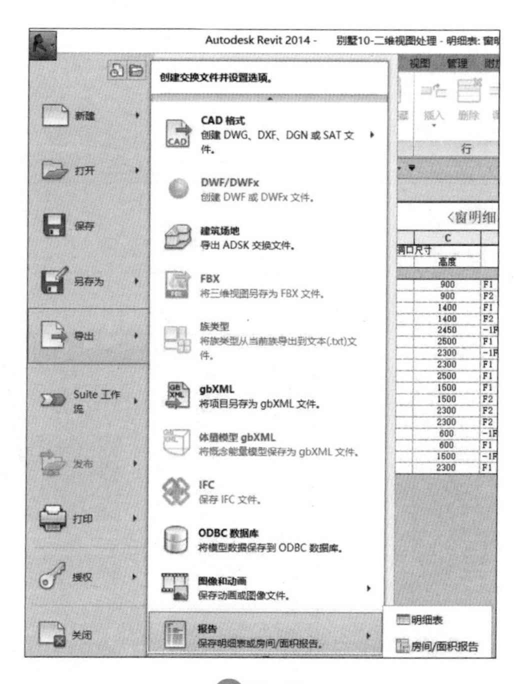

图10-12

10.2 房间创建与颜色填充

在创建房间之前，先了解房间边界的相关内容。下列图元可被视为房间面积和体积计算的边界图元：(1) 墙(幕墙、标准墙、通过体量创建的面墙)；(2) 屋顶(标准屋顶、在位创建的屋顶、通过体量创建的面屋顶)；(3) 楼板；(4) 建筑地坪；(5) 天花板；(6) 柱体等。以上图元，均可以通过图元属性进行房间边界设置，比如选中一个墙体图元，打开其“属性”对话框，勾选参数“房间边界”后面的复选项，可以使墙体图元成为房间边界，墙体等图元通常默认为房间边界。

在创建房间之前，先进行平面图的复制，项目浏览器中选中 F1 平面图，右键菜单选中“复制视图”下拉“带详图复制”(早期版本为“带细节复制”)，如图 10-13 所示，将新生成的“副本：F1”重命名为“F1 房间”。Revit 复制视图有三种方式，第一种“复制”只能复制项目的三维模型文件，而二维标注等注释信息无法进行复制，第二种“带详图复制”可以将项目的三维模型文件和二维标注等注释信息同时复制到“子”视图当中。第三种“复制为从属视图”(早期版本为“复制作为相关”)会将项目的模型文件和二维标注复制到“子”视图当中，新复制出来的“子”视图会显示裁剪区域和注释裁剪。在“子”视图中任意添加和修改二维标注，“父”视图也会随着一起改变。三种复制方式中，修改实体模型时，视图都会同时改变，但是只有“复制作为相关”这种复制方式，当在“子”视图中添加二维注释后，“父”视图中也会同步添加。请读者自行练习和体会三种复制视图的区别。

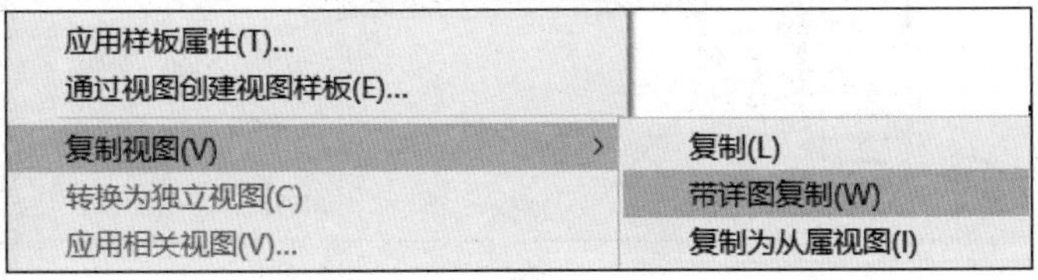

应用样板属性(T)...
通过视图创建视图样板(E)...
复制视图(V) >
转换为独立视图(C)
应用相关视图(V)...
复制(L)
带详图复制(W)
复制为从属视图(I)

图 10-13

微课24

房间创建与颜色填充

项目浏览器打开“F1 房间”平面视图，首先进行房间的分隔。单击“建筑”选项卡“房间和面积”面板中“房间分隔”命令，在 F1 房间视图中添加几条房间边界线，如图 10-14 所示。房间分隔命令可以添加并调整房间边界线，在房间内指定另一个房间时，分隔线十分有用，如起居室中的就餐区，此时房间之间不需要墙。房间分隔线在平面视图、3D 视图和相机视图中均是可见的。接下来单击“建筑”选项卡“房间和面积”面板中“房间”命令，进入“修改|放置房间”命令状态，同时单击“在放置时进行标记”按钮，然后将鼠标移动到平面视图中单击鼠标来放置房间及房间标记，如图 10-15 所示。

按 ESC 键退出放置房间命令之后，在平面视图中使用鼠标双击一个房间的名称文字，进入房间名称编辑状态，输入新的房间名称，在文字范围以外单击鼠标以完成编辑，如图 10-16 所示，F1 层共 11 个房间。

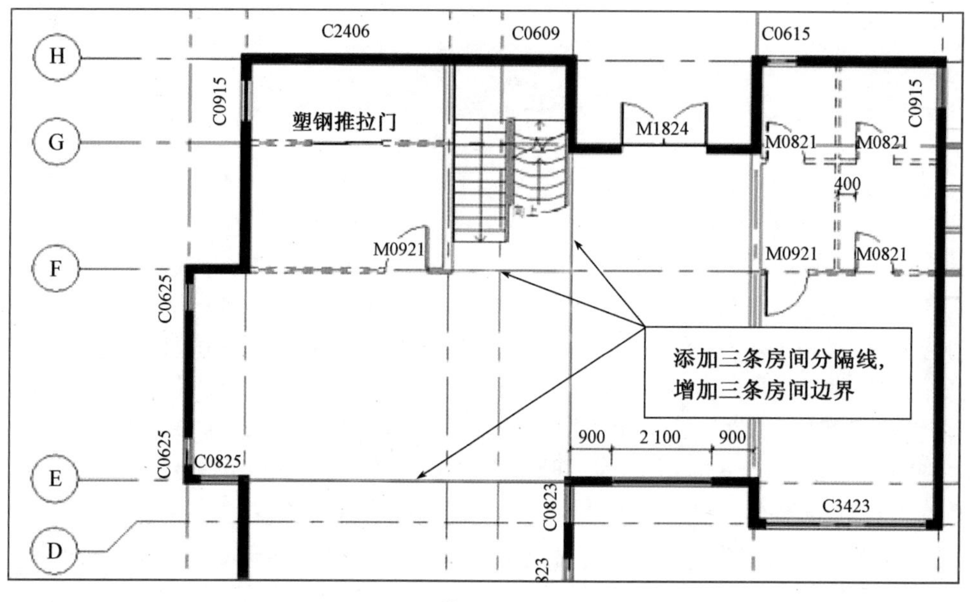
C2406
C0609
C0615
H
G
F
E
D
C0915
塑钢推拉门
M1824
M0821
M0821
400
M0921
M0921
M0821
C0625
C0625
C0825
添加三条房间分隔线,
增加三条房间边界
900
2 100
900
C0823
C3423

图10-14

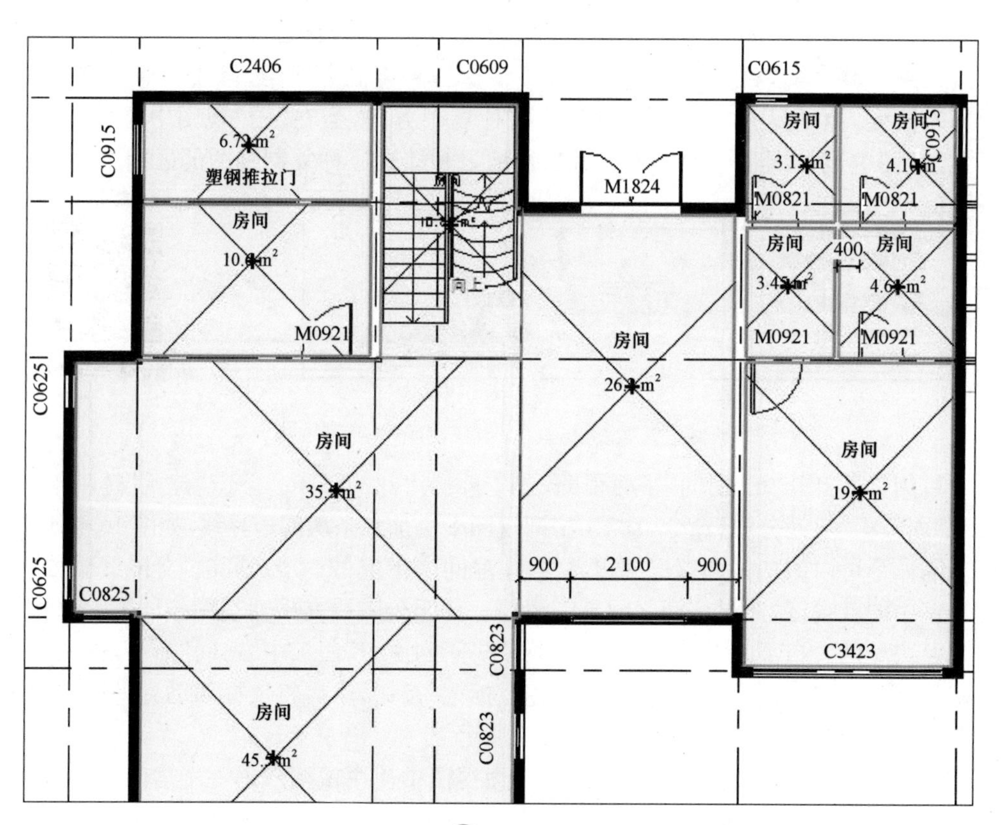
C2406
C0609
C0615
C0915
塑钢推拉门
房间
M1824
M0821
M0821
400
M0921
M0921
C0625
C0625
C0825
900
2 100
900
C0823
C0823
C3423

图10-15

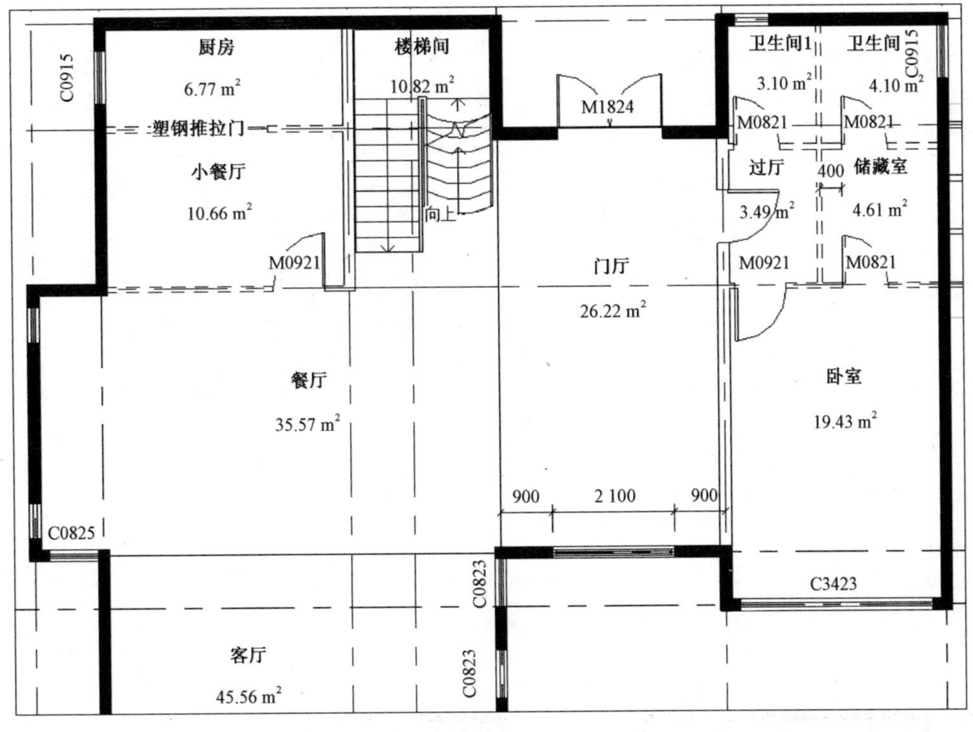

图10-16

接下来房间颜色填充，增强对房间功能的分布标记。还是以 F1 房间视图为例。单击“建筑”选项卡中点击“房间和面积”的小箭头，系统会下拉出两个操作选项，如图 10－17 所示，选择“颜色方案”，系统弹出编辑颜色方案对话框后进行以下设置：“类别”选项下拉选择“房间”；“颜色”选项下拉选择“名称”，系统会自动完成方案的设计，颜色以及对应的房间名称都会列表显示，可以进行颜色的个性化设置，如果默认系统方案直接单击确定，如图10－18 所示。点击“确定”完成设置后，回到平面图，但是平面图的房间并没有变为设置好的颜色，单击“注释”选项卡，选择“颜色填充图例”选项，进入颜色填充方案的选择，在空白位置点击，进入设置页面，“空间类型”选择“房间”，“颜色方案”选择“方案 1”，单击确定，回到平面图即可看到平面图按照房间名称的不同，呈现不同的上色方案，如图 10－19 所示。读者也可以自行尝试按照房间的“周长、面积”进行颜色方案的设置。

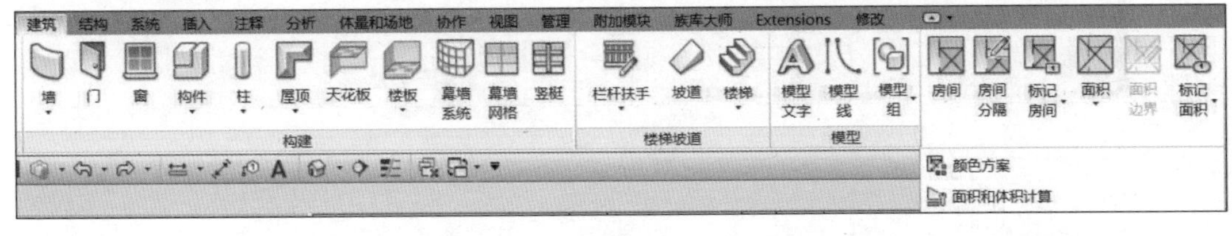

图10-17

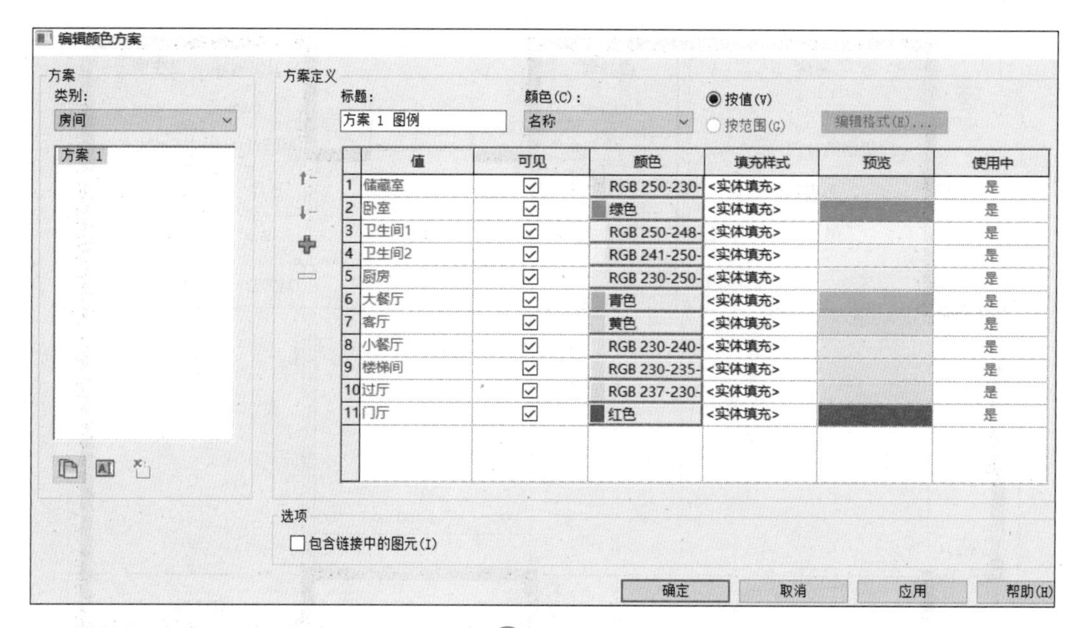

图10-18

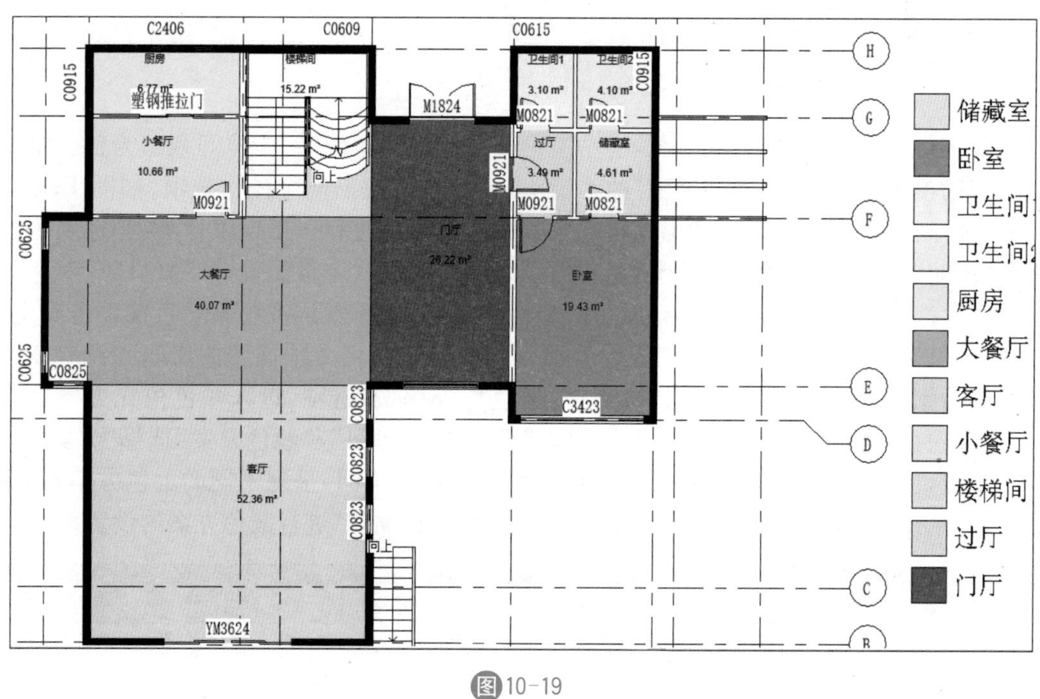

图10-19

最后创建房间明细表，统计房间周长与房间面积等信息，具体操作步骤参考上节窗明细表的创建，结果如图10-20所示。**实际工程可以将房间明细表导出，进行相关面积分析等。**

<房间明细表>				
A	B	C	D	E
名称	周长	面积	标高	注释
厨房	11500	7 m^2	F1	
小餐厅	13400	11 m^2	F1	
楼梯间	15800	15 m^2	F1	
大餐厅	27000	40 m^2	F1	
门厅	21400	26 m^2	F1	
卫生间1	7100	3 m^2	F1	
卫生间2	8100	4 m^2	F1	
过厅	7600	3 m^2	F1	
储藏室	8600	5 m^2	F1	
卧室	17900	19 m^2	F1	
客厅	29000	52 m^2	F1	

图10-20

微课25

创建视图样板

10.3 视图属性与视图样板

1. 视图属性设置

在布图打印之前需要设置视图相关属性，包括视图比例、详细程度、设置构件可见性、调整轴网标头并标注尺寸，处理门窗标记和文字注释等。本节首先调整楼层平面“F1”的视图属性。项目浏览器打开 F1 平面视图，属性对话框中进行相关属性参数选择，如图10－21所示。

（1）视图比例保持为 1∶100。

（2）详细程度：选项中包括粗略、中等、精细三种模式，此设置将替换此视图的自动详细程度设置，在视图中应用某个详细程度后，某些类型的几何图形可见性即会打开，墙、楼板和屋顶的复合结构会在中等和精细详细程度时显示，本视图保持“粗略”详细程度。

（3）可见性/图形替换：单击“编辑”打开“可见性/图形替换”对话框（快捷键 VV），可以设置“模型、注释、导入类别”等在当前视图的可见性，如图 10－22 所示，在本视图中关闭模型类别中的“地形、场地、植物、环境”的可见性，关闭注释类中的“参照平面、立面”的可见性。

（4）图形显示选项：单击“编辑”打开“图形显示选项”对话框，视图显示模式下拉有“线框、隐藏线、着色、一致的颜色、真实”5 种模式，本视图默认选择“隐藏线”模式。

（5）底图：从下拉列表中选择现有的任意一个标高，可以将该楼层平面设置为当前平面视图的底图，底图以灰色显示，将本视图的“范围：底部标高”参数选择为“无”。

视图比例、详细程度、图形显示选项也可从绘图区域下方的视图控制栏中快速设置。

2. 视图样板

视图样板提供了初始视图条件，例如视图比例、规程、详细程度以及类别和子类别的可见性设置。可以将视图样板应用于指定视图。单击“视图”选项卡中“视图样板”的小箭头，系统会下拉出三个操作选项，如图 10－23 所示，选择“从当前视图创造样板”，系统弹出新视图样板命名对话框，如图 10－24 所示，填写名称：建筑平面图，单击“确定”，系统弹出“视图样板”对话框，如图 10－25 所示，这时新建立的视图样板便在名称列表之中可见和可选择，点击“确定”按钮，完成视图样板的创建。

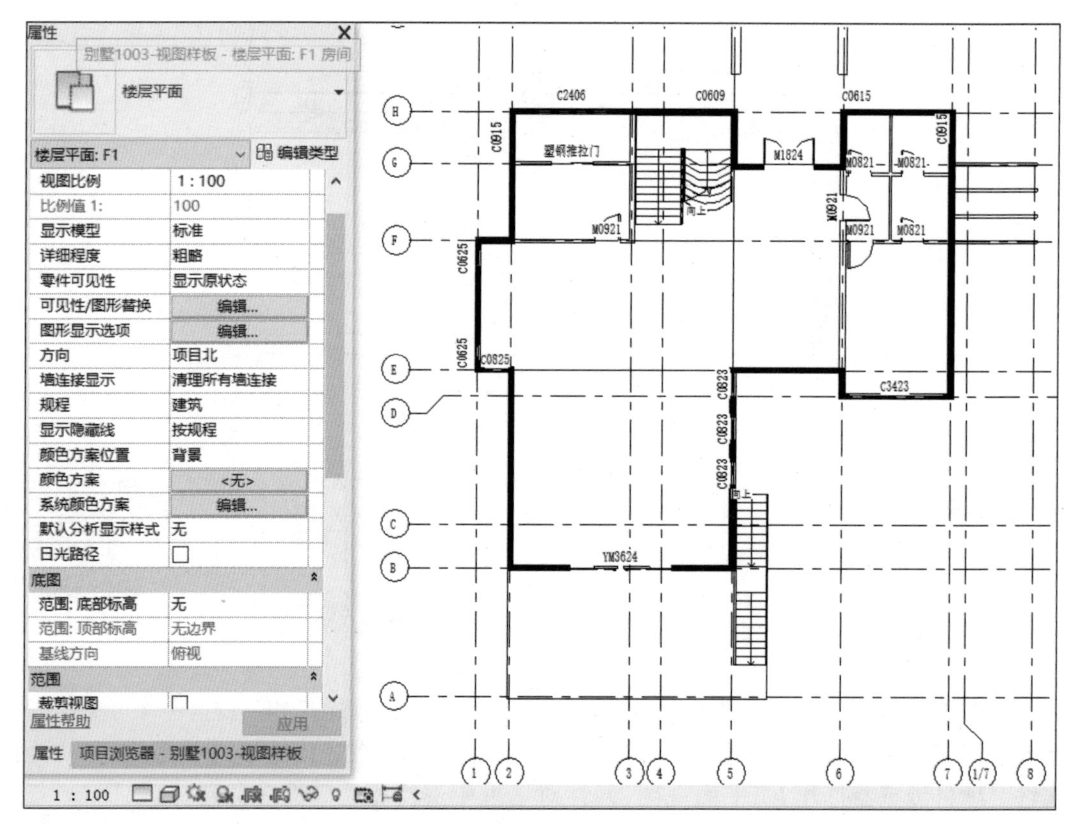
属性
别墅1003-视图样板 - 楼层平面: F1 房间
楼层平面
楼层平面: F1
编辑类型
视图比例 1 : 100
比例值 1: 100
显示模型 标准
详细程度 粗略
零件可见性 显示原状态
可见性/图形替换 编辑...
图形显示选项 编辑...
方向 项目北
墙连接显示 清理所有墙连接
规程 建筑
显示隐藏线 按规程
颜色方案位置 背景
颜色方案 <无>
系统颜色方案 编辑...
默认分析显示样式 无
日光路径
底图
范围: 底部标高 无
范围: 顶部标高 无边界
基线方向 俯视
范围
裁剪视图
属性帮助
应用
属性 项目浏览器 - 别墅1003-视图样板
1 : 100
C2406
C0609
C0615
C0915
塑钢推拉门
M1824
M0821
M0921
C0625
C0825
C0823
C3423
向上
YM3624
H
G
F
E
D
C
B
A
1
2
3
4
5
6
7
1/7
8

图10-21

模型类别 注释类别 分析模型类别 导入的类别 过滤器
在此视图中显示模型类别(S)
如果没有选中某个类别，则该类别将不可见。
过滤器列表(F): <多个>
可见性
投影/表面
线
填充图案
透明度
截面
线
填充图案
半色调
详细程度
卫浴装置 按视图
地形 按视图
场地 按视图
坡道 按视图
墙 按视图
天花板 按视图
家具 按视图
家具系统 按视图
屋顶 按视图
常规模型 按视图
幕墙嵌板 按视图
幕墙竖梃 按视图
幕墙系统 按视图
房间 按视图
机械设备 按视图
柱 按视图
栏杆扶手 按视图
植物 按视图
楼板 按视图
楼梯 按视图
全选(L)
全部不选(N)
反选(I)
展开全部(X)
替换主体层
截面线样式(Y)
编辑(E)...
根据"对象样式"的设置绘制未替代的类别。
对象样式(O)...
确定
取消
应用(A)
帮助

图10-22

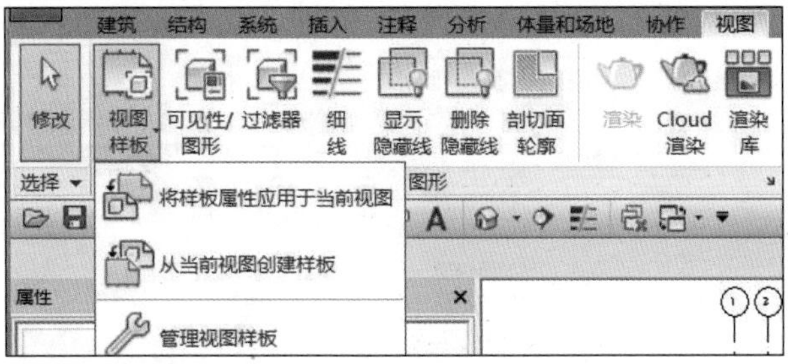

图10-23

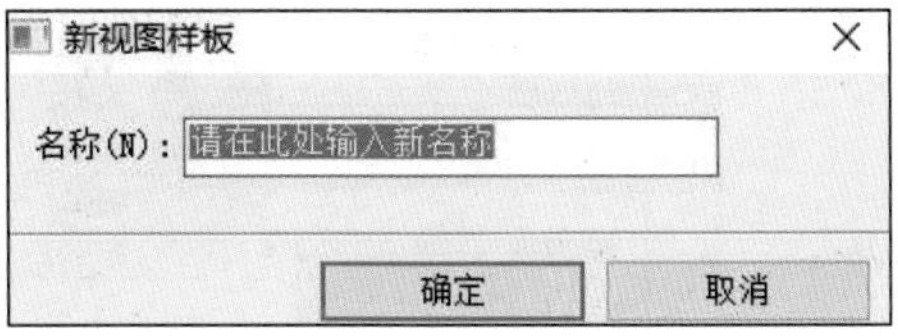

图10-24

图10-25

项目浏览器打开其他楼层平面图，如一1F 平面图，在其属性对话框中找到“视图样板”属性，单击右侧参数框“无”，系统便会弹出“应用视图样板”对话框，或者单击“视图”选项卡中“视图样板”的小箭头，系统会下拉出三个操作选项，如图 10 - 23 所示，选择“将样板属性应用于当前视图”，系统同样会弹出“应用视图样板”对话框，如图 10 - 26 所示，在名称列表中选择新建的“建筑平面图”，单击“应用属性”按钮关闭对话框，这样便把该视图样板所设置的属性参数传递给一1F 平面图。其他楼层平面图均可以通过“应用视图样板”快速设置相关属性参数。

应用视图样板

视图样板

规程过滤器:

<全部>

视图类型过滤器:

楼层、结构、面积平面

名称:

场地平面
平面视图
建筑平面
建筑平面图
结构基础平面
结构构架平面

显示视图

视图属性

分配有此样板的视图数: 0

参数	值	包含
视图比例	1:100	☑
比例值 1:	100	
显示模型	标准	☑
详细程度	粗略	☑
零件可见性	显示原状态	☑
V/G 替换模型	编辑...	☑
V/G 替换注释	编辑...	☑
V/G 替换分析模型	编辑...	☑
V/G 替换导入	编辑...	☑
V/G 替换过滤器	编辑...	☑
模型显示	编辑...	☑
阴影	编辑...	☑
照明	编辑...	☑
摄影曝光	编辑...	☑

确定 取消 应用属性 帮助(H)

图10-26

10.4 平面视图处理

微课26

平面视图处理

Revit 创建 3D 模型之后，项目浏览器能够直接查看的各楼层平面图与国家建筑施工图出图规范存在很多细节差异，其中很多图元不需要显示，同时缺少工程图样最重要的尺寸标注信息，本节主要任务就是进行平面视图出图的深化处理。

项目浏览器上选择“F1 房间”视图，右键菜单选中“复制视图”下拉“带详图复制”，将新生成的“副本:F1 房间”选中后，右键菜单重命名为“F1 出图”。打开 F1 出图，首先单击选中“颜色填充图例”，在“编辑|颜色填充图例”选项卡单击“编辑方案”命令，系统弹出“编辑颜色方案”对话框，选择方案列表中的“无”，如图 10－27 所示，单击确定，便清除“F1 房间”视图中颜色填充方案，同时单击删除“颜色填充图例”。清除了颜色填充方案，同时又保留了房间名称标注等平面图出图必须保留的图示内容。

项目浏览器上选择“F1 出图”，右键菜单选中“应用样板属性”，系统弹出“应用视图样板”对话框(如图 10－26 所示)，单击此前创建好的“建筑平面图”视图样板，单击“应用属性”按钮关闭对话框，这样便把“地形、场地、环境、植物、立面、参照平面”等平面视图出图不需要的图形给予隐藏。

接下来补充平面图出图最重要的尺寸标注。为了快速进行平面图轴网的尺寸标注，单击建筑墙体命令，绘制矩形墙体，如图 10－28 所示，该墙体与所有轴网相交，按 ESC 键退出墙体命令。单击“注释”选项卡“尺寸标注面板”中的“对齐尺寸标注”命令(通常直接单击“自定义快速访问工具栏”上图标或快捷键 dl)，选项栏“拾取”下拉选择“整个墙”，单击“选项”按钮，弹出“自动尺寸标注选项”对话框，选择“洞口、宽度、相交轴网”等选项，如图 10－29 所示，类型选择器中选择系统自带的“对角线- 3 mm 固定尺寸”线性尺寸标注样式，移动光标到刚绘制的墙体一侧单击，生成整面墙与相交轴网的尺寸标注，选择适当位置放置，其余三面墙体用同样的方法生成尺寸标注，退出尺寸标注命令，删除刚刚绘制的墙体，如图 10－30 所示。

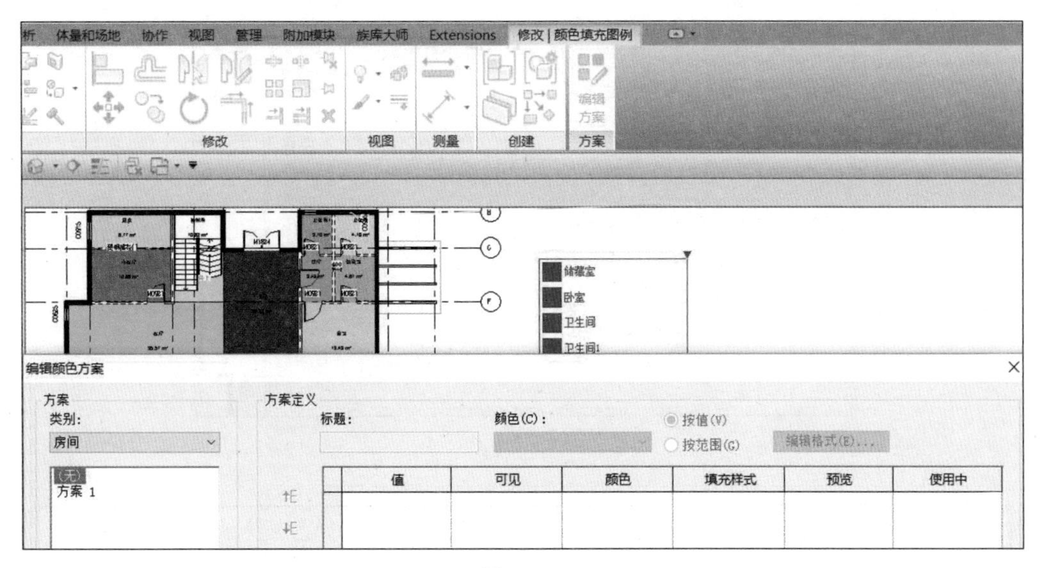

析
体量和场地
协作
视图
管理
附加模块
族库大师
Extensions
修改 | 颜色填充图例
修改
视图
测量
创建
方案
编辑
方案
储藏室
卧室
卫生间
卫生间1
编辑颜色方案
方案
类别:
房间
(无)
方案 1
方案定义
标题:
颜色(C):
按值(V)
按范围(G)
编辑格式(E)...
值
可见
颜色
填充样式
预览
使用中

图10-27

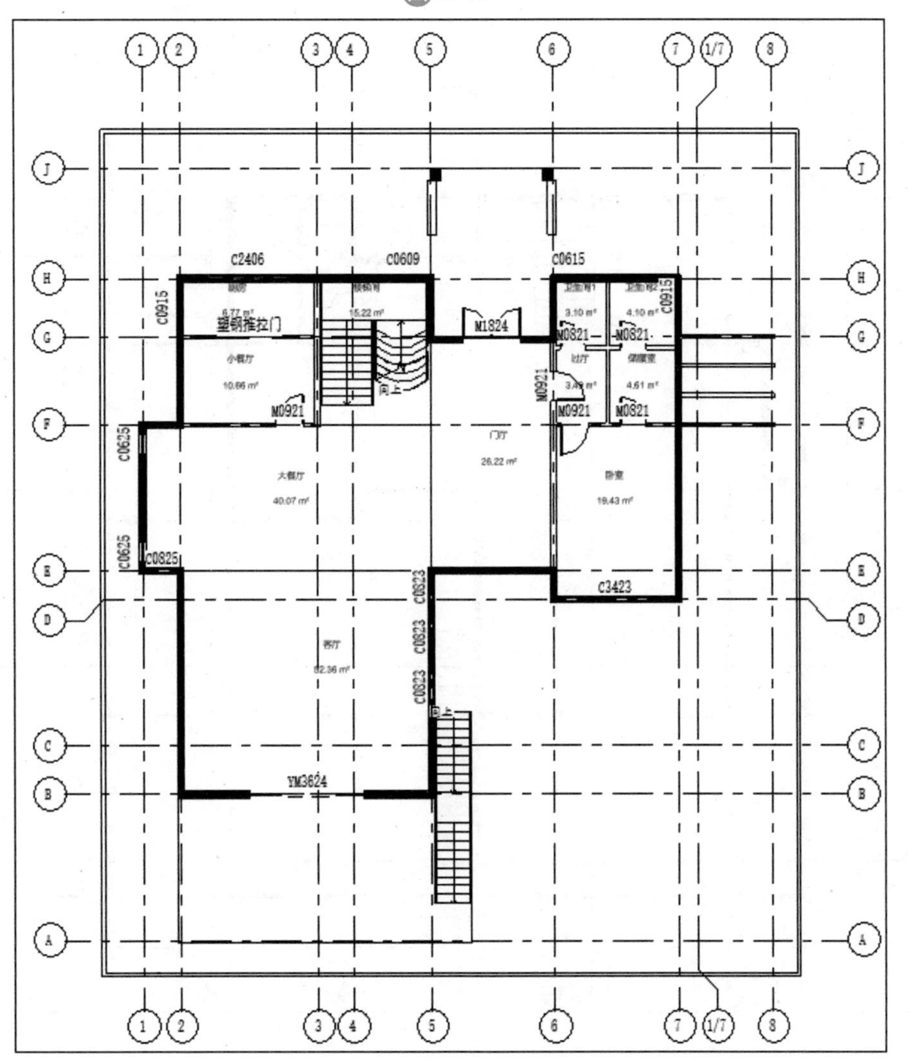

C2406
C0609
C0615
C0915
塑钢推拉门
M1824
M0821
M0921
门厅
26.22 m²
大餐厅
40.07 m²
卧室
19.43 m²
C0625
C0825
C0823
C3423
YM3624

图10-28

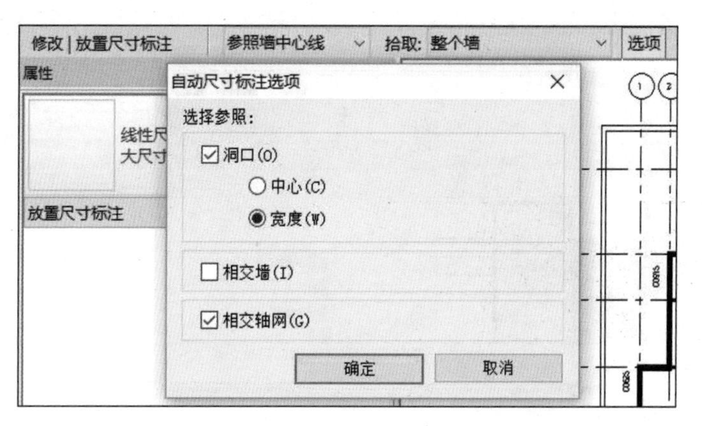
修改 | 放置尺寸标注
参照墙中心线
拾取: 整个墙
选项
属性
自动尺寸标注选项
选择参照:
洞口(O)
中心(C)
宽度(W)
相交墙(I)
相交轴网(G)
确定
取消
放置尺寸标注

图10-29

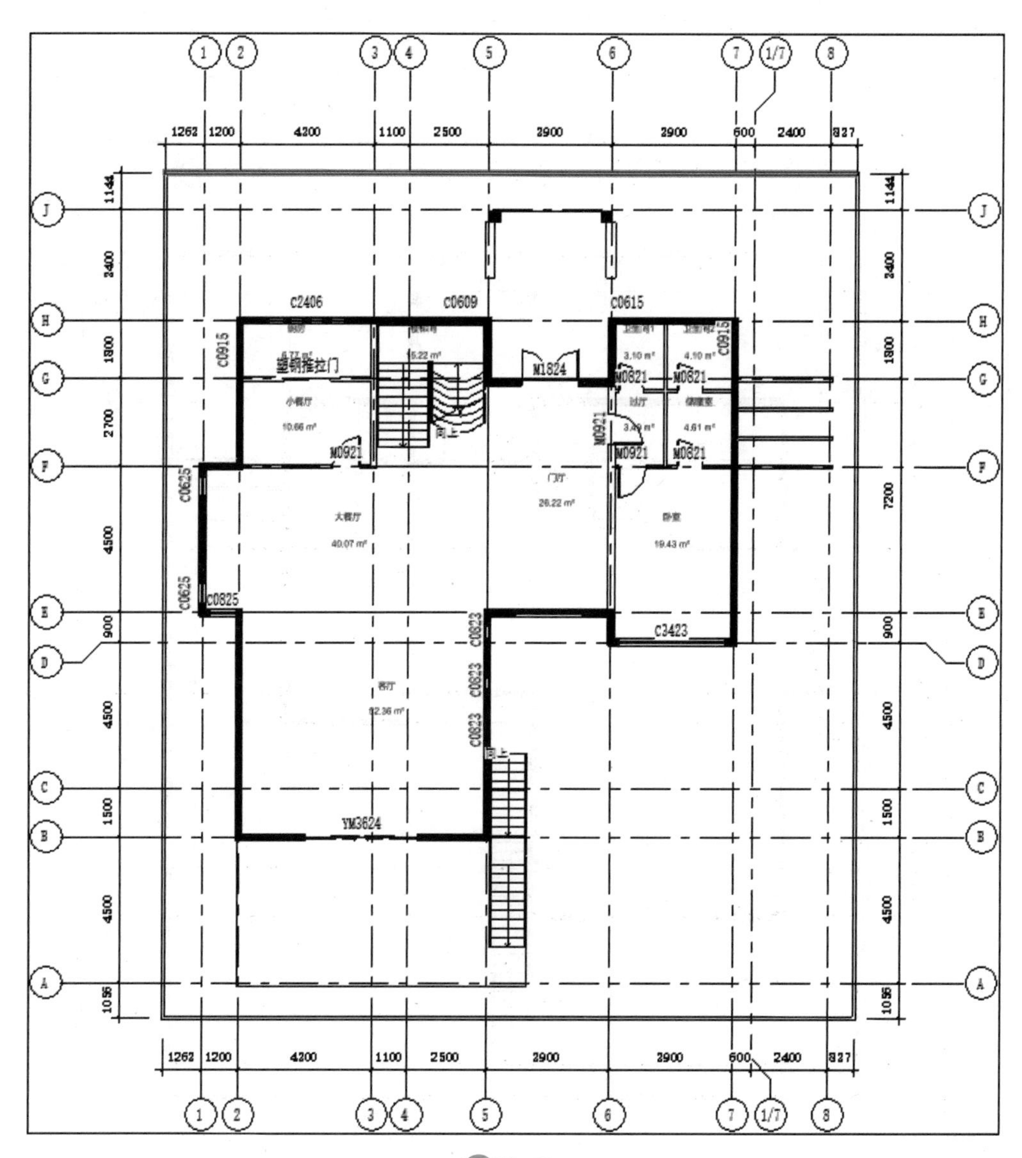
1262
1200
4200
1100
2500
2900
2900
600
2400
827
C2406
C0609
C0615
C0915
M1824
M0921
C0625
C0825
C0823
C3423
YM3624
1144
2400
1800
2700
4500
900
1500
1056
7200

图10-30

需要特别说明一点，Revit 尺寸标注依附于标注图元而存在，删除参照图元，尺寸标注同时被删除，上述尺寸标注是借助墙体来捕捉相交的轴网图元，其依附图元是轴网不是墙体。墙体删除后，仅端部尺寸被删除，重新对齐尺寸指令，补全端部墙体的尺寸标注便可。

如图 10 - 30 所示的尺寸数字偏小，单击对齐尺寸标注，在类型选择器中显示“对角线-3 mm 固定尺寸”前提下，单击“编辑类型”按钮，弹出“类型属性”对话框，单击“复制”，命名框填写“对角线- 4 mm 固定尺寸”，将文字大小由 3 mm 改成 4 mm，如图 10 - 31 所示，单击“确定”关闭对话框。

类型属性

族(F)：系统族：线性尺寸标注样式　载入(L)...

类型(T)：对角线 - 4mm固定尺寸　复制(D)...

重命名(R)...

类型参数(M)

参数	值
尺寸标注线捕捉距离	10.0000 mm
文字	
宽度因子	1.000000
下划线	☐
斜体	☐
粗体	☐
文字大小	4.0000 mm
文字偏移	1.5000 mm
读取规则	向上，然后向左
文字字体	
文字背景	不透明
显示洞口高度	☐
消除空格	☐
主单位	
单位格式	1235 [mm] (默认)
标注前缀	

这些属性执行什么操作？

<< 预览(P)　确定　取消　应用

图10-31

单击“对齐尺寸标注”命令，选项栏“拾取”下拉选择“单个参照点”，在 F1 视图中完成平面图第一道外部尺寸：总长度和总宽度，第三道尺寸：门窗洞口尺寸，以及建筑内部定位尺寸，注意三道尺寸线的距离均匀，以及轴网编号伸出距离的适中，如图 10 - 32 所示。

平面图的图名及出图比例的标注。单击“注释”选项卡“文字”面板中的“文字”指令，类型选择器选择“图纸名称 10 mm”，在视图下方输入文字：首层平面图，带下划线。类型选择器选择“图纸名称 8 mm”（利用“图纸名称 10 mm”进行类型编辑得到），再次输入文字 1∶100，不带下划线，如图 10 - 32 所示。图名和出图比例要符合国家制图规范，图名文字高度大于比例文字高度 2 mm，事实上也可以创建图名比例的标注族，读者可以自行尝试。

平面图高程点标注。单击“注释”选项卡“尺寸标注面板”中的“高程点”命令（快捷键 el），选项栏去除“引线”勾选，类型选择器中选择“高程点—平面”，单击“编辑类型”弹出的“类型属性”对话框中，找到“高程原点”参数框下拉选中“项目基点”（检查是否默认项目基点），单击“确定”返回视图，在 F1 平面视图居中空白位置放置的高程点，F1 平面标高值为 0.000，按照规范需要增加前缀“±”，单击高程点图元，属性对话框中找到“单一值/上偏差前缀”，填写参数值为±，如图 10 - 33 所示。至此完成平面图的深化处理。

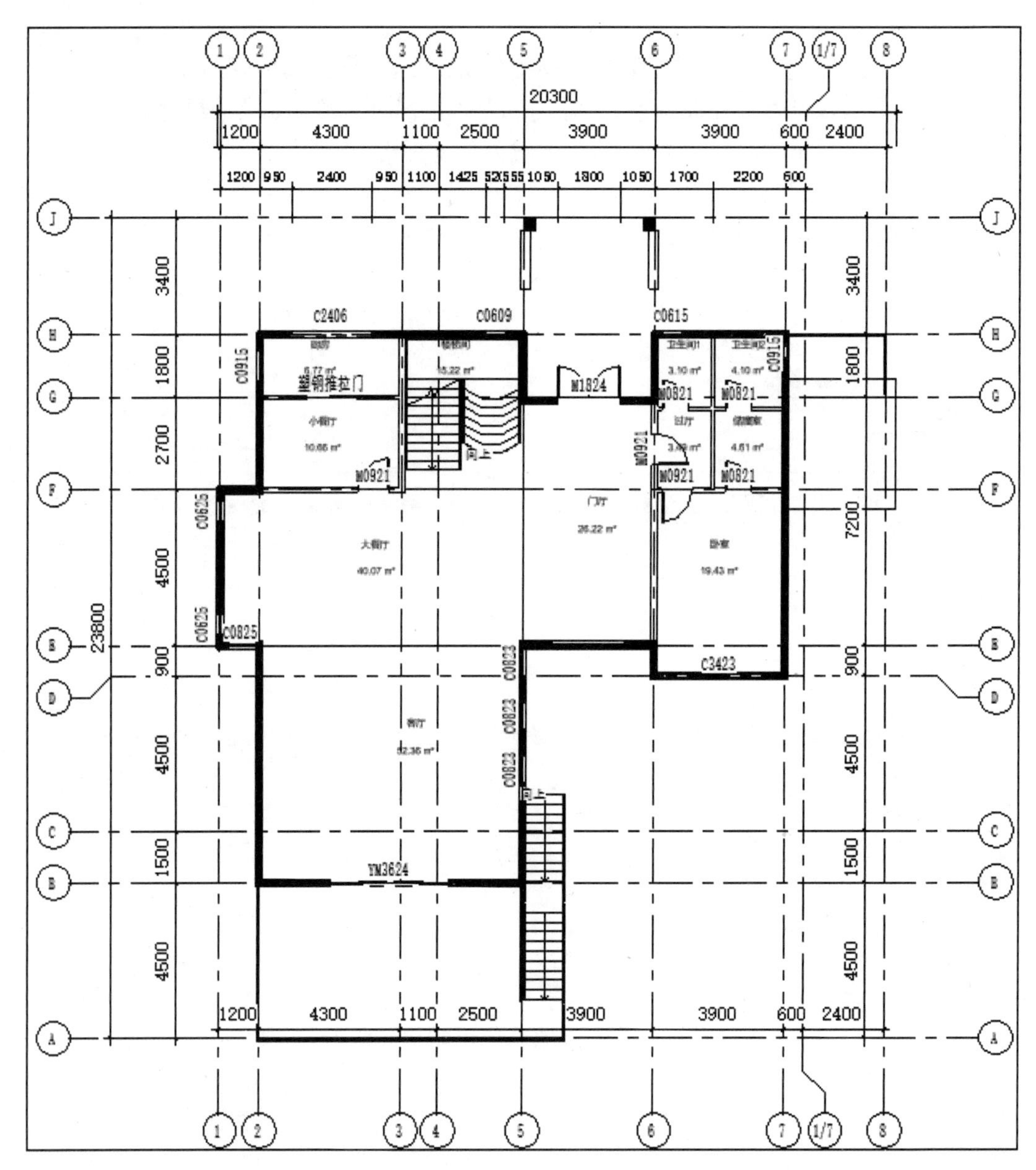

图10-32

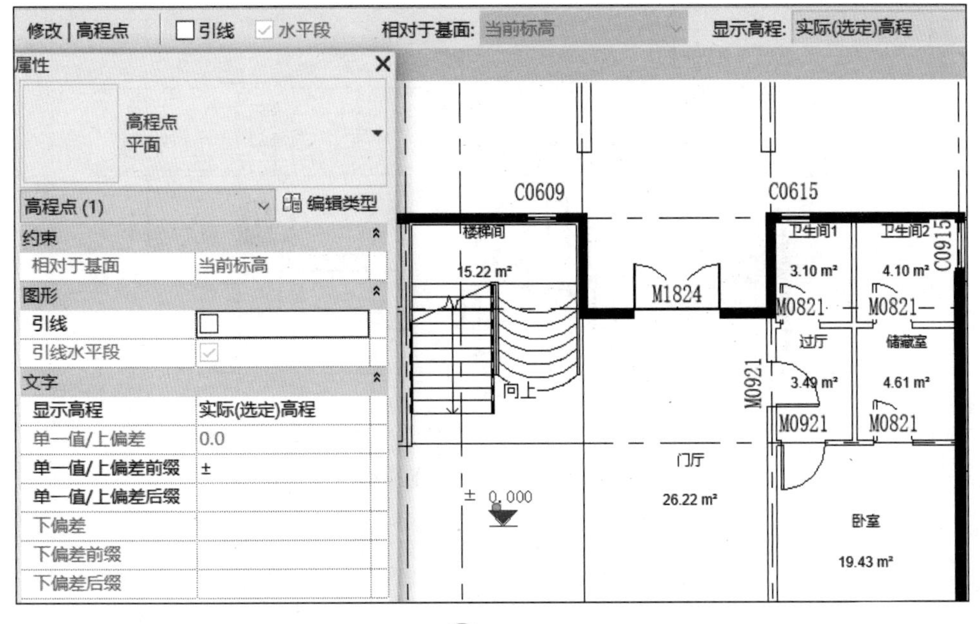

图10-33

微课27

立面视图处理

10.5 立面视图处理

Revit 创建信息模型自动生成的立面图和自动生成的平面图是一样的，均不能完全满足出图规范的要求，需要隐藏不需要显示的构件、调整轴网和标高的标头位置、创建尺寸标注与文字注释等，本节将学习立面视图的处理方法，满足立面图出图规范。

项目浏览器上选择立面“东”视图，右键菜单选中“复制视图”下拉“带详图复制”，将新生成的立面“副本:东”选中后，右键菜单重命名为“A～J 立面图”。打开 A～J 立面图，输入“VV”快捷键打开“可见性/图形替换”对话框，如图 10－22 所示，在“模型类别”和“注释类别”选项卡中取消“地形、植物、环境、参照平面、立面、剖面、剖面框”勾选，立面图图形/可见性处理前后的效果对比，如图 10－34 所示。接着打开图形/可见性处理之后的 A～J 立面图，单击“视图样板”下“从当前视图创建样板”指令，命名为“建筑立面图出图”，确定保存该视图样板。后续其他立面图打开之后，单击“视图样板”下“将样板属性应用于当前视图”指令，列表中选择“建筑立面图出图”，便可以快速完成其余立面图相关图元的可见性设置。

立面图出图通常只显示两端的定位轴线，中间的轴线不需要显示，这不能够通过“图形/可见性替换”取消“轴网”的方式满足，取消轴网可见性是使所有轴网均不可见。打开 A～J 立面图，虚框框选立面图中间轴网图元，右键菜单中单击“在视图中隐藏”下拉中“图元”，便可隐藏立面图的中间轴网，同时保留两端轴网，如图 10－36 所示。特别提醒，在视图中选择构件，右键菜单中单击“在视图中隐藏”下拉中“图元”的操作只是部分性的隐藏，不同于“图形/可见性替换”整体性隐藏，部分性隐藏是不能被保存在视图样板中的，因此也就不能通过视图样板传递到其他视图中去。

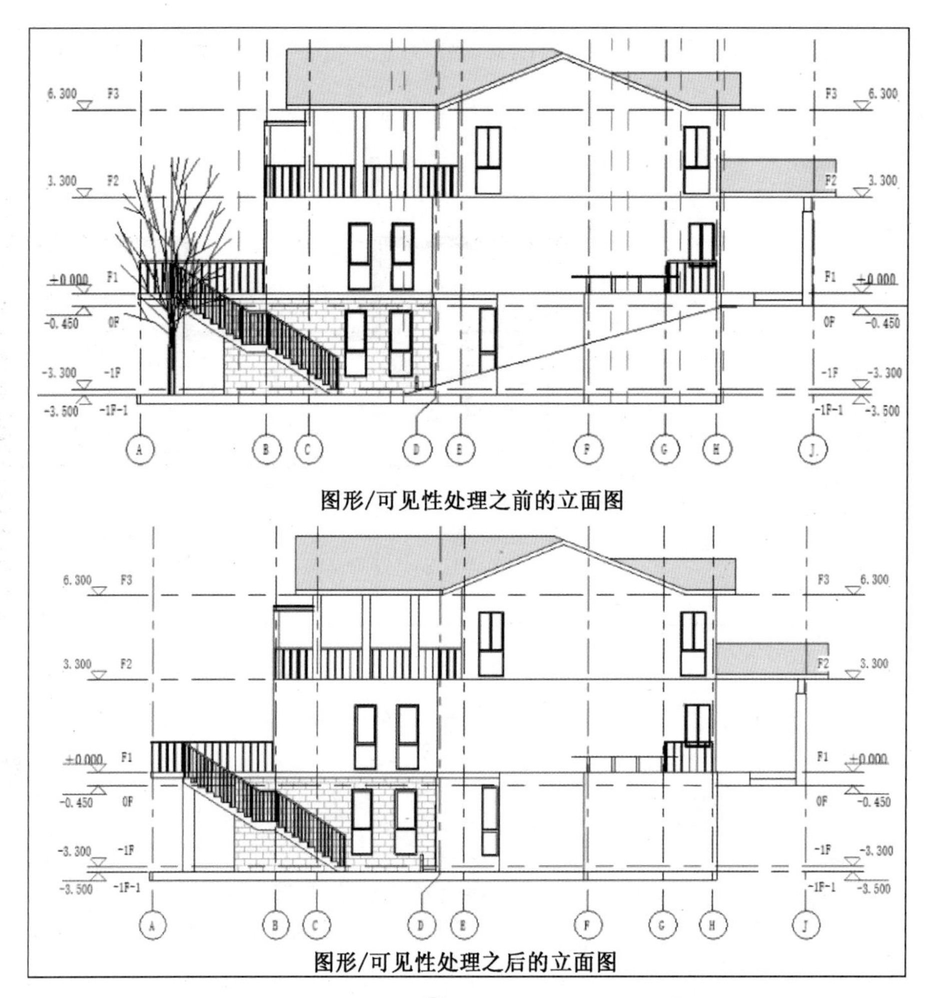

图形/可见性处理之前的立面图

图形/可见性处理之后的立面图

图10-34

补充立面图的“标高、外部尺寸、图名比例”的标注。单击“注释”选项卡的“高程点”命令，类型选择器中选择“高程点垂直”，单击“编辑类型”按钮，在类型属性对话框中，将“符号”参数值下拉中选择“高程点”，单击其中“单位格式”按钮，弹出“格式”对话框，去除“使用项目设置”勾选，“单位”下拉选择“米”，“舍入”下拉选择“3个小数位”，如图10-35所示，连续单击确定，关闭对话框，返回视图，在主要的几个屋脊处连续放置高程点，注意每个高程点需要两次单击，第一次单击确定测量位置，第二次单击确定标高符号的放置方向是朝上还是朝下。单击“对齐尺寸”指令，完成立面图主要的外部尺寸标注。单击“注释”选项卡“文字”指令，在立面图下方居中位置，完成图名和出图比例的标注，具体细节要求与平面图图名和比例标注完全一致。上述三个注释操作的综合效果，如图10-36所示。

类型属性

族(F)： 系统族：高程点 载入(L)...

类型(T)： 垂直 复制(D)...

重命名(R)...

类型参数

参数	值
引线线宽	1
引线箭头线宽	5
颜色	■黑色
符号	高程点
文字	
宽度系数	1.000000
下划线	☐
斜体	☐
粗体	☐
消除空格	☐
文字大小	2.5000 mm
文字距引线的偏移量	3.0000 mm
文字字体	宋体
文字背景	不透明
单位格式	1234.568 [m]

格式

☐ 使用项目设置(P)

单位(U)： 米

舍入(R)： 3 个小数位　舍入增量(I)： 0.001

单位符号(S)： 无

☐ 消除后续零(T)

☐ 消除零英尺(F)

☐ 正值显示“+”(O)

☐ 使用数位分组(D)

☐ 消除空格(A)

确定　取消

图10-35

最后进行视图裁剪，调整视图显示范围。浏览器打开A～J立面图，在属性对话框中，勾选“裁剪视图”和“裁剪区域可见”两个选项，但是不要勾选“注释裁剪”选项，立面视图便显示裁剪框，单击选中裁剪框四周的“拖曳控制点”移动到适当位置，调整视图至适当的显示范围，如图10-37所示。完成视图裁剪之后，属性对话框中，取消“裁剪区域可见”勾选，裁剪框消失。视图裁剪也可通过绘图区域下方视图控制栏中“裁剪视图、不裁剪视图”和“显示裁剪区域、不显示裁剪区域”两个开关按钮进行相关操作。至此完成A～J立面图的深化处理。

图10-36

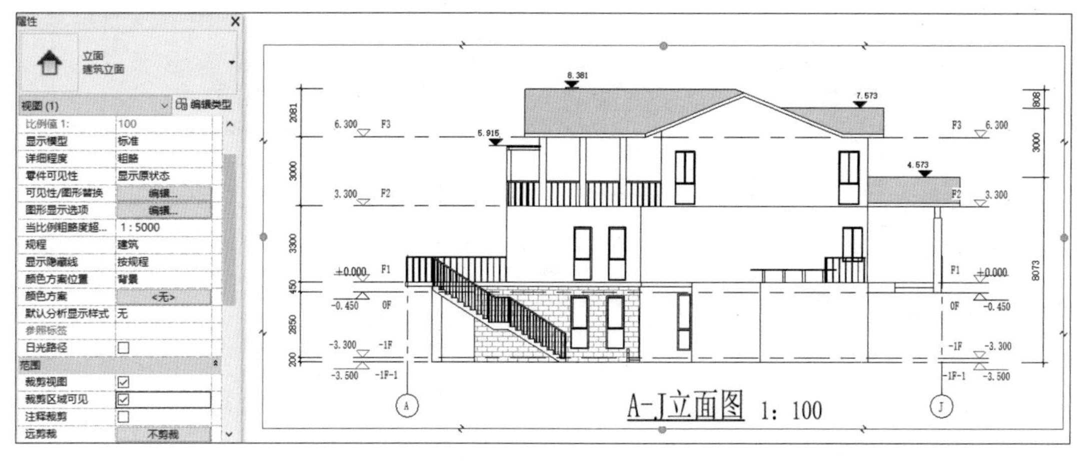

图10-37

微课28

剖面视图创建与处理

10.6 剖面视图创建与处理

Revit 项目一开始创建标高和轴网，后续依据标高轴网基准图元，创建墙体、门窗、楼板、楼梯、屋顶、场地等构件组建出整体模型，因为标高和轴网的参照，Revit 在整体模型的基础上能够在项目浏览器上自动形成楼层平面图和“东、西、南、北”主方向的外立面图。为了表达建筑内部垂直方向的结构和尺度，通常需要一些特定位置的建筑剖面图，Revit 虽然不能够默认自动形成剖面图，但是 Revit 能够非常快捷地形成剖面图，只要明确剖切面位置和投影方向，Revit 便立马生成特定位置的剖面图，而手工绘图和 CAD 绘图则必须一笔一画绘制剖面图，从出图角度看，BIM 有着手工绘图和 CAD 绘图无法比拟的高效率。

接下来创建剖面视图。项目浏览器打开“F1 出图”，单击“视图”选项卡“创建”面板上“剖面”命令（也可直接单击自定义快速访问工具栏上的剖面命令），在“F1 出图”视图上方位于 3 轴和 4 轴之间放置剖切符号的起始线，然后向下移动，在视图下方位于 3 轴和 4 轴之间放置剖切符号的结束线，系统形成剖切范围框。单击剖切范围框拖曳控制符号，可以调整剖切视图的范围。单击剖面标头附近的翻转或旋转符号，可以改变剖面图的投影方向，如图 10－38 所示，目前剖面图为向右（向东）的投影方向。

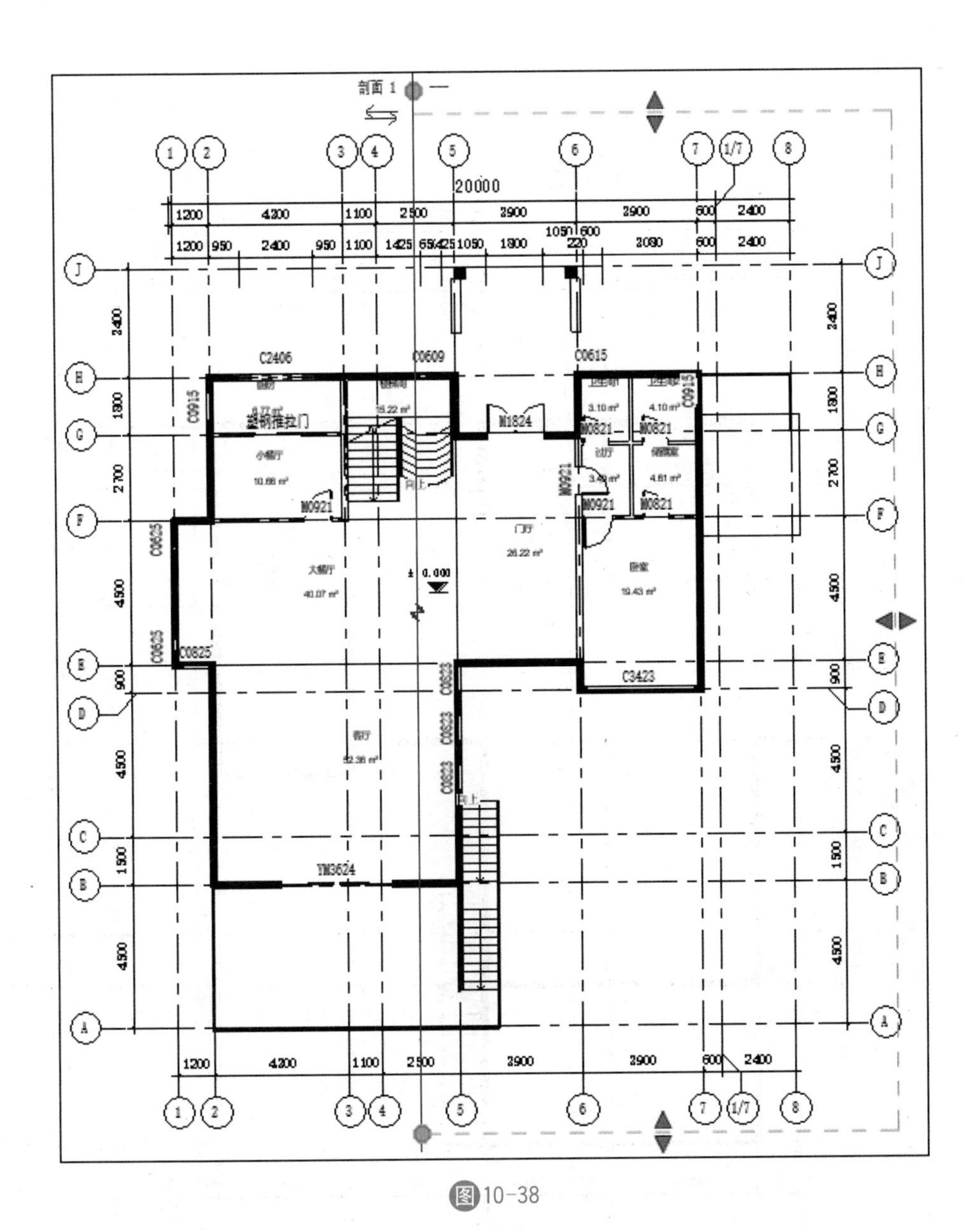

图10-38

通常剖切面尽可能通过门窗洞口和楼梯，本项目可以采用阶梯剖，满足剖切位置同时通过室内楼梯和室外楼梯。单击剖面线后单击“修改|视图”中“拆分线段”命令，出现拆分工具，选择剖面线的中间位置单击确定拆分点，然后移动拆分点下侧的剖面线通过室外楼梯的踏步中间位置，完成阶梯剖切面的设定，然后单击翻转符号，投影方向翻转为向左(西)，如图10-39所示。拆分线段可以多次拆分，读者自行尝试多个转折的阶梯剖设置。

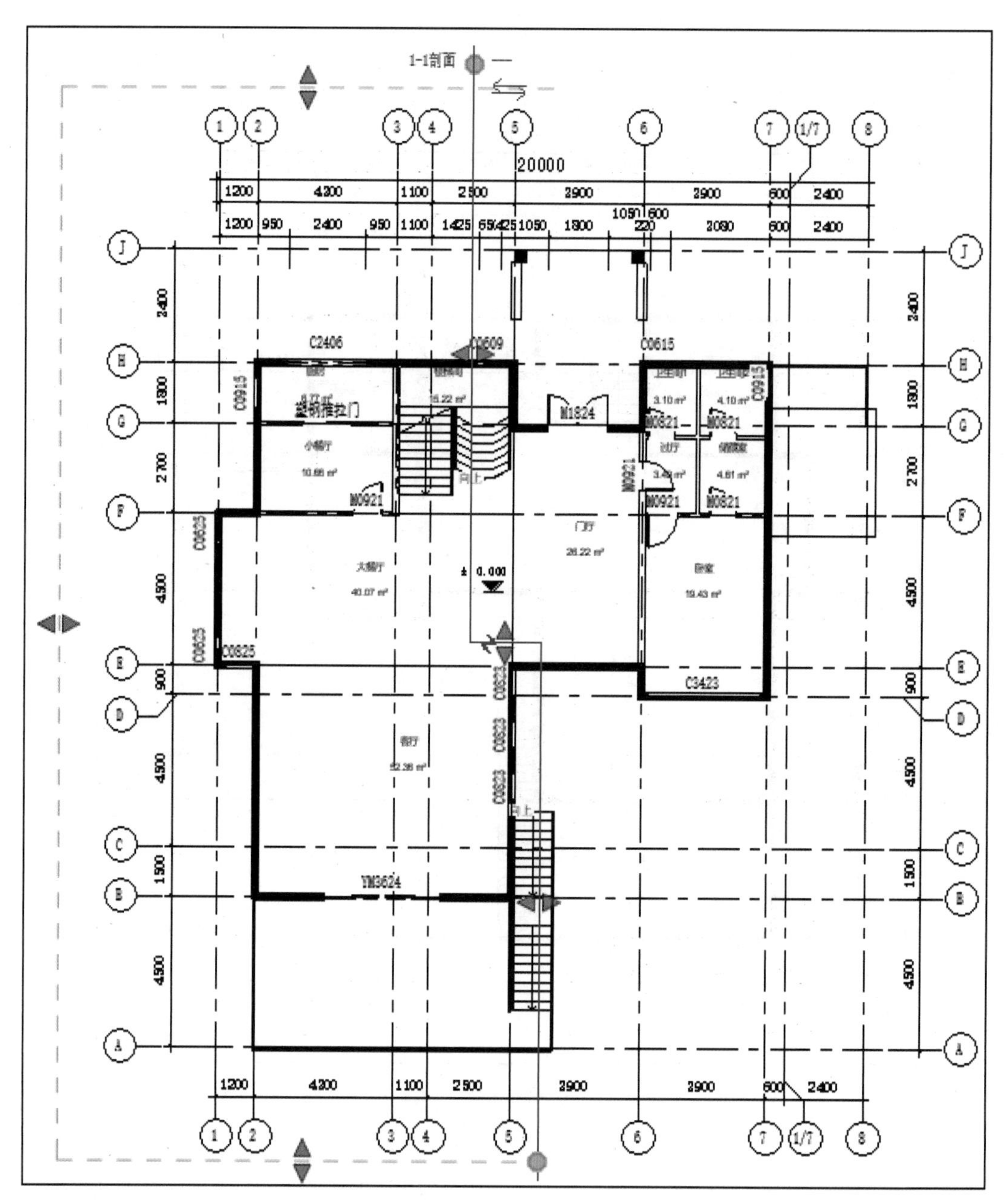

图10-39

设定剖切面的位置之后，项目浏览器自动生成剖面(断面)一级目录，单击展开，可以查看项目设置的多个剖面图，Revit 可以根据需要，创建多个位置的剖面图，读者可以自行尝试设置一个通过 E 轴和 F 轴之间的横向剖面图。目前系统仅有一个剖面图，默认剖面图的图名为“剖面 1”，单击该图名，右键菜单选择“重命名”指令，修改图名为“1-1 剖面图”，双击图名打开 1-1 剖面图，如图 10-40 所示。同一位置剖面图的投影方向选择，应该尽可能观察到更多的项目构造，前述投影方向翻转朝西观察，可以观察到室外楼梯西侧更多的建筑剖面构造，如果剖切投影方向朝东观察，室外楼梯东侧为空白，剖面图的图示内容则也是一片空白。

当前 1-1 剖面图依然显示视图裁剪框和多个出图需要隐藏的图元。单击选中裁剪框四周的“拖曳控制点”移动到适当位置，调整视图至适当的显示范围，然后属性对话框中取消“裁剪框可见”的勾选，便取消裁剪框。下达“可见性/图形替换”指令，在对话框中取消“场地、地形、植物、环境、参照平面、立面、剖面、剖面框”勾选，同时保留“场地”的勾选，便可隐藏不需要显示的图元。与前述相同，通过“从当前视图创建样板”指令和“将样板属性应用于当前视图”指令的配合，快速完成其余剖面图相关图元的可见性设置，这里不再赘述。

图10-40

与前述立面图深化处理相同，最后通过“对齐尺寸标注”“高程点”“文字”等指令，对1-1剖面图进行外部尺寸标注、主要屋脊点标高标注、图名和出图比例的标注，如图10-41所示。至此完成剖面图的创建和出图深化处理。最后需要提醒一点，通常一套施工图的剖面图剖切符号只出现在底层平面图中，本项目建议剖切符号只在“F1出图”显示，其余平面图出图可以通过右键菜单“在视图中隐藏”指令隐藏不该显示的剖切符号。

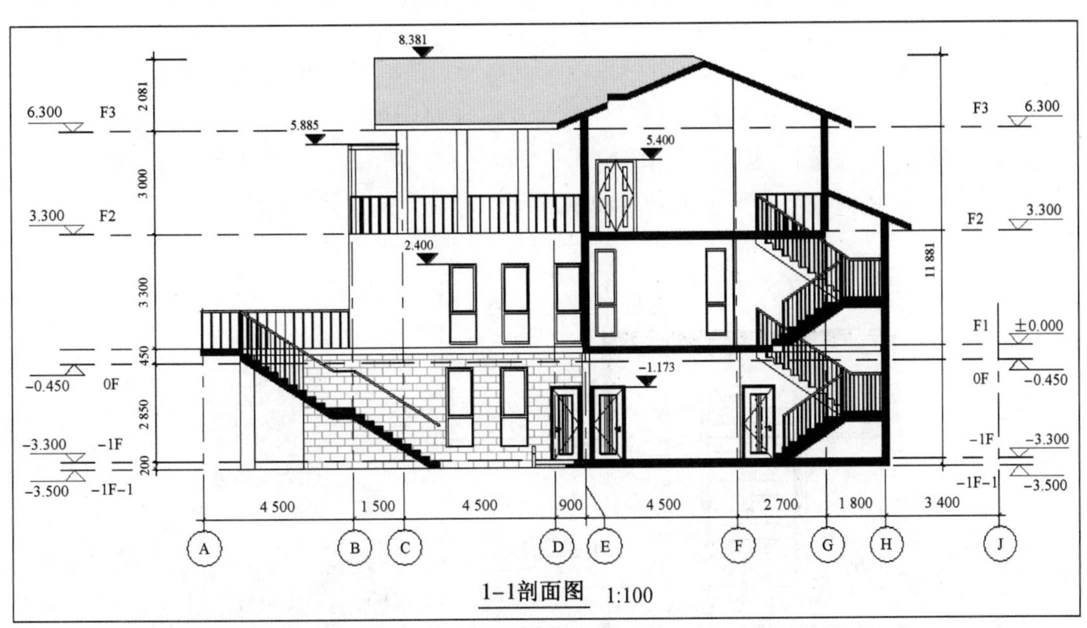

图10-41

10.7 详图创建与处理

除了平面、立面和剖面设计，大样与节点详图是施工图设计阶段工作量最大、最耗时的设计内容，特别是当设计发生变更时，传统方法设计的详图很多都需要重新绘制，设计效率比较低下。Revit 可以依据建筑信息模型创建节点详图，设计变更时，详图也会随模型的变更而局部或全部更新，极大地提高了设计效率。

Revit 有两种途径创建详图：大样图和详图。

(1) 大样图：通过截取平面、立面或剖面视图中的部分区域，进行更精细的绘制，提供更多的细节信息。单击“视图”选项卡“创建”面板中“详图索引”下拉菜单中选择“矩形”或“草图”模式，选取大样图的截取区域，进一步细化后，创建大样图视图。

(2) 详图：与已经创建的模型无关，在空白的详图视图中运用详图绘制工具绘制新的视图，单击“视图”选项卡“创建”面板中“绘制视图”指令，一步一步创建详图视图。

两种途径的指令选取，如图 10－42 所示。本项目以创建楼梯平面大样图为例，讲解大样图创建过程。绘制详图视图，读者自行尝试练习。

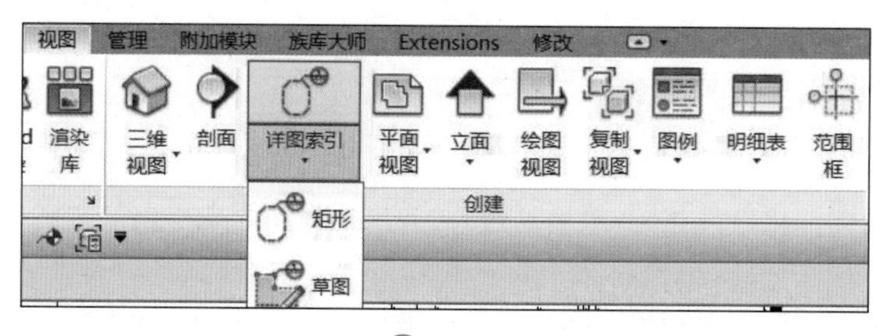

图10-42

项目浏览器打开“F1 出图”平面视图，单击“视图”选项卡“创建”面板中“详图索引”下拉菜单中选择“矩形”模式，在 F1 视图上方楼梯位置进行框选，调整一下详图索引标记的位置，如图 10－43 所示。项目浏览器楼层平面下新建了“详图索引 F1 出图”，右键菜单重命名“首层楼梯平面详图”，双击该图名打开视图，在其属性对话框中，“视图比例”下拉选择“1：50”，“详细程度”下拉选择“精细”，如图 10－44 所示。有关详图索引的草图模式，就是手动绘制一个封闭的区域边界来截取关联视图的局部图形，读者自行尝试练习。

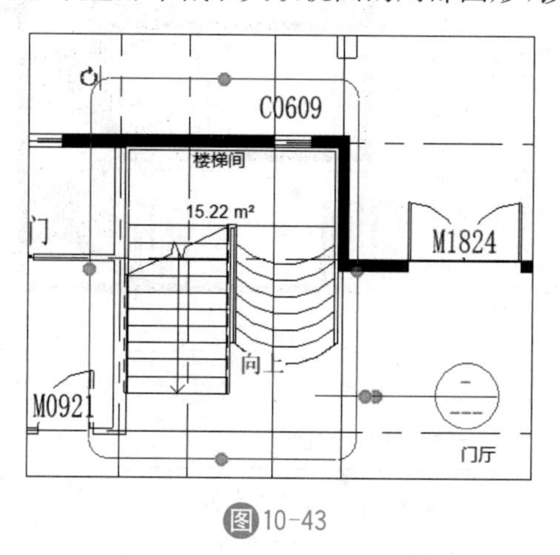

微课29

详图创建与处理

图10-43

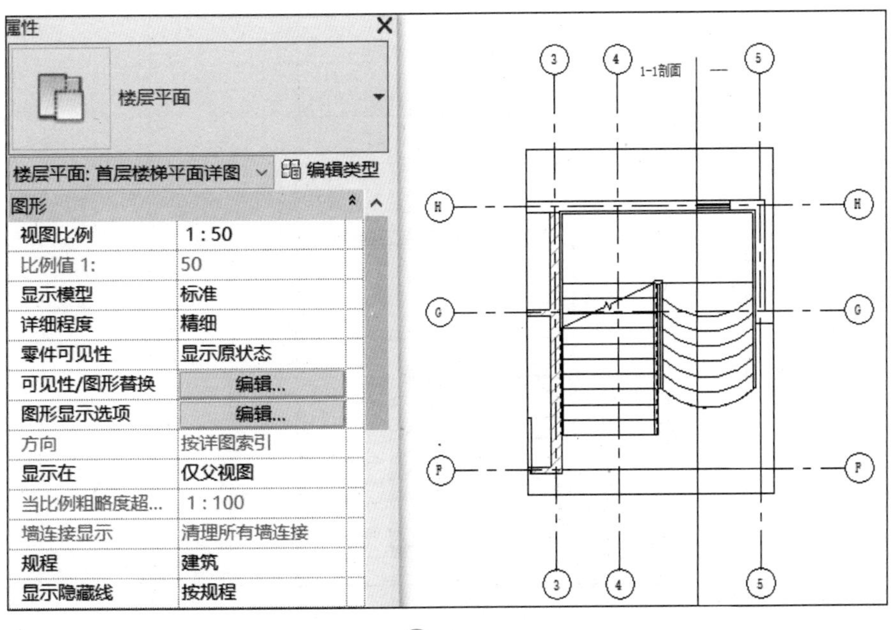

图 10-44

调出“可见性/图形替换”对话框,“注释类别”中取消“剖面”勾选,隐藏图 10-44 中被矩形框选到的剖面符号。与前述相同,这里依然通过“从当前视图创建样板”指令创建常用的详图视图样板,其余详图通过“将样板属性应用于当前视图”指令快速进行相关属性参数的设置等。下达对齐尺寸标注指令,补充楼梯踏步定位尺寸和踏步宽度尺寸标注,其中楼梯踏步宽度尺寸需要单独下达一次对齐尺寸指令完成,选中尺寸数字单击打开“尺寸标注文字”对话框,选中“以文字替换”,填写 260×10=2600,如图 10-45 所示,单击确定,关闭对话框。下达高程点指令,放置楼层和楼梯中间休息平台的标高,如图 10-46 所示。图名需留到出图再进行文字标注,大样图与平面图关联,其图名标注会传递给平面图。至此完成“首层楼梯平面详图”的创建和处理,其余楼层楼梯平面详图与首层楼梯平面详图创建方法步骤完全一致。除了各层的楼梯平面详图,同样可以通过详图索引指令截取 1-1 剖面图中的楼梯剖面图形,进行整栋别墅“室内楼梯剖面详图”的创建与处理,读者自行尝试练习。

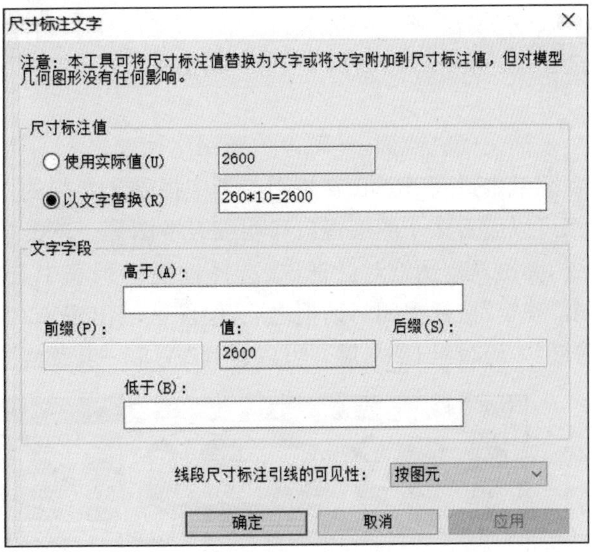

尺寸标注文字

注意:本工具可将尺寸标注值替换为文字或将文字附加到尺寸标注值,但对模型几何图形没有任何影响。

尺寸标注值

使用实际值(U) 2600

以文字替换(R) 260*10=2600

文字字段

高于(A):

前缀(P): 值: 2600 后缀(S):

低于(B):

线段尺寸标注引线的可见性: 按图元

确定 取消 应用

图 10-45

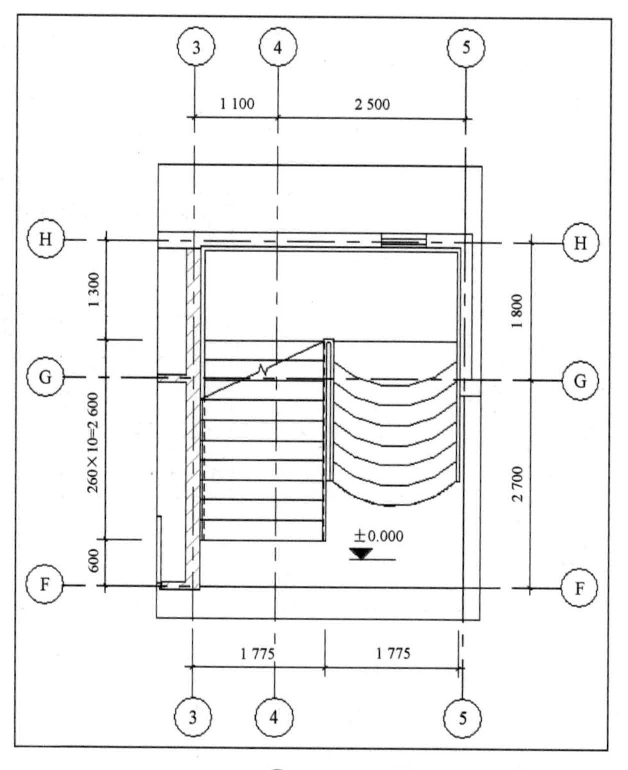

图10-46

10.8 图纸创建与打印

微课30

图纸创建与打印

平面、立面、剖面、详图等图样深化处理之后，需要综合布图和打印。布图在图纸中进行，Revit在视图工具中提供了专门的图纸工具来生成项目图纸，每个图纸视图都可以放置多个图形视口和明细表视图等。单击“视图”选项卡“图纸组合”面板上“图纸”指令，弹出新建图纸对话框，在选择标题栏列表中选中“A2公制：A2”，如图10-47所示。单击“确定”按钮关闭对话框之后，绘图区域出现A2标题栏的空白图纸，项目浏览器上生成“图纸”一级目录，单击展开可以看到“A102-未命名”图纸。

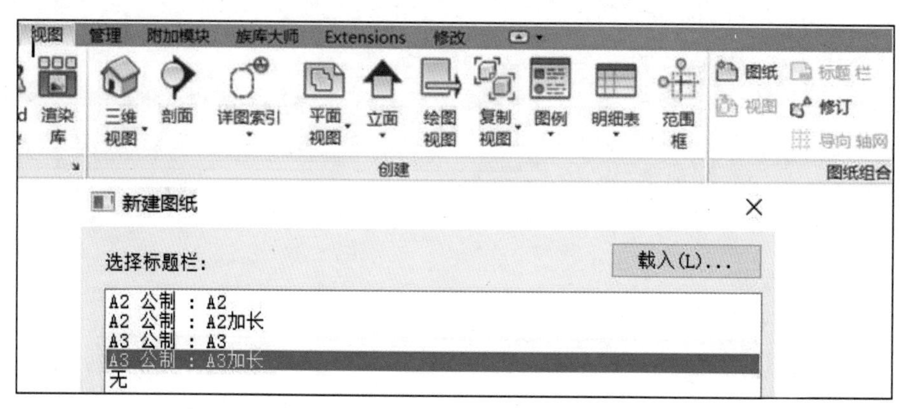

图10-47

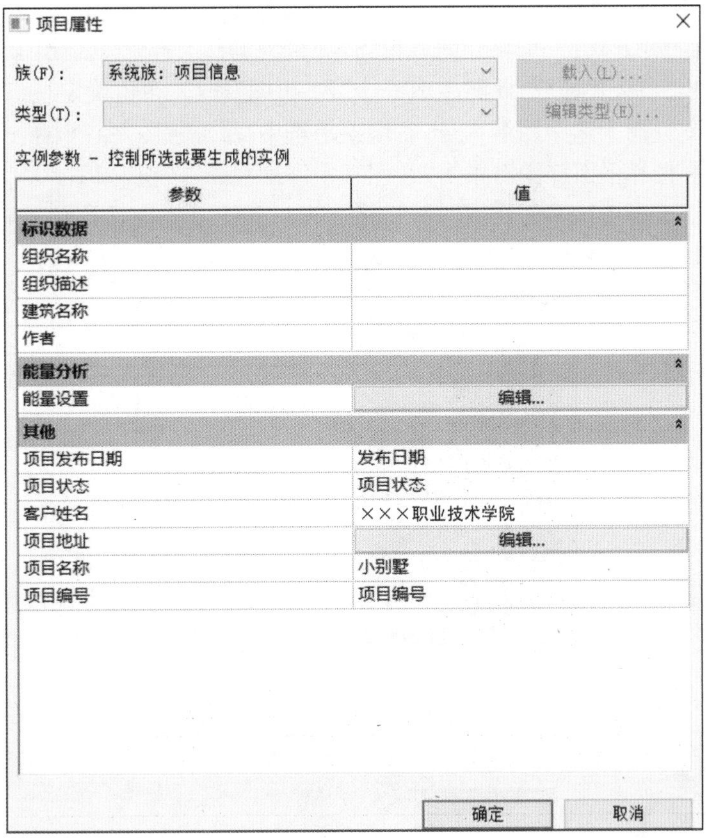

项目属性

族(F)：系统族：项目信息 载入(L)...

类型(T)： 编辑类型(E)...

实例参数 - 控制所选或要生成的实例

参数	值
标识数据	
组织名称	
组织描述	
建筑名称	
作者	
能量分析	
能量设置	编辑...
其他	
项目发布日期	发布日期
项目状态	项目状态
客户姓名	×××职业技术学院
项目地址	编辑...
项目名称	小别墅
项目编号	项目编号

确定 取消

图10-48

单击“管理”选项卡“设置”面板中“项目信息”指令，弹出“项目属性”对话框，客户姓名修改为：×××职业技术学院，项目名称填写为“小别墅”，如图 10-48 所示。项目浏览器打开“A102-未命名”图纸视图，属性对话框中，图纸名称填写为“首层平面图及楼梯平面详图”，图纸编号填写为“建施 01”。项目浏览器“A102-未命名”变成“首层平面图及楼梯平面详图”，观察图纸标题栏，图纸名称等均同步自动更新，如图 10-49 所示。

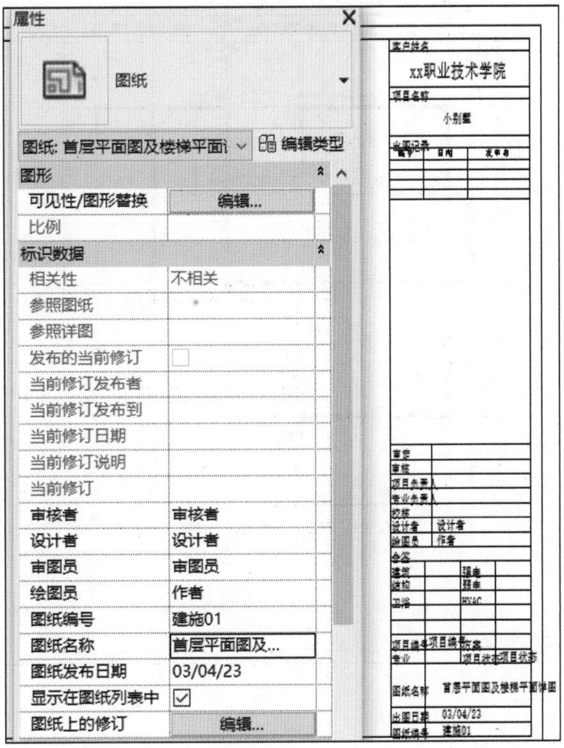

创建了图纸后，即可在空白图纸中添加一个或多个视图，包括楼层平面、场地平面、天花板平面、立面、三维视图、剖面、详图视图、绘图视图、渲染视图及明细表

属性

图纸

图纸：首层平面图及楼梯平面i 编辑类型

参数	值
图形	
可见性/图形替换	编辑...
比例	
标识数据	
相关性	不相关
参照图纸	
参照详图	
发布的当前修订	☐
当前修订发布者	
当前修订发布到	
当前修订日期	
当前修订说明	
当前修订	
审核者	审核者
设计者	设计者
审图员	审图员
绘图员	作者
图纸编号	建施01
图纸名称	首层平面图及...
图纸发布日期	03/04/23
显示在图纸列表中	☑
图纸上的修订	编辑...

客户姓名 xx职业技术学院

项目名称 小别墅

图纸名称 首层平面图及楼梯平面详图

出图日期 03/04/23

图纸编号 建施01

图10-49

视图等。将视图添加到图纸后，还需要对图纸位置、名称等视图标题信息进行设置。向空白图纸添加视图有两种方式：一是打开图纸视图，项目浏览器上选中“F1 出图”视图，按住左键拖曳到图纸空白适当位置释放，此时生成一个“F1 出图”视口，单击确定视口位置；二是打开图纸视图，项目浏览器上选中图纸本身，右键菜单选中“添加视图”命令，弹出“视图”对话框，列表中选择“首层楼梯平面详图”，单击“在图纸中添加视图”按钮，如图 10－50 所示，此时图纸视图中又生成“首层楼梯平面详图”视口，拖曳视口到图纸空白适当位置释放。这样便在图纸中添加两个视口，如图 10－51 所示。

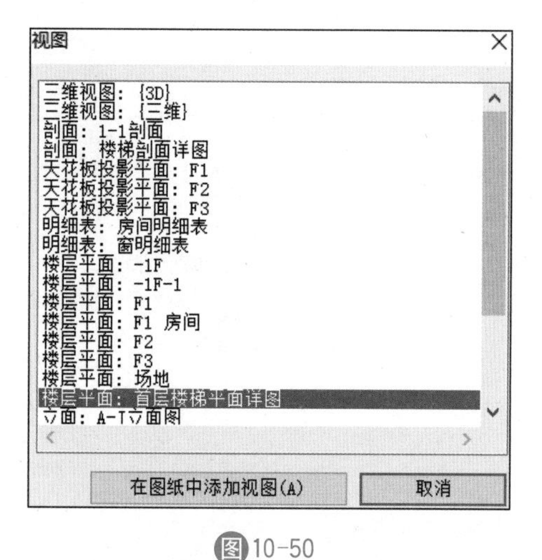

图10-50

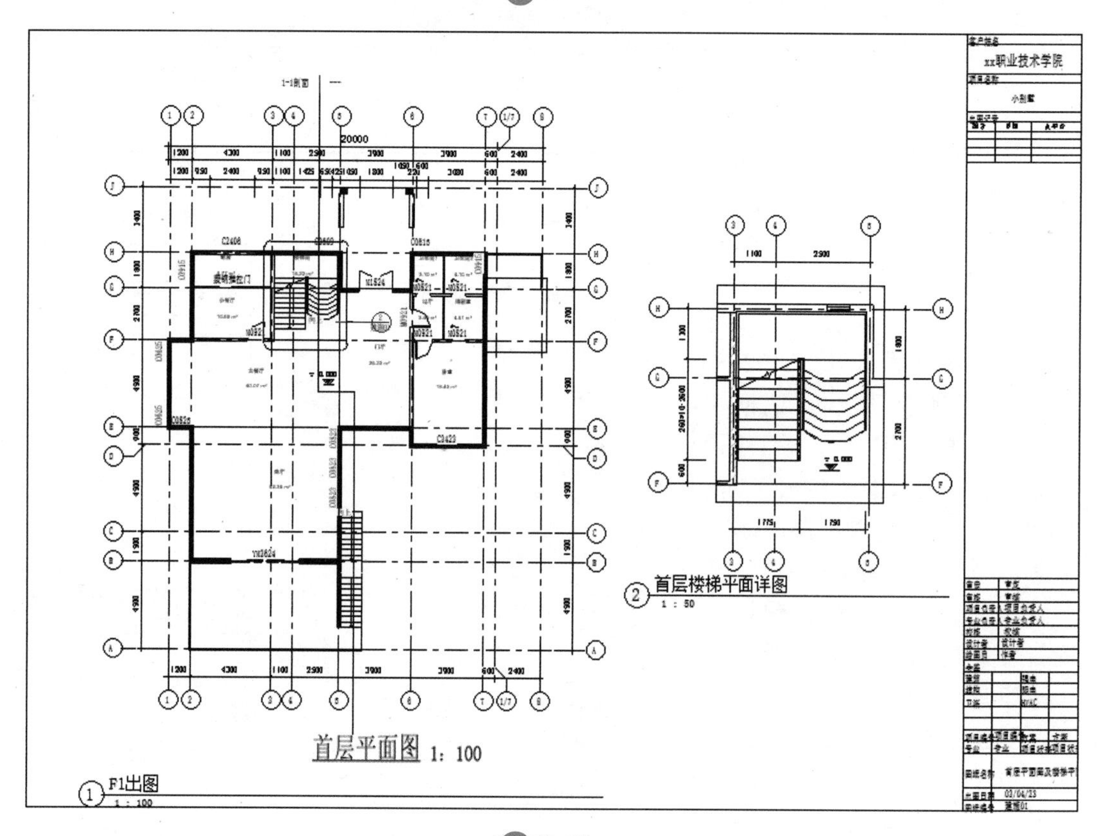

图10-51

单击图纸中某一个视口，如图 10－51 所示，视口线粗实线显示，右键菜单选择“激活视图”指令，或者视口中间双击，便激活该视口中的视图，此时视图所有修改，与项目浏览器直接打开该视图修改的效果一样，比如属性对话框中将“视图比例”由 1∶100 调整为 1∶50 等，本项目首层平面视图下方已有“首层平面图 1∶100”文字注释图元，需要在首层楼梯平面详图视图下方添加“首层楼梯平面图 1∶50”文字注释图元，然后右键菜单选择“取消激活视图”指令，返回图纸布局状态。

单击“F1 出图”视口标题，用鼠标滚轮放大，观察其样式不符合中国样式规范，此时类型选择器中显示“视口—有线条的标题”，如图 10－52 所示，单击“编辑类型”按钮，弹出“类型属性”对话框，单击“标题”将“M_视图标题”下拉调整为“图名样式”，然后取消“显示延伸线”勾选，如图 10－53 所示，单击“确定”关闭对话框。在视口标题依然选中状态下，在属性对话框中将“视图名称”由“F1 出图”修改为“首层平面图”。重复上述过程，选中“首层楼梯平面详图”视口标题，将其样式调整为符合中国样式的“图名样式”。事实上视口标题内容与视图下方的文字注释内容重复，两者保留其一，建议返回视口类型属性对话框，如图 10－53 所示，将其中的“显示标题”下拉重新选择“否”，这样便完成空白图纸中布置两个视图及其图名标注的任务，如图 10－54 所示。

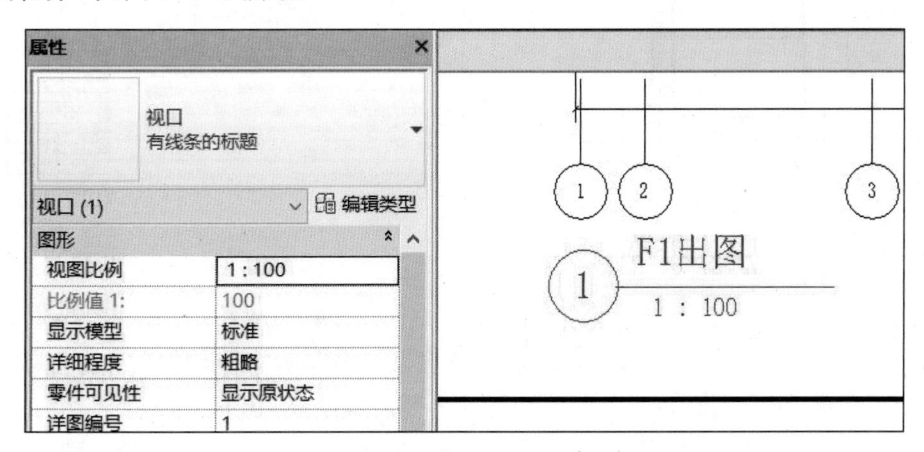

图10-52

类型属性

族(F)：系统族：视口　　载入(L)...

类型(T)：有线条的标题　　复制(D)...

重命名(R)...

类型参数

参数	值
图形	
标题	图名样式
显示标题	是
显示延伸线	☐
线宽	1
颜色	黑色
线型图案	实线

图10-53

以上创建了图纸编号为“建施 01”的图纸，Revit 对图号有自动排序功能，重复上述步骤新建图纸，图纸编号会自动排序为“建施 02”“建施 03”等。需要特别说明一点，Revit 每张图纸可布置多个视口视图，但每个视图仅可以放置到一个图纸上。如果同一个视图需要在多个图纸中重复添加，可以在项目浏览器中单击该视图，右键菜单选择“复制视图”命令下的“带详图复制”，创建视图副本，可将副本布置于不同图纸上。请读者自行练习，新建多个图纸，将上一节深化处理的“立面图”和“剖面图”放置在相应的图纸中，完成本项目小别墅整套的建筑施工图的图纸布局。

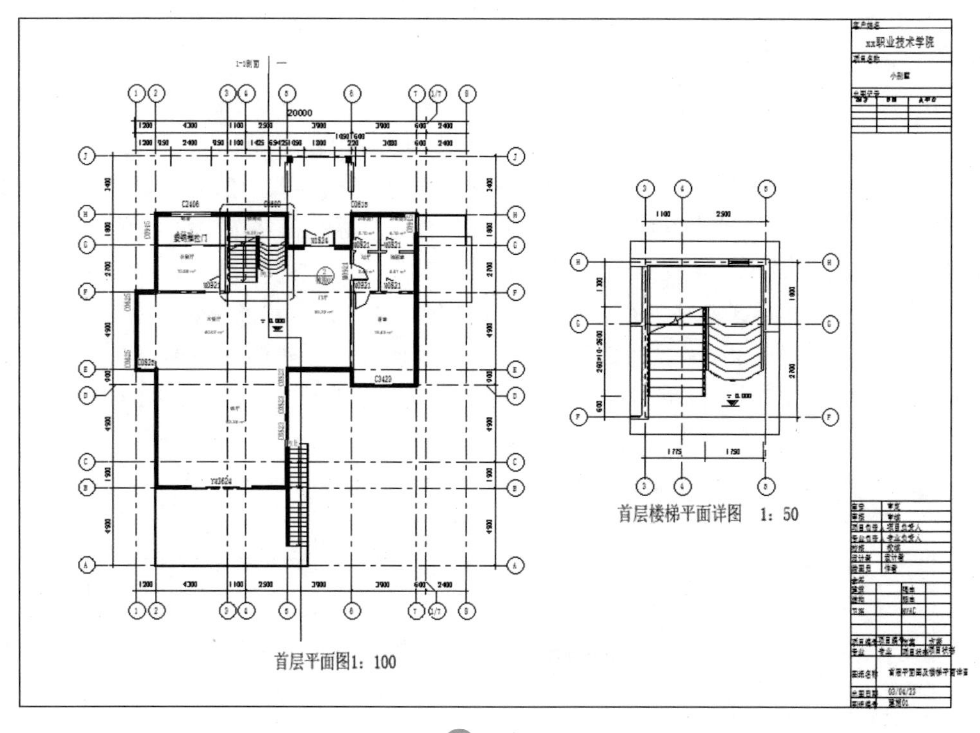

图10-54

创建图纸之后，可以直接打印出图。应用程序菜单中选择“打印设置”，弹出打印设置对话框，选择“匹配页面”等选项，如图 10－55 所示。然后选择“打印”指令，弹出打印对话框，选择“将多个所选视图图纸合并到一个文件(M)”等选项，如图 10－56 所示。学生练习，通常会选择虚拟打印机，单击确定，关闭打印对话框，便会得到一个 PDF 格式文件，如图 10－57 所示。

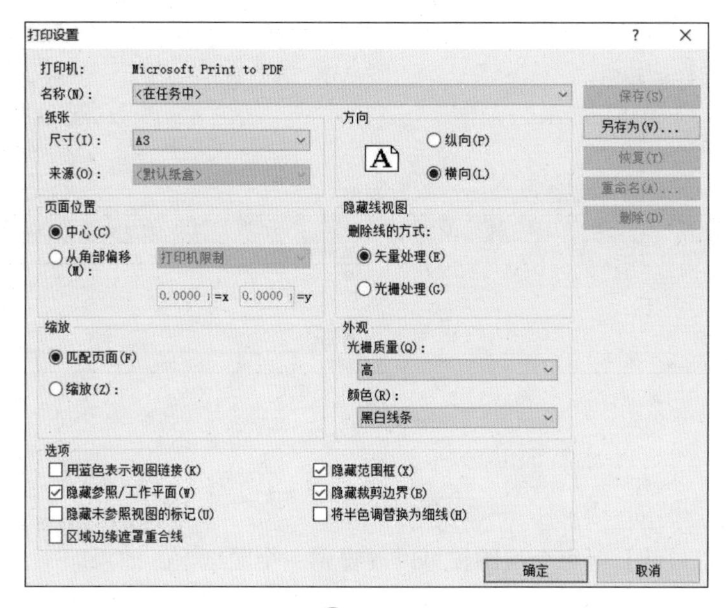

图10-55

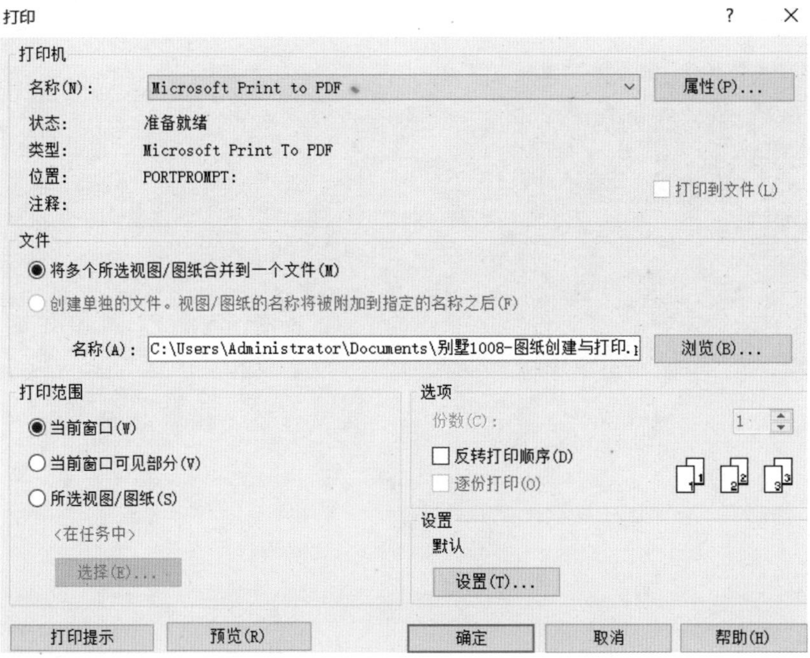

打印 ? ×

打印机

名称(N)：Microsoft Print to PDF 属性(P)...

状态：准备就绪

类型：Microsoft Print To PDF

位置：PORTPROMPT:

注释：

打印到文件(L)

文件

◉ 将多个所选视图/图纸合并到一个文件(M)

○ 创建单独的文件。视图/图纸的名称将被附加到指定的名称之后(F)

名称(A)：C:\Users\Administrator\Documents\别墅1008-图纸创建与打印. 浏览(B)...

打印范围

◉ 当前窗口(W)

○ 当前窗口可见部分(V)

○ 所选视图/图纸(S)

<在任务中>

选择(E)...

选项

份数(C)：1

☐ 反转打印顺序(D)

☐ 逐份打印(O)

设置

默认

设置(T)...

打印提示 预览(R) 确定 取消 帮助(H)

图10-56

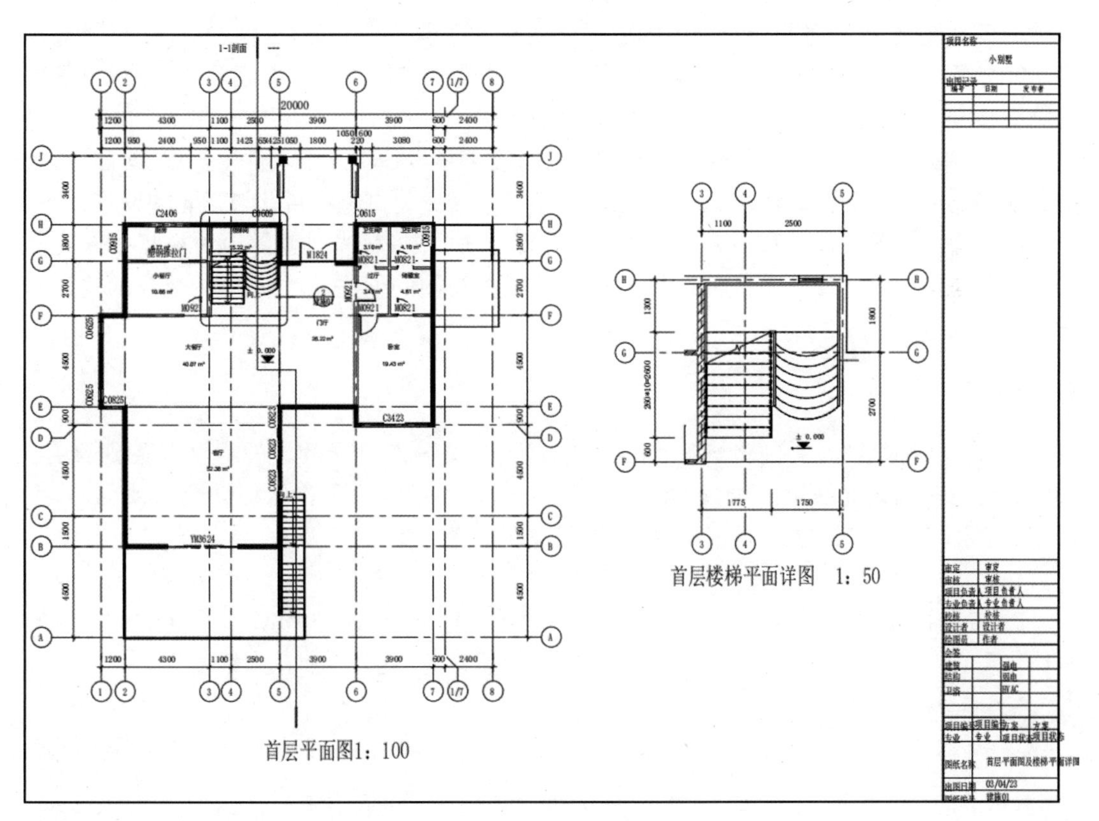

图10-57

项目任务 11
模型可视化表现

课程概要

使用现有的小别墅三维模型，除了可以生成前述的明细表，平、立、剖、详等二维图表的设计内容之外，还可以进行建筑模型的可视化表现方面的处理和分析，例如：进行阴影与日光研究分析、创建建筑的室内外渲染效果图、创建建筑的室内外漫游视频等，以静帧图像和动画视频方式全方位展示项目设计。Revit 集成了 AccuRender 渲染引擎，在一个软件环境中，完成从施工图设计到可视化设计的所有工作，改善了以往在几个软件中操作所带来的重复劳动和数据流失等弊端，提高了设计效率。本项目任务将讲解项目北与正北的设置方法，了解静态阴影设置及一天和多天日光研究的设置方法，并将日光研究导出为视频文件或系列静帧图像。同时学习有关材质的创建和附着，相机视图的创建，室外和室内场景的渲染和漫游视频展示等。

课程目标

1. 技能目标：(1) 项目北与正北的设置方法；(2) 静态日光的设置方法及图像保存；(3) 一天与多天日光研究的设置方法及视频导出；(4) 新建材质和给构件赋材质；(5) 平行相机视图、鸟瞰图的创建等；(6) 室内外场景的设置和渲染方法；(7) 创建和编辑漫游的方法。

2. 素质目标：在三维信息模型基础上进行建筑光照分析，这是 BIM 多维度信息应用的具体体现，本项目任务可以提醒和帮助学生拓宽专业视野，提升专业认知维度等。

项目北调整与日光研究

11.1 项目北调整与日光研究

打开上一个项目任务完成的“别墅 10 -二维视图处理. rvt”文件，另存为“别墅 11 -模型可视化表现. rvt”，接下来将项目北调整为真实北。在设计项目图纸时，为了绘制和捕捉的方便，一般按上北下南左西右东的方位设计项目，即项目北。默认情况下项目北即指视图的上部，但该项目在实际的地理位置中未必如此。Revit 中的日光研究模拟的是真实的日照方向，因此生成日光研究之前，需要将视图方向由项目北修改为正北方向，以便为项目创建精确的太阳光和阴影样式。设置正北的方法如下：

项目浏览器楼层平面中打开"场地"平面视图，在其属性对话框中找到"方向"参数栏下拉将"项目北"调整为"正北"，然后单击"管理"选项卡"项目位置"面板上"位置"下拉菜单"旋转正北"按钮，在选项栏中输入"逆时针旋转角度"为－23，便将场地视图沿顺时针方向旋转了 23°，如图 11－1 所示。注意此时其余楼层平面图的属性依然保持"方向"参数为项目北。

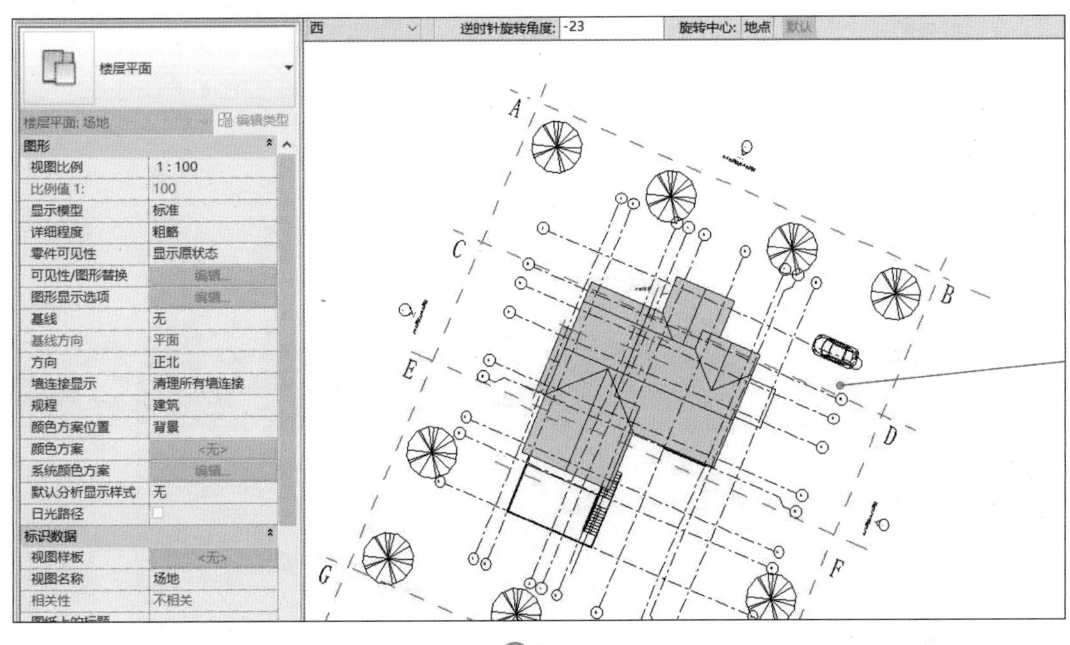

图11－1

设置了项目场地视图方向为"正北"后，只需设置项目所在地的大地坐标和时间信息（年月日和时分秒参数），即可快速创建静态和动态的多种日光研究方案，以计算自然光和阴影对建筑和场地的影响，而无须渲染。

接下来学习静态阴影的设置方法。项目浏览器打开三维视图，单击绘图区域左下角"视图控制栏"中的"打开/关闭日光路径"选择"打开日光路径"，如图 11－2 所示。然后再单击"视图控制栏"中的紧靠"打开/关闭日光路径"右侧的"打开/关闭阴影"开关按钮，切换为"打开阴影"。然后还是在"视图控制栏"中单击"视觉样式"打开"图形显示选项"对话框，如图 11－3 所示，对话框中勾选"投射阴影"和"显示环境光阴影"两个选项，如图 11－4 所示。单击"日光设置"打开对话框，选择"静止"，地点：江苏省常州市，日期：2018/6/21（夏至）时间：10：00，如图 11－5 所示。关闭对话框，完成静态日光分析，如图 11－6 所示。

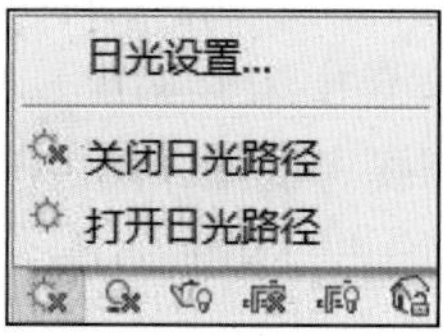

日光设置...
关闭日光路径
打开日光路径

图11-2

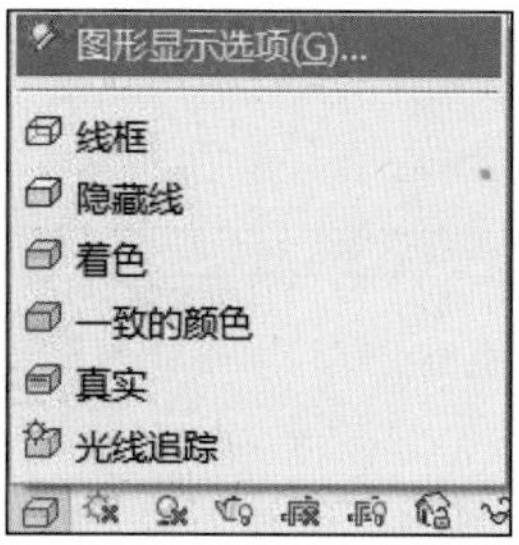

图形显示选项(G)...
线框
隐藏线
着色
一致的颜色
真实
光线追踪

图11-3

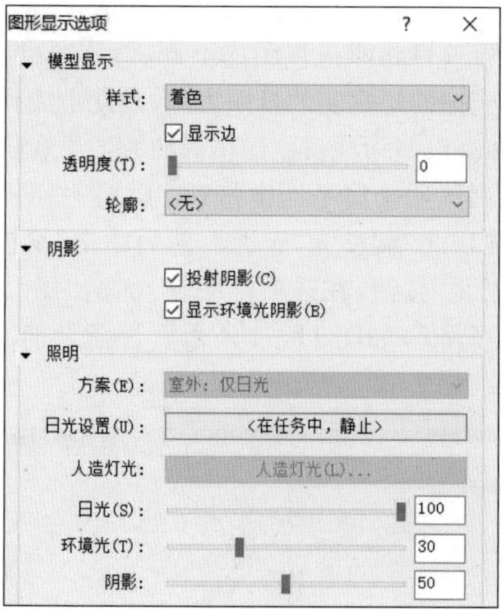

图形显示选项
模型显示
样式：
着色
显示边
透明度(T)：
0
轮廓：
<无>
阴影
投射阴影(C)
显示环境光阴影(B)
照明
方案(E)：
室外：仅日光
日光设置(U)：
<在任务中，静止>
人造灯光：
人造灯光(L)...
日光(S)：
100
环境光(T)：
30
阴影：
50

图11-4

日光设置
日光研究
静止
一天
多天
照明
预设
<在任务中，静止>
设置
地点(L)：
江苏省常州市
日期(T)：
2018/ 6/21
时间：
10:00
使用共享设置
地平面的标高(G)：
F1
保存设置
确定
取消
应用(A)

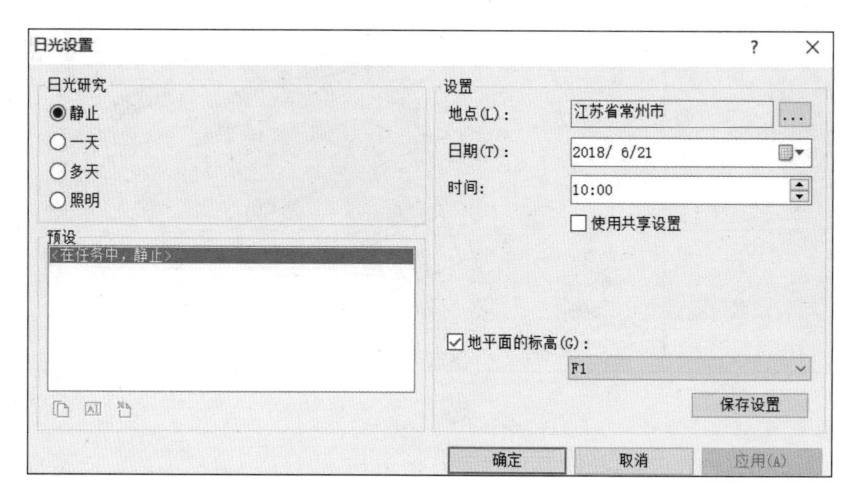

图11-5

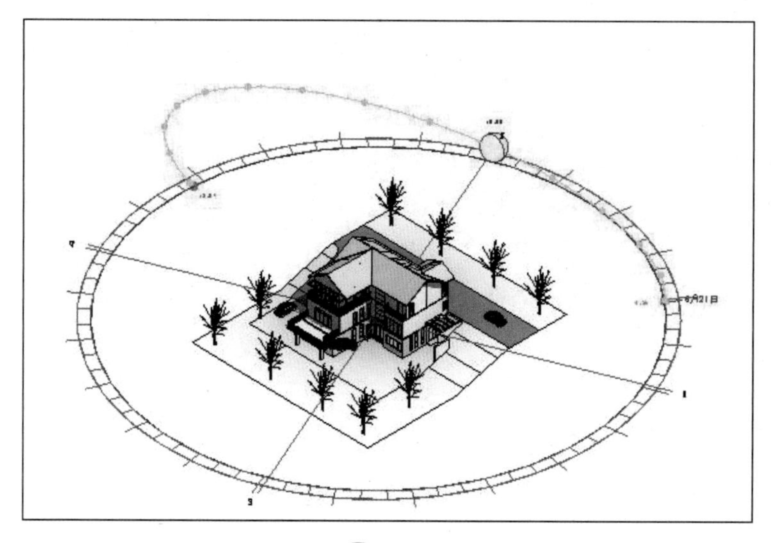

图11-6

以上是指定日期和时间，为静态日光分析，可以输出一个静态的日光分析图片。项目浏览器上选择三维视图，右键菜单选择“作为图像保存到项目中”，弹出对话框中，指定图像名称为:静态日光研究，项目浏览器上便会生成“渲染”一级目录，下拉就会存在“静态日光分析”，如图 11－7 所示。

接下来作动态日光分析，即创建自定义的一天或多天时间段内的阴影移动的动画。项目浏览器打开三维视图，首先打开日光设置对话框，选择多天日光研究，并设置相应的日期、时间、时间间隔等，如图 11－8 所示。单击绘图区域左下角“视图控制栏”中的“打开/关闭日光路径”选择“日光研究”，如图 11－9 所示。然后在“日光研究”上下文选项卡单击“播放预览”按钮，如图 11－10 所示，便会看到日光研究动画从第 1 帧开始自动播放到最后 1 帧。如前所述，项目浏览器上选择三维视图，右键菜单选择“作为图像保存到项目中”，弹出对话框中指定图像名称为:动态日光研究，项目浏览器“渲染”下拉就会看到相应图像名称。最后是导出动画，单击应用程序菜单下“导出”—“图像和动画”—“日光研究”，弹出“长度/格式”对话框，选择帧范围，调整“帧秒”参数值，加快或减慢播放速度，如图11－11 所示，最后指定路径和文件名便可导出 AVI 格式的“日光研究”的动画。

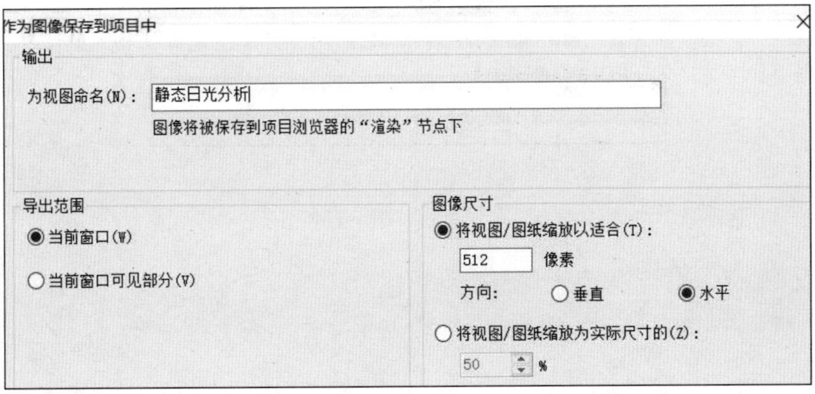

图11-7

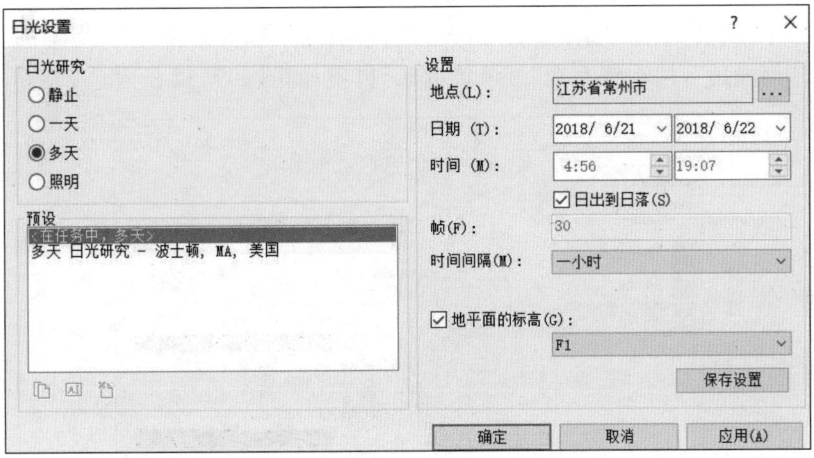

图11-8

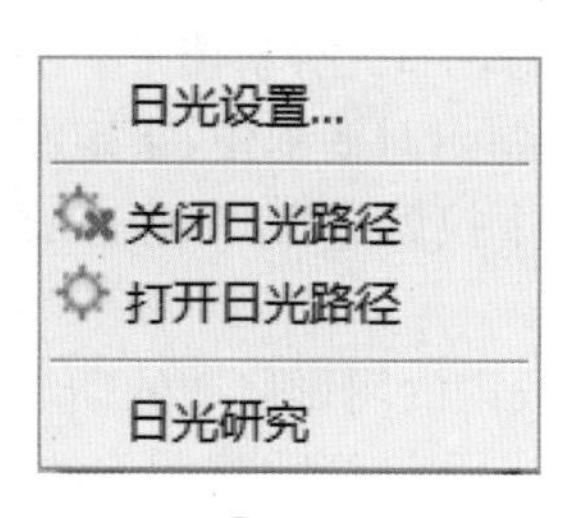

图11-9

图11-10

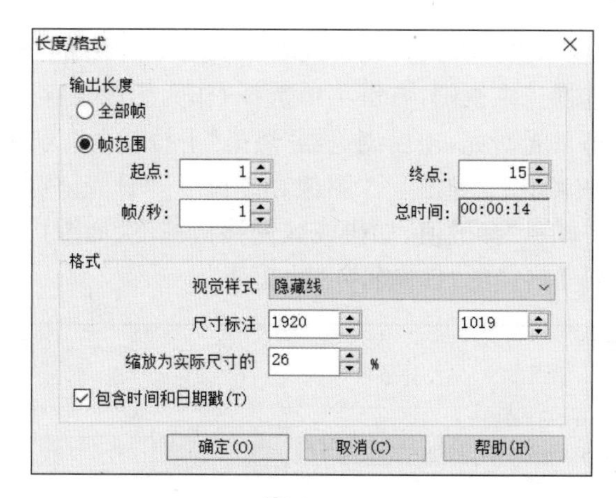

图11-11

微课32

创建材质

11.2 创建材质与渲染

渲染之前先创建材质和材质赋予模型。单击“管理”选项卡设置面板上“材质”命令，打开“材质浏览器”对话框，单击左下角“新建材质”按钮，在左上角材质搜索框中填写“普通砖”，便可搜索到系统自带的“墙体—普通砖”材质，单击选中该材质，右键菜单“复制”生成“墙体—普通砖(1)”，再右键菜单重命名为“外墙饰面砖”，再在材质框中填写“饰面砖”，搜索到新建“外墙饰面砖”材质，如图 11－12 所示。

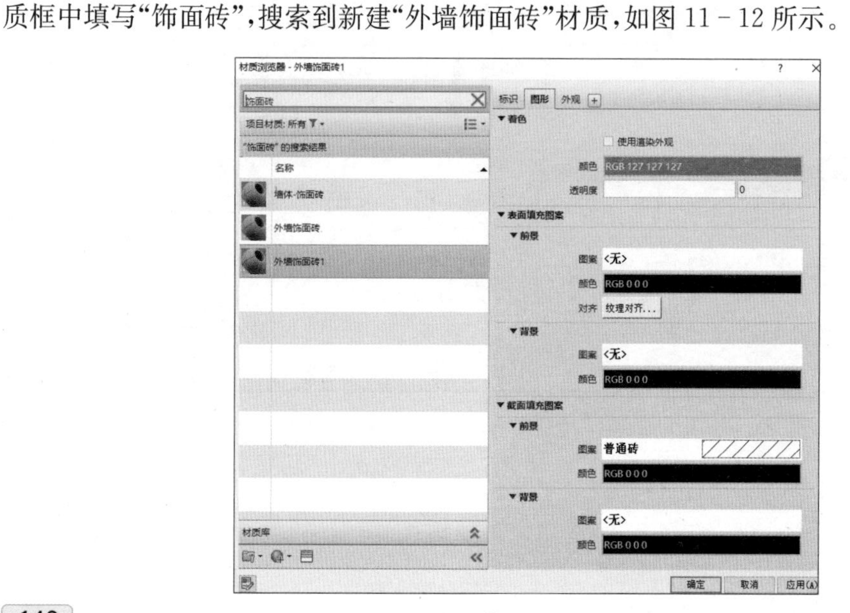

图11-12

在材质浏览器右侧材质属性设置界面单击“图形”选项卡，从上至下进行以下设置。先不急于勾选“着色”之下的“使用渲染外观”，而是单击颜色右侧选择框，弹出颜色对话框，选择“基本颜色”最下排倒数第三个“灰色”，单击确定关闭对话框，如图 11－13 所示，而后勾选“使用渲染外观”。单击“表面填充图案”下“填充图案”右侧选择框，弹出“填充样式”对话框，单选“填充图案类型”为“模型”，然后在“前景”图案列表中选择“砖 75×225”，单击确定关闭对话框，如图 11－14 所示。“背景”图案列表默认为“无填充图案”。单击“截面填充图案”下“填充图案”右侧选择框，弹出“填充样式”对话框，前景与背景图案均选择“无填充图案”，单击确定关闭对话框。“表面填充图案”指在 Revit 绘图空间中模型的表面填充样式，在三维视图和各立面图都可以显示；“截面填充图案”指构件在剖面图中被剖切到时，显示的截面填充图案，如剖面图中的墙体需要实体填充时，则需要设置该墙体的“截面填充图案”为“实体填充”，读者自行尝试练习。

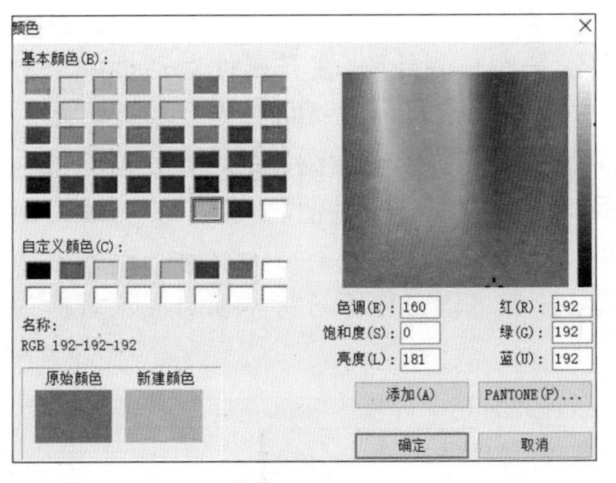

图11－13

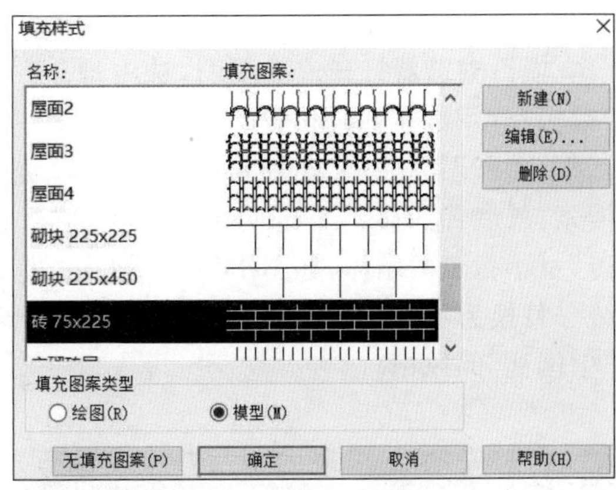

图11－14

在材质浏览器右侧材质属性设置界面单击“外观”选项卡，在右上角单击“替换此资源”按钮，如图 11－15 所示左侧图形。弹出“资源管理器”对话框，选择其中的“Autodesk 物理资源”中“均匀顺砌—橙色”，单击最右侧材质替换按钮，如图 11－16 所示，单击“确定”按钮关闭对话框，返回“外观”选项卡，如图 11－15 所示右侧图形，此时可以预览到刚刚选择的“砖石—图像”。单击确定按钮，关闭材质浏览器对话框，便完成“外墙饰面砖”新材质的创建。

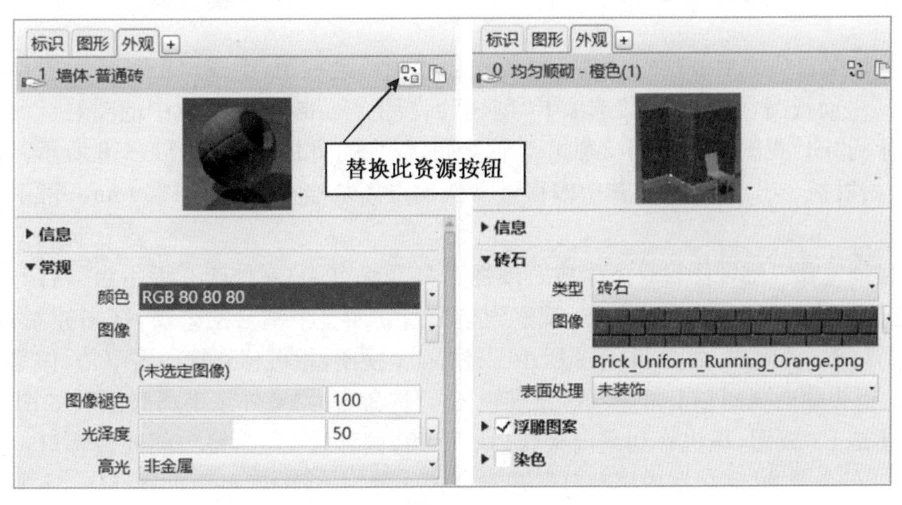

图11－15

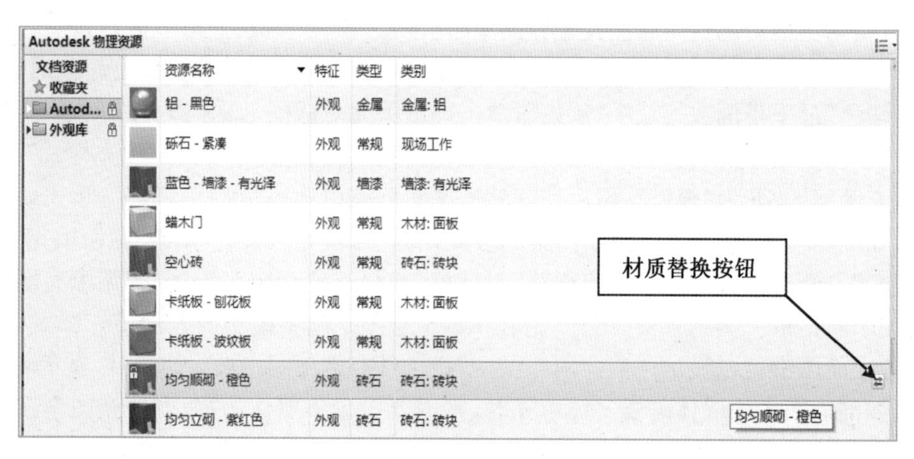

图11-16

项目浏览器打开三维视图，选中地下一层的车库东侧外墙，在其属性对话框中单击“编辑类型”按钮，弹出“类型属性”对话框，单击“结构—编辑…”按钮，弹出“编辑部件”对话框，参考图 2 - 2，单击面层 1〔4〕右侧材质选择栏“…”，弹出材质浏览器，参考图11 - 12，搜索“外墙饰面砖”，单击两次确定按钮，关闭两级对话框。此时便将新材质“外墙饰面砖”赋予指定的墙体，如图 11 - 17 所示。打开－1F 平面，将该层类型为“饰面砖”的外墙统一替换为“外墙饰面砖”。借鉴上述操作步骤，读者可以自行练习将本项目屋顶替换为“中国瓦”的风格。

图11-17

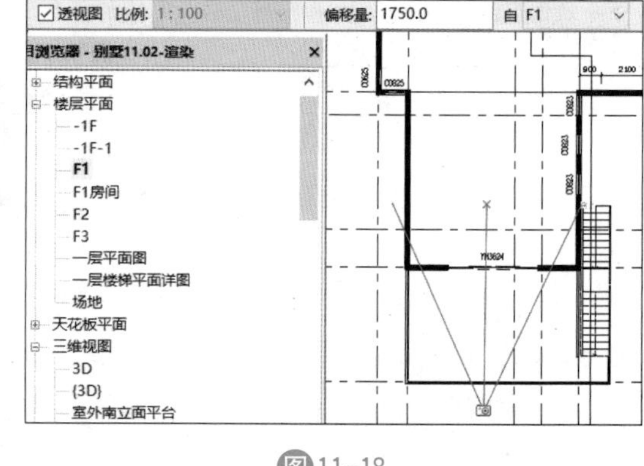

图11-18

给构件赋材质之后，渲染之前，一般要先创建相机透视图，生成渲染场景。项目浏览器打开“F1”平面视图，单击“视图”选项卡“创建”面板上“三维视图”下拉中的“相机”命令。相机图标移到“F1”视图 A 轴下方 2 轴和 3 轴之间，镜头朝向北侧，如图 11 - 18 所示。特别说明一点，相机指令出现选项栏，其中偏移量默认视点离基准标高向上 1750 mm，可手动修改此数据。

项目浏览器三维视图目录下生成三维视图 1，重命名为“室外南立面平台”，打开相机视图，单击视口边界，拖曳四周控制点，观察到整个南立面多个平台的景观，视图控制栏“视觉样式”选择“着色”模式，如图 11 - 19 所示。还是 F1 视图，相机移到视图右下角，偏移量修改为 2500，镜头朝向视图左上角，生成“三维视图 2”重命名为“室外东南鸟瞰图”，如图 11 - 20 所示。还是 F1 视图，相机移到室内楼梯口右下角，偏移量 1750，镜头朝向楼梯口，生成“三维视图 3”重命名为“底楼室内楼梯口”，视觉样式选择“一致的颜色”，如图 11 - 21 所示。至此完成三个相机视图，为后续准备好了渲染场景。

图11-19

图11-20

图11-21

微课33

相机视图与渲染

打开“室外东南鸟瞰图”三维视图，单击“视图”选项卡“图形”面板上“渲染”命令，或单击视图控制栏中“渲染”图标，打开渲染对话框，如图 11－22 所示，可以进行以下设置：

区域：勾选此项，三维视图会显示红色的渲染区域边界，单击边界选中控制点拖曳可以调整调整渲染区域的大小，如果不勾选此项，则默认打开的三维视图即为渲染视图。

质量设置：默认“绘图”，其渲染速度为最快，通过它可以快速获得一个大概的渲染效果，下拉可以选择“低、中、高、最佳、自定义（视图专用）、编辑…”等选项，渲染质量由快变慢，渲染质量由低变高，读者自行练习“编辑…”，定义渲染图像质量。

输出设置：默认“屏幕”。仅用于查看的渲染图，可以采用默认设置，渲染后输出图像等于渲染时屏幕上显示的大小。如果生成的渲染图需要打印，则选择“打印机”，宽度、高度、未压缩图像大小，将会根据设置自动计算出渲染图像的尺寸和文件大小。

照明方案：如果选中了“日光”，就需要进行日光设置，参考第 11.1 节静态日光分析相关内容。下拉可以选择“人造光”等选项，读者可以自行创建灯光组，此处不再赘述。

背景：默认天空为少云，下拉可以选择天空为多云、颜色、图像等选项，读者可以自行尝试自定义的颜色和图像作为渲染背景，此处不再赘述。

渲染图像显示和保存：点击“调整曝光…”按钮，打开曝光控制对话框，设置图像的曝光值等，渲染图像太亮、太暗等问题都可以曝光控制中调整，无须重新渲染，如图 11－23 所示。

本项目渲染设置：质量设置选“中”；输出为“屏幕”；照明方案为“室外：仅日光”；背景为“天空：少云”。单击对话框右上角“渲染”按钮开始渲染，弹出渲染进度条，最终得到渲染图像，如图 11－24 所示。单击对话框下端的“保存到项目中”按钮，在项目浏览器“渲染”目录下并可以查看到“室外东南鸟瞰图 1”，重命名为“室外东南渲染图”。读者可以选择室内场景，自行练习室内场景的渲染。至此完成本项目的渲染任务。

渲染
渲染(R)　区域(E)
质量
设置(S)：绘图
输出设置
分辨率：屏幕(C)
打印机(P)
宽度：1057 像素
高度：682 像素
未压缩的图像大小：2.7 MB
照明
方案(H)：室外：仅日光
日光设置(U)：<在任务中，照明>
人造灯光(L)...
背景
样式(Y)：天空：少云
清晰　模糊
模糊度：
图像
调整曝光(A)...
保存到项目中(V)...　导出(X)...
显示
显示渲染

图11-22

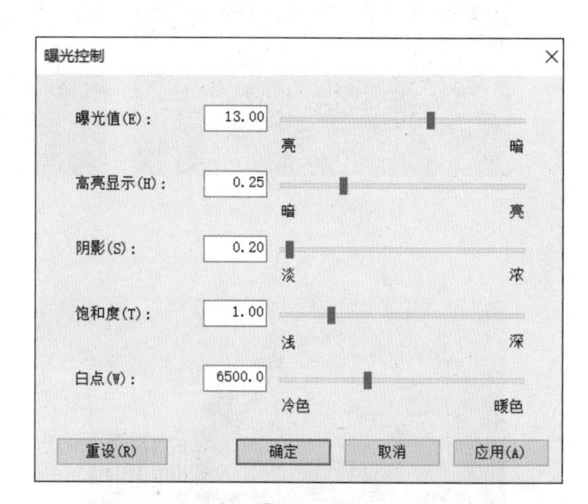

图11-23

图11-24

微课34

空间漫游

11.3 空间漫游

创建漫游本质就是在规划路线上创建多个相机视图。项目浏览器打开“－1F”平面视图，单击“视图”选项卡“创建”面板上“三维视图”下拉中的“漫游”命令，进入“修改|漫游”选项卡，此时选项栏与图 11－18 中的选项栏内容完全相同，勾选透视图，即生成透视图漫游，否则就生成正交漫游；偏移 1750，相当于一个成年男子的平均身高，如果将此值调高，可以做出俯瞰的效果；通过调整“自”后面的楼层标高，可以实现相机“上楼”和“下楼”的效果。从－1F 视图右下角（东南角）开始放置第一个相机视点，然后逆时针环绕建筑外围放置，相机视点与建筑外墙面距离目测大致相同，不要忽近忽远，相邻相机

视点之间的距离目测也要大致相同，主要拐角点要放置相机视点，别墅东西两侧 D 轴与 H 轴之间斜坡地形，相机自－1F 偏移 2750，过了 H 轴别墅北侧，相机自 F1 偏移 1750，过了 D 轴的别墅南侧，相机自－1F 偏移 1750，放置过程可以先不考虑镜头取景方向，这样便于保证规划路线的平滑，最后一个相机视点回到起点附近，便完成建筑外景漫游路线的规划，如图 11－25 所示，单击“修改|漫游”选项卡上“完成漫游”指令，系统切换出“修改|相机”选项卡。单击“编辑漫游”，出现“编辑漫游”选项卡，此时漫游规划路线上出现多个红色点，即刚刚放置相机视点，也是漫游关键帧所在，最后一个关键帧显示取景镜头的控制三角形，单击中间控制柄末端的紫色控制点，即可旋转取景镜头朝向建筑物，拖曳三角形底边控制点，即可调整镜头取景的深度，如图 11－26 所示，单击“编辑漫游”选项卡“上一关键帧”或“上一帧”指令，顺时针依次编辑每一个关键帧或普通帧的取景镜头朝向建筑物，直到回到第一个相机视点为止，默认有 300 个普通帧，编辑普通帧能够获得较高质量的漫游，读者可自行尝试练习。

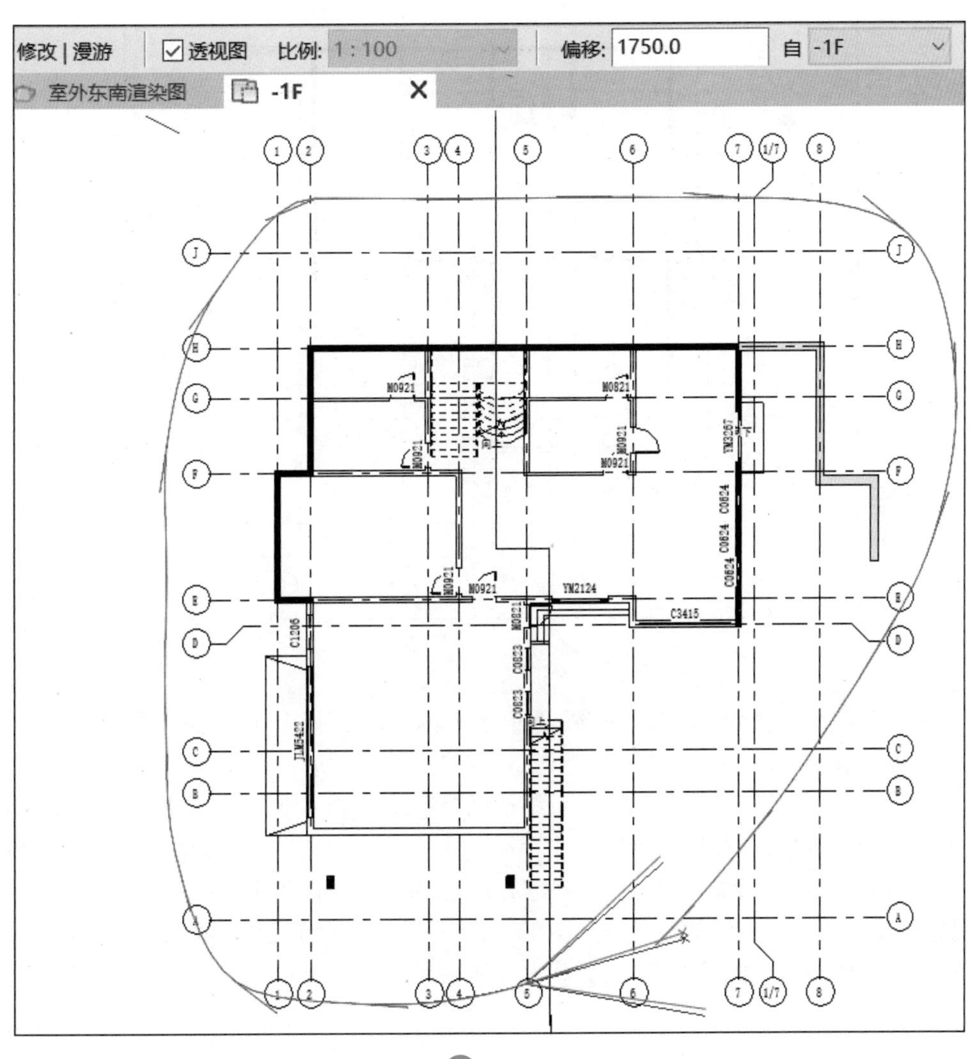

图11-25

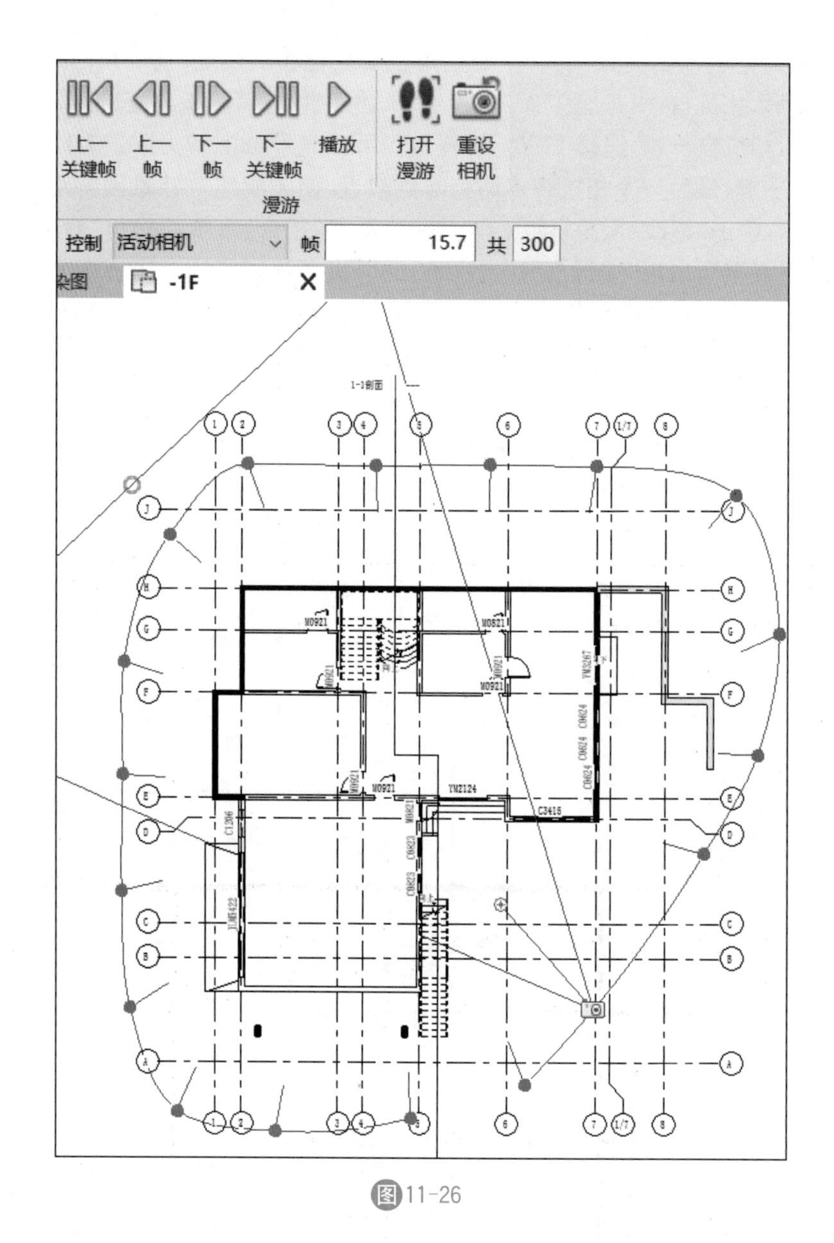

图11-26

完成关键帧编辑之后，"编辑|漫游"选项卡上的"播放"指令由灰显变成亮显，单击"播放"指令，可以看到平面视图中相机在规划路线行走，每一个取景镜头朝向建筑物。单击"编辑|漫游"选项卡上的"打开漫游"指令，系统返回"编辑|相机"选项卡，绘图窗口出现第一个相机视点的立面取景框，此时取景框往往看不到建筑立面全貌，转到鼠标滚轮，调整取景框大小，分别单击取景框四周控制点，拖曳调整取景范围，确保看到建筑物立面全貌，视图控制栏"视觉样式"调整为"一致的颜色"，如图 11－27 所示。再次单击"编辑|相机"选项卡"编辑漫游"指令，然后单击"播放"指令，便可观察立面效果的漫游视频。

图11-27

单击“保存”指令，项目浏览器漫游目录之下保存“漫游 1”视频，右键菜单重命名为“别墅外景漫游”。后续需要重新播放漫游，项目浏览器打开漫游，点击漫游取景框，单击“编辑|漫游”选项卡中“播放”指令即可。导出漫游视频与前述导出“日光研究”动画的步骤相同，在漫游视图打开状态下，应用程序菜单下“导出”—“图像和动画”—“漫游”，弹出“长度/格式”对话框（如图 11－11 所示），最后指定路径和文件名便可导出 AVI 格式的“别墅外景漫游”的视频文件。至此完成别墅外景漫游的制作。

如需创建本项目的室内上楼的漫游，如从 1F 到 2F，可在 1F 起始绘制漫游路径，沿楼梯平面向前绘制，当路径走过楼梯后，可将选项栏“自”设置为“2F”，路径即从 1F 向上至 2F，同时可以配合选项栏的“偏移值”，每向前几个台阶，将偏移值增高，可以绘制较流畅的上楼漫游。读者可自行完成本项目室内景观的漫游视频。

项目任务 12
族与体量的创建

课程概要

Revit 包括“项目”设计和“族与体量”设计两个环境，Revit 相对 CAD 等设计软件的最大魔力就是其“族”的参数化设计了。掌握族概念和用法至关重要，正是因为族的概念引入，我们才可以实现参数化的设计。比如在 Revit 中可以通过修改参数，从而实现修改门窗族的宽度、高度或材质等。也正是因为族的开放性和灵活性，使我们在设计时可以自由定制符合设计需求的注释符号和三维构件族等。

2019 年国家颁布职教改革 20 条，教育部推行“1＋X”证书制度，首批试行 6 种“1＋X”证书，排在首位的是“1＋X” BIM 证书。本书项目任务 1～11，小别墅建模及其信息应用，对应“1＋X” BIM 证书(初级)考试的建筑建模的考核内容，本项目任务 12，对应“1＋X”BIM 证书(初级)考试“族与体量”的考核内容。本书项目任务 5.3“面幕墙系统”，涉及概念“体量”的创建对话，项目任务 7.8“创建地下一层南门台阶”，涉及“放样”三维形体的创建对话，项目任务 8.4“创建二层雨篷及工字钢梁”，涉及“拉伸、放样”三维形体的创建对话。本项目任务将详细讲述构件族与体量族的创建方法及族参数设置等。

课程目标

1. 技能目标：(1) 族与体量的基本概念；(2) 三维形体的创建方法；(3) 可载入族(构件族)的创建对话步骤；(4) 可载入体量族的创建对话步骤。

2. 素质目标：相似结构的建筑构件可以创建为族，体现统一性，并通过设置类型属性参数和实例属性参数，满足具体项目选用族的参数调整的需求，体现灵活性，本项目任务可以提醒与帮助学生学会协调复杂事物的统一性和灵活性等。

12.1 族与体量的基本概念

族是 Revit 软件中一个非常重要的构成要素，所有添加到 Revit 项目中的图元都是用族创建的，包括二维图元（如标高、轴网、注释等）和三维构件图元（如墙体、楼板、门窗、家具等）。族是组成项目的构件，同时又是参数信息的载体。一个族的各个属性可能有不同的值，但是属性设置方法是相同的，如“门、窗”作为族可以有不同的材质和尺寸，其参数设置方法是一样。此前小别墅创建过程中，如放置门或窗构件，属性对话框的类型选择器下拉中选择不同的门窗类型，就是选择不同的门族和窗族，在选择类型的同时，既可以属性对话框中直接修改门窗的实例参数，如门窗的底高度，又可以通过“类型编辑”对话框，进一步修改门窗族的类型参数，如门窗的高度、宽度参数等。族分为“内建族、系统族、可载入族”三类，有关族的基本概念与特征见表 12-1。

体量是建模所用的三维形状，用于概念设置和三维模型创建等。体量分为“内建体量、可载入体量族”两类。内建体量在项目内创建，用于表示项目独特的体量形状。可载入体量族是项目外创建，可载入体量族的三维视图可以显示三维参照平面、三维标高等，建筑师更习惯在三维视图中推敲设计方案，建议尽可能使用可载入体量族来进行概念体量设计。

表12-1　族的概念与特征

分类名称	基本概念	举例
内建族 （构件集）	在当前项目中创建的族，只能存储在当前项目文件里，不能单独保存为 rfa 文件，也不能用在别的项目文件中。内建族类似于 AutoCAD 中的内部块。	项目专有构件、特殊构件和通用性差的构件，如台阶、局部造型
系统族	软件在项目中预定义并只能在项目中创建和修改类型的族，不能作为外部文件载入或创建，但可以在项目和项目样本之间复制粘贴或传递系统族类型	墙、楼板、屋顶、天花板、标高、轴网、图纸和视口类型的项目、系统设置的管道等
可载入族 （标准构件族）	使用族样板在项目之外创建的 rfa 文件，可以载入项目中，然后进行类型参数和实例参数的自定义。可载入族类似于 AutoCAD 中的外部块。	通常购买提供并安装在建筑内和建筑周围的建筑构件，如门、窗、家具、卫浴装置、锅炉、热水器、机电设备等

微课35

三维形体的创建方法

12.2 三维形体的创建方法

Revit 启动之后的界面如图 12-1 所示，项目任务 1～11 大部分在“模型”（即项目）环境下操作，如打开已创建的项目或新建项目，本项目任务主要在“族”环境下操作，打开已创建的族，或新建族，或新建概念体量等。Revit2023 单击启动界面“文件”按钮，便可展开应用程序菜单，单击“新建”按钮可进一步选择新建“项目、族、新概念体量、标题栏、注释符号”等（见图 0-5），标题栏与注释符号均为二维注释族，本项目重点讲述“新建族”和“新建概念体量”的操作。选择“新建族”，便进入族编辑器界面（见图 0-13）。选择新建“概念体量”，便进入概念体量界面（见图 0-14）。本节启动 Revit2023，选择新建"族",出现"新族-选择样板文件"对话框,如图 12-2 所示,选择"公制常规模型"便进入族编辑器界面,默认优先进入"创建"菜单界面,如图 12-3 所示。在"创建"菜单"形状"面板上,从左到右排列"拉伸、融合、旋转、放样、放样融合"5 种三维形体的创建按钮和"空心形状"下拉按钮,单击前 5 个按钮任意一个,默认创建实心形状,单击"空心形状"下拉按钮,可选择"空心拉伸、空心融合、空心旋转、空心放样、空心放样融合"等。下面分别讲述创建"拉伸、融合、旋转、放样、放样融合"三维形体的对话过程。

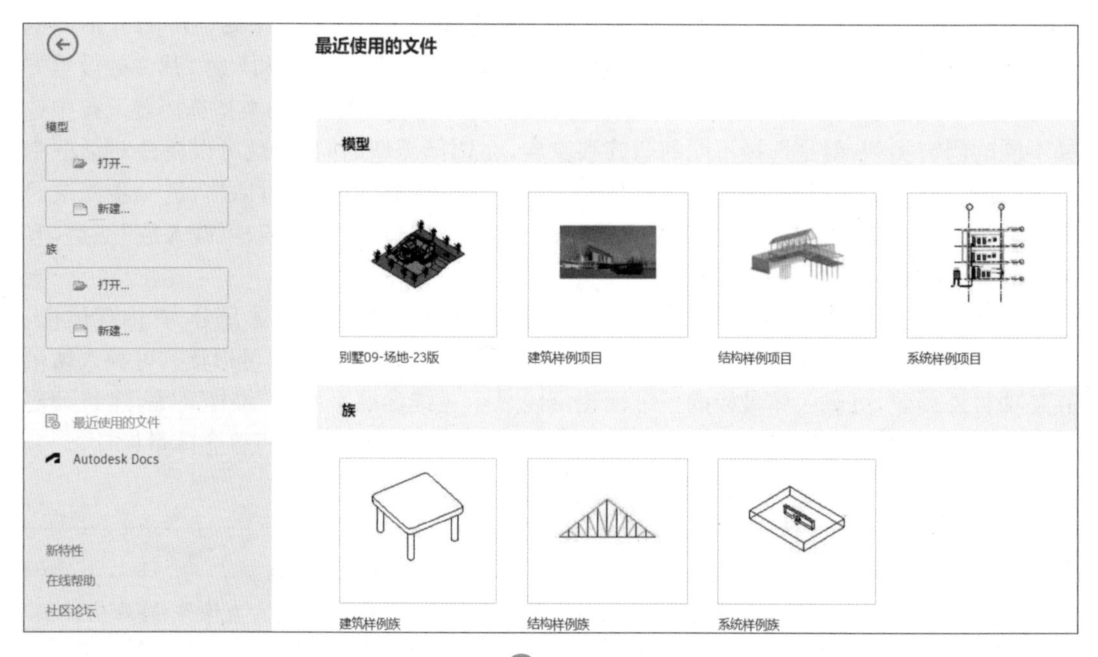

图 12-1

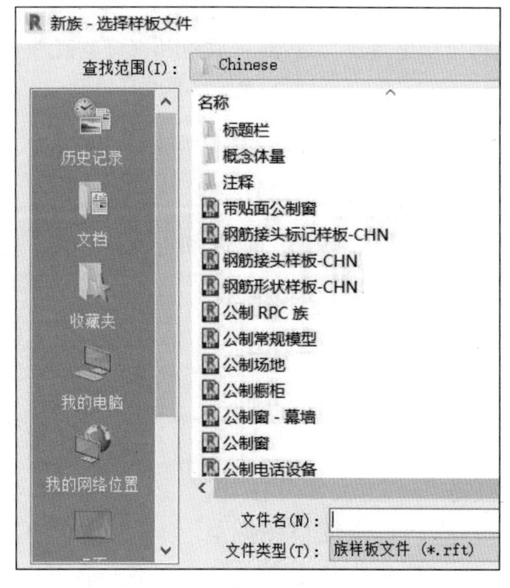

图 12-2

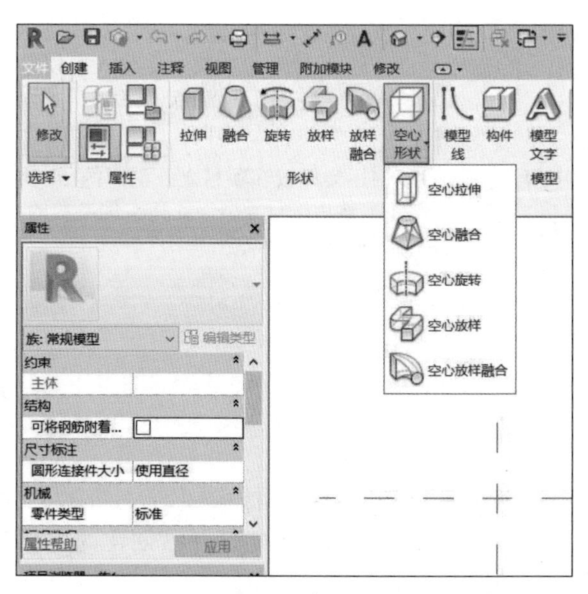

图 12-3

1. 拉伸

拉伸命令是通过绘制一个封闭的轮廓作为拉伸的端面，然后默认垂直于轮廓所在平面设定拉伸的长度来实现建模，分实体“拉伸”和“空心拉伸”两种，如图 12－4 所示。

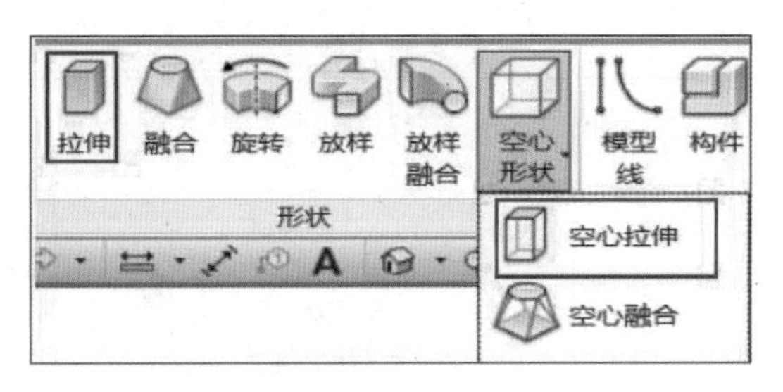

图12-4

具体操作步骤：(1) 单击“创建”选项卡“形状”面板中的“拉伸”命令，或单击“空心形状”下拉菜单中“空心拉伸”命令；(2) 绘制一个闭合的轮廓，如图 12－5 所示。(3) 设定拉伸起点和拉伸终点来确定拉伸的长度，然后单击“模式”面板上的“√”完成绘制，如图 12－6 所示。

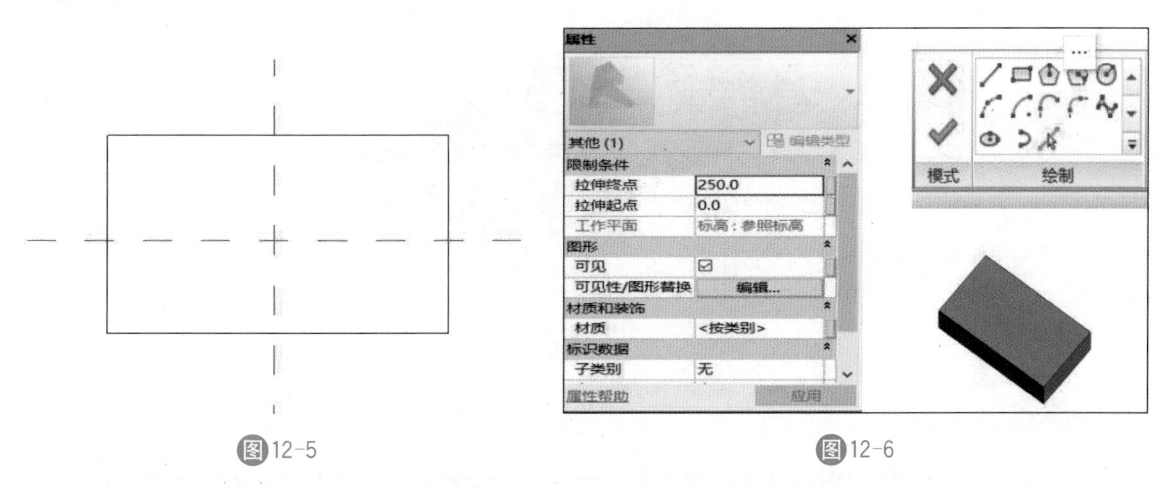

图12-5　　图12-6

2. 融合

融合命令用于将两个位于平行平面上的不同形状的闭合轮廓融合成三维形状，分实体“融合”和“空心融合”两种，如图 12－7 所示。

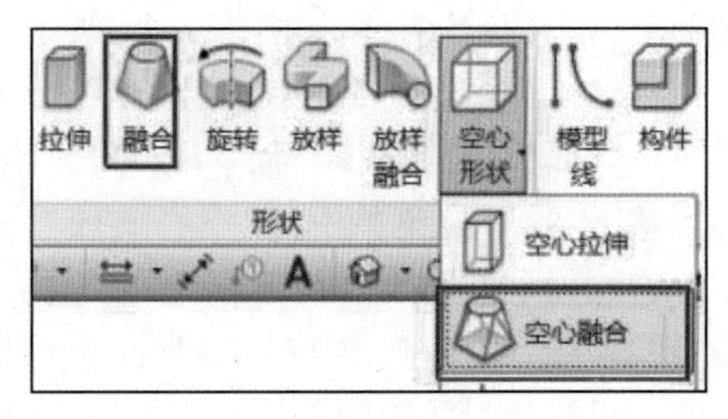

图12-7

具体操作步骤：(1) 单击“创建”选项卡“形状”面板中的“融合”命令，或单击“空心形状”工具下拉菜单中“空心融合”命令；(2) 默认编辑顶部轮廓，在参照标高 1 平面上绘制一个闭合的圆形轮廓，如图 12－8 所示；(3) 编辑底部轮廓，单击“编辑底部”，在参照标高 2 平面上绘制一个闭合的矩形轮廓，如图 12－9 所示；(4) 底部轮廓编辑完成后，单击“模式”面板上的“√”完成绘制，如图 12－10 所示。

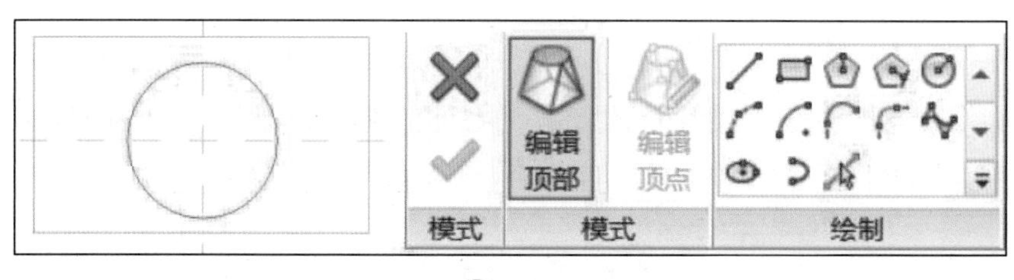

图12-8

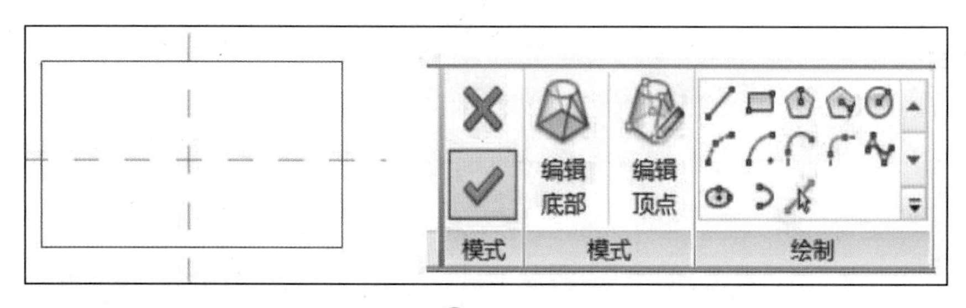

图12-9

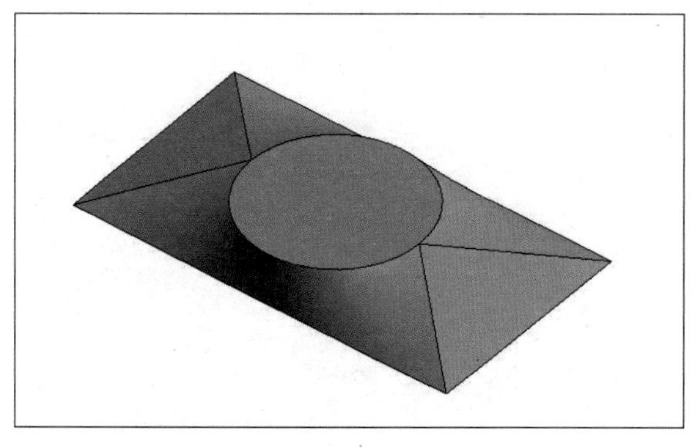

图12-10

3. 旋转

旋转命令通常用于创建以轴线为中心旋转一定角度而形成的构件，旋转角度可以360°或大于零的任意角度，分实体"旋转"和"空心旋转"两种，如图12-11所示。

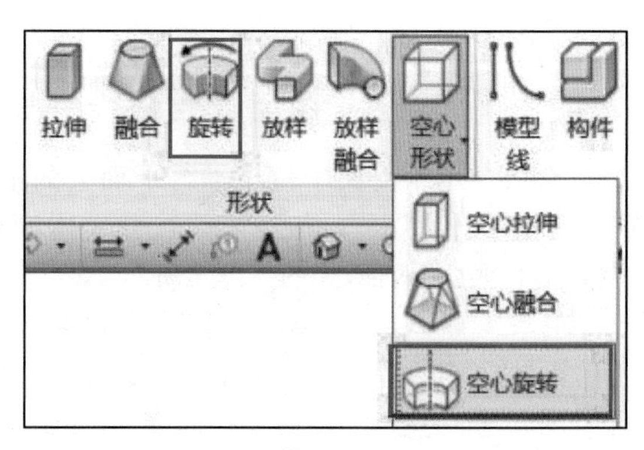

图12-11

具体操作步骤：(1) 单击"创建"选项卡"形状"面板中的"旋转"命令，或单击"空心形状"工具下拉菜单中的"空心旋转"命令；(2) 分别单击"绘制"面板上的"边界线"和"轴线"命令，如图12-12所示，分别绘制边界线的封闭轮廓形状和旋转中心轴线，轴线与边界线的距离决定了旋转的半径，同时注意轴线与边界线不能相交，如图12-13所示；(3) 属性对话框中设定起始角度和终止角度，控制旋转角度，如图12-14所示；(4) 单击"模式"面板上的"√"命令完成绘制，如图12-15所示。

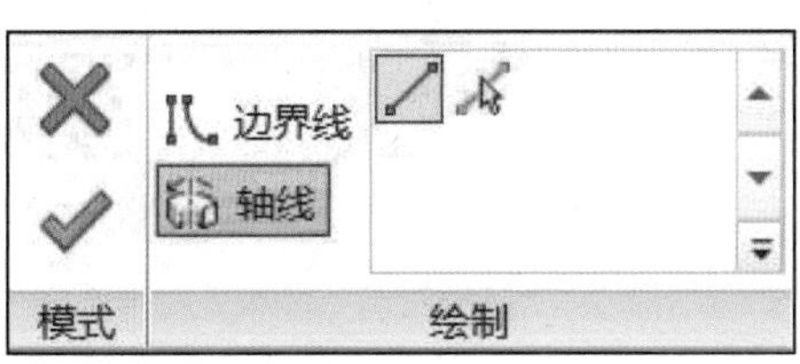

图12-12

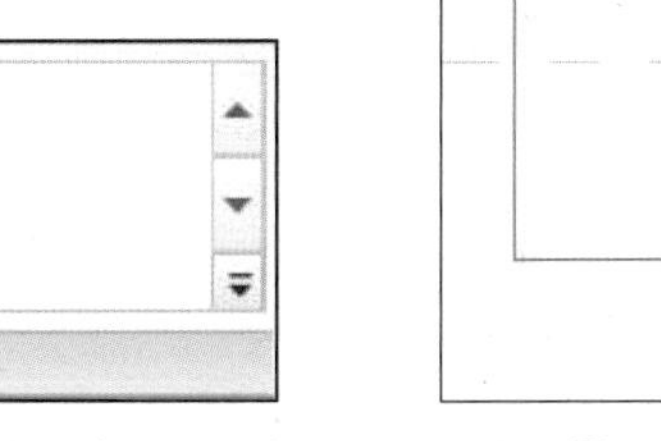

图12-13

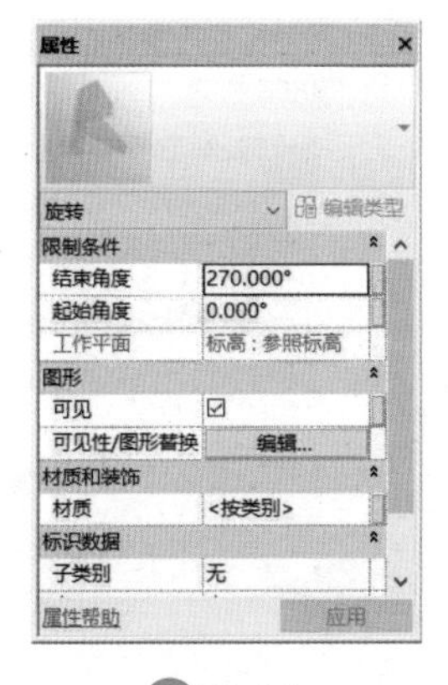

图12-14

图12-15

4. 放样

放样命令通过沿路径放样二维轮廓来创建三维形状，分实体“放样”和“空心放样”两种，如图12－16所示。拉伸本质上也是放样，拉伸的放样路径默认为垂直于轮廓的直线，而放样的路径可以多段相连直线或曲线等。

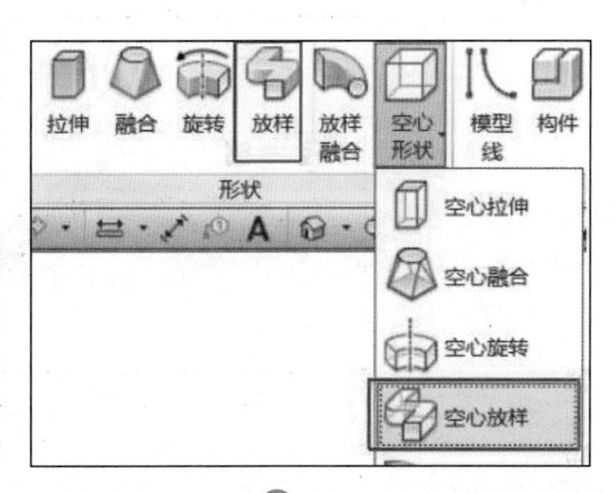

图12-16

具体操作步骤：(1) 单击“创建”选项卡“形状”面板中的“放样”命令，或单击“空心形状”工具下拉菜单中的“空心放样”命令；(2) 单击“放样”面板上的“绘制路径”或“拾取路径”命令，进行路径的绘制或拾取，单击“模式”面板上的“√”完成路径，如图12－17所示；(3) 单击“放样”面板上的“编辑轮廓”或“载入轮廓”，在弹出“转到视图”对话框中选择轮廓所在平面，单击“打开视图”，进行轮廓绘制或载入，单击“模式”面板上的“√”完成轮廓，如图12－18所示；(4) 单击“模式”面板上的“√”完成放样，如图12－19所示。

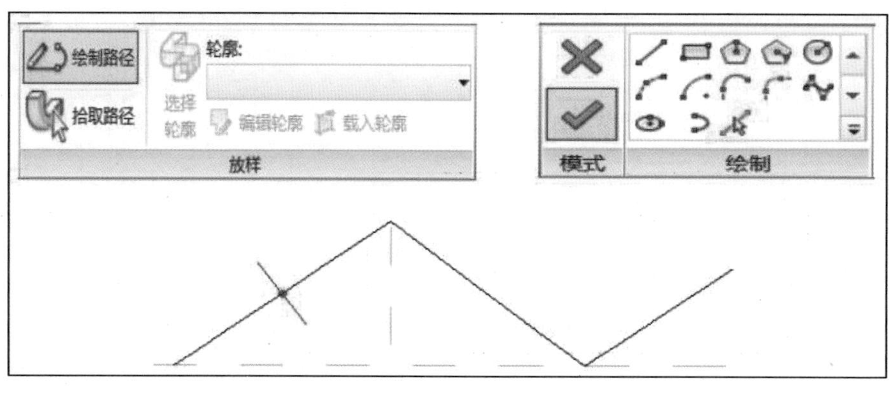

图12-17

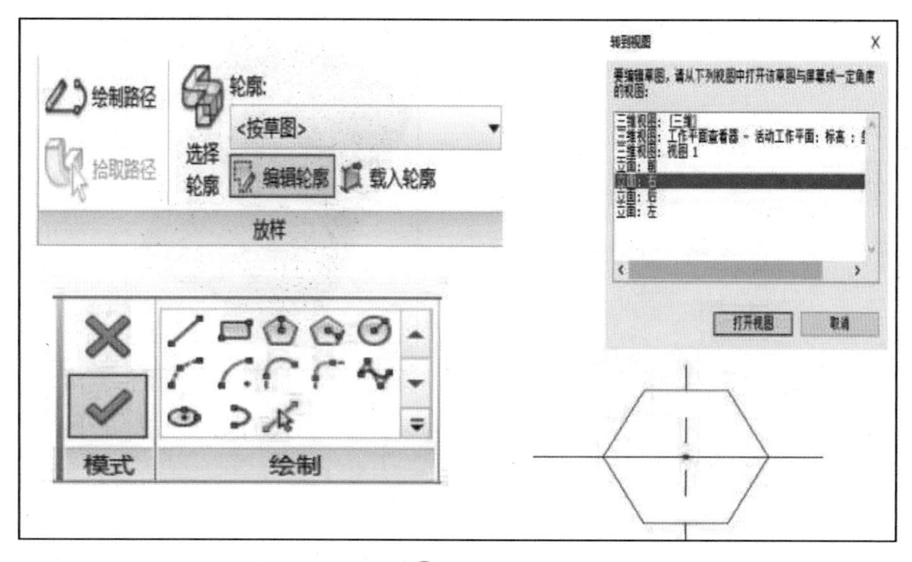

图12-18

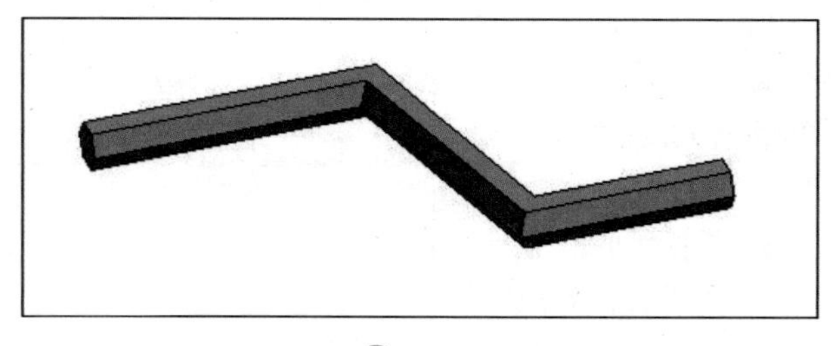

图12-19

5. 放样融合

放样融合命令结合了“放样”和“融合”两个命令，通常用于两个不同平面上的不同断面形状且需要在规定的路径上进行融合的形体创建，放样融合与放样对话大致一样，只是需要设置两个轮廓，分实体“放样融合”和“空心放样融合”两种，如图 12－20 所示。

具体操作步骤：(1) 单击“创建”选项卡“形状”面板中的“放样融合”命令，或单击“空心形状”工具下拉菜单中的“空心放样融合”命令；(2) 在“放样融合”面板上选择“绘制路径”或

“拾取路径”命令，进行路径的绘制或拾取，单击“模式”面板上的“√”完成路径，如图 12－21 所示；(3) 单击“选择轮廓 1”，单击“编辑轮廓”或“载入轮廓”，在弹出“转到视图”对话框中选择轮廓所在平面，单击“打开视图”，进行轮廓 1 的绘制或载入，单击“模式”面板上的“√”完成轮廓 1，如图 12－22 所示；(4) 单击“选择轮廓 2”，单击“编辑轮廓”或“载入轮廓”，在弹出“转到视图”对话框中选择轮廓所在平面，单击“打开视图”，进行轮廓 2 的绘制或载入，单击“模式”面板上的“√”完成轮廓 2，如图 12－23 所示；(5) 轮廓 1 和轮廓 2 绘制完成后，单击“模式”面板上的“√”完成放样融合，如图 12－24 所示。

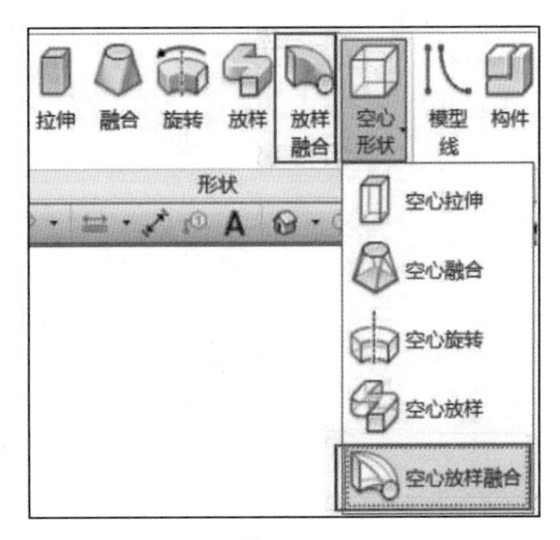

图12-20

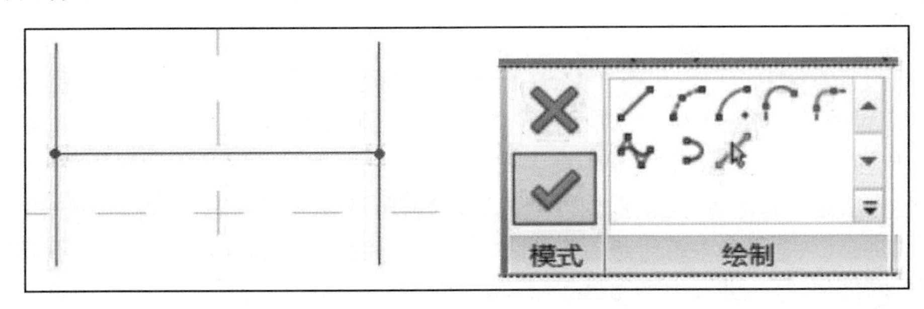

图12-21

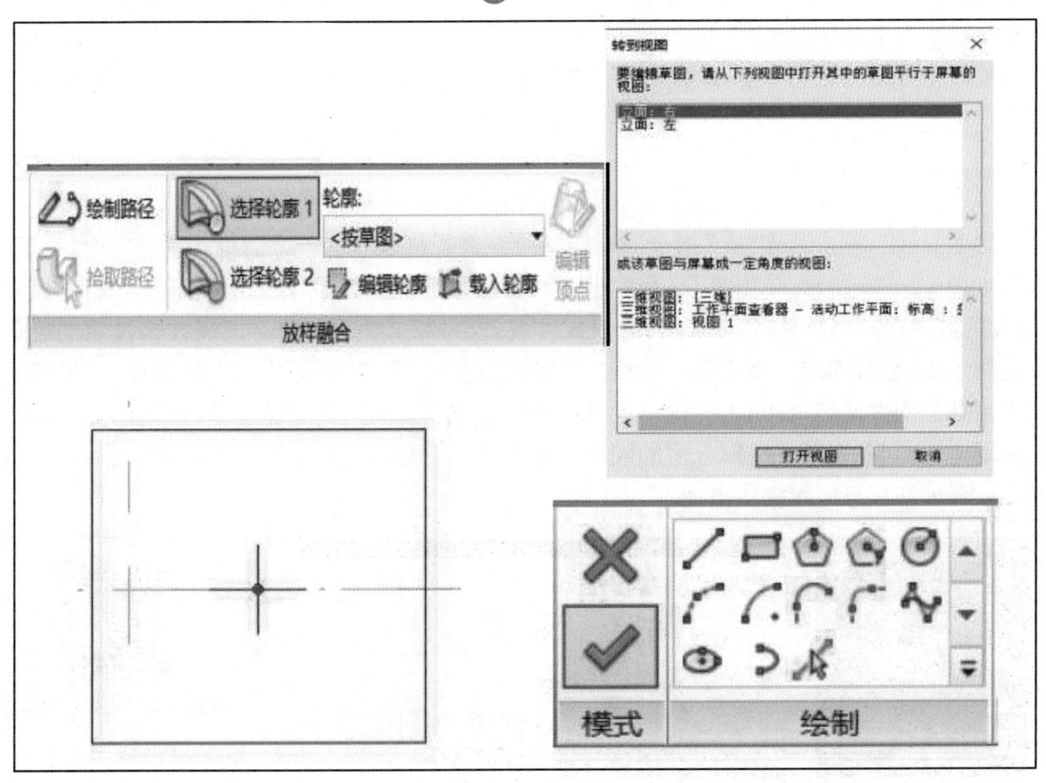

图12-22

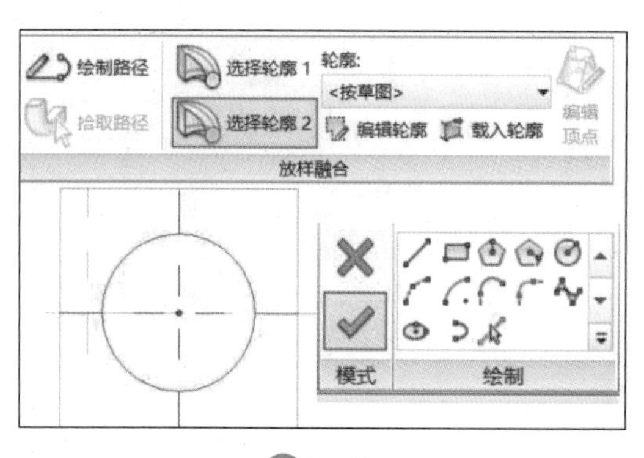

图12-23

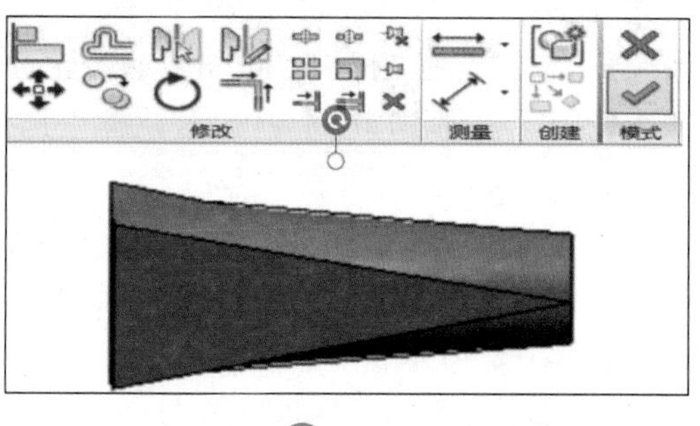

图12-24

12.3 可载入构件族的创建案例

族从用途上分为注释族和构件族，注释族包括"标高符号、轴网符号、尺寸标注、图纸、标题栏"等二维图元，构件族则是三维图元，如墙体、门窗、楼板、天花板、家具、机电设备等构件，注释族通常系统推荐或常用族库直接载入。族从建模所在空间分为内建族与可载入族，两者创建方法是一致的，都是根据构件族的形体特征，选择"拉伸、融合、旋转、放样、放样融合"以及"空心形状"等命令组合进行综合建模。内建族是项目之内的专有构件，不需要考虑其他项目的借用，很少涉及类型参数设置，项目任务 7.8 和项目任务 8.4 已经运用"拉伸、放样"创建内建族。可载入族需要考虑项目的普适性，必须参数化，需要设置族的类型参数或实例参数。本节对应"1+X"BIM 证书(初级)考核要求，以创建一个沙发模型为例，详细讲述可载入构件族的创建步骤，本案例涉及"拉伸、放样、旋转"指令的综合运用及族的参数设置等。

1. 新建族并另存为族

启动 Revit，单击新建"族"指令，弹出"新族-选择样板文件"对话框，选择"公制家具.rft"，如图 12-25 所示，单击打开，程序进入族编辑器"创建"界面，建议首先单击"文件"菜单"另存为族"操作，将默认"族 1"命名为双人沙发，文件格式默认.rfa。选择什么性质的族样板文件建族，也就确定了该族载入项目之后的构件类型，如明细表进行构件统计，沙发便会归入家具类构件范畴。Revit 提供了大量的族样板文件，如公制常规模型、公制门、公制窗、公制场地、公制幕墙等。选择合适的族样板文件建族，既能提高建模效率，同时也为后续构件信息管理和信息应用提供方便。

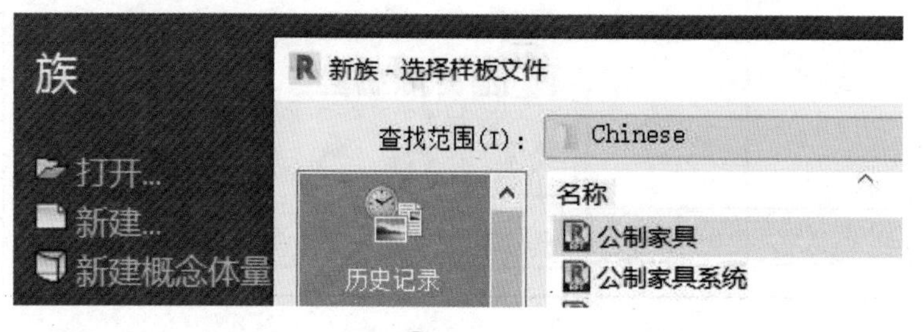

图12-25

微课36

可载入构件族的创建案例

2. 用放样及拉伸命令制作坐垫

(1) 绘制参照平面：打开“参照标高”视图，单击“创建”选项卡“基准”面板“参照平面”命令，绘制两条垂直和一条水平的参照平面，具体定位并不重要，如图 12 - 26 所示。

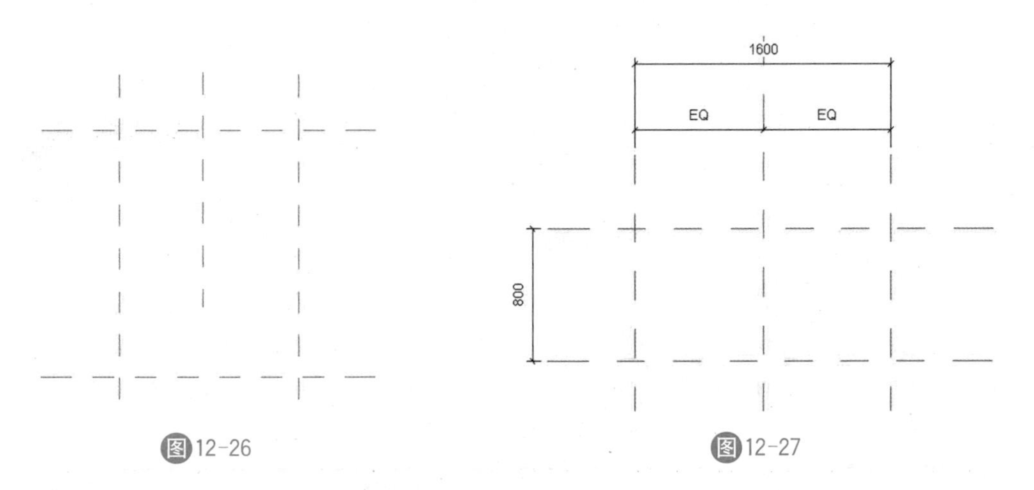

图12-26　　图12-27

(2) 定位参照平面：单击“注释”选项卡“尺寸标注”面板 “对齐”命令或快捷键 di，标注参照平面，单击 EQ，使三条垂直参照平面的间距相等，如图 12 - 27 所示。

(3) 添加参数：选择刚放置的横向尺寸标注，在“标签尺寸标注”面板上单击“创建参数”，在“参数属性”对话框的“参数数据”下，名称输入“长度”，单击确定；同样的方法添加“宽度”参数，两个参数均默认为类型参数，并修改参数来定位参照平面和确保参照平面的可调整，如图 12 - 28 所示。参数设置是族载入项目之后能否实现参数化的关键所在，如沙发的长、宽、高可以设置为类型参数，沙发的材质可以设置为实例参数等。

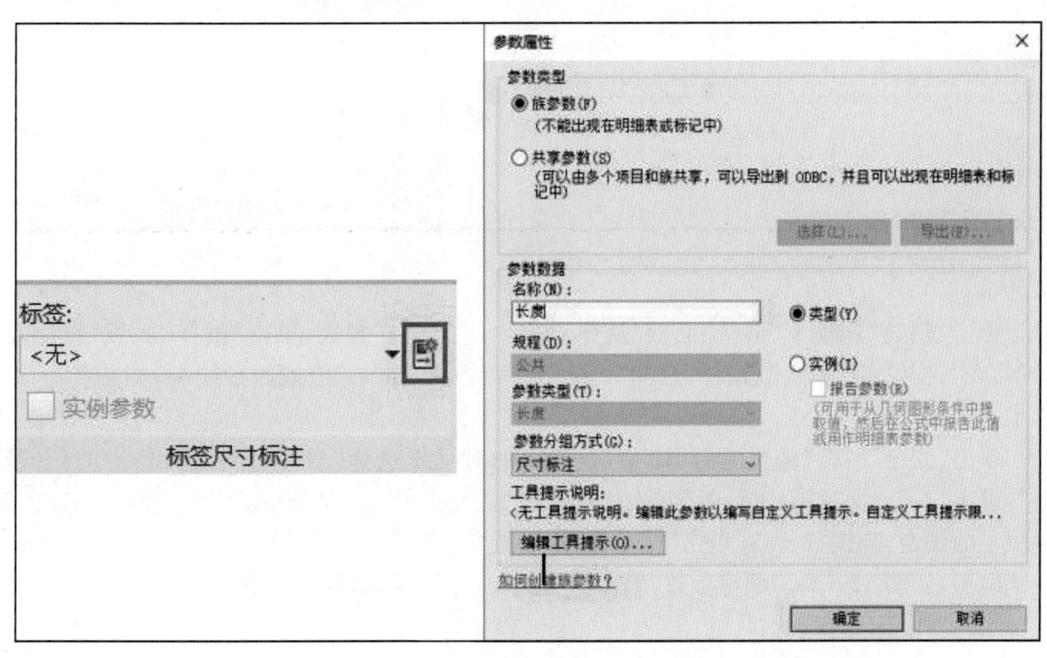

图12-28

(4) 确定坐垫距地高度:打开立面“前”视图,单击“参照平面”,绘制两条水平参照平面,单击“对齐”命令或快捷键 di,标注参照平面尺寸。选择 250 的尺寸标注,在“标签尺寸标注”面板上单击“创建参数”,在“参数属性”对话框的“参数数据”下,名称输入“高度”,单击确定,如图 12 - 29 所示。

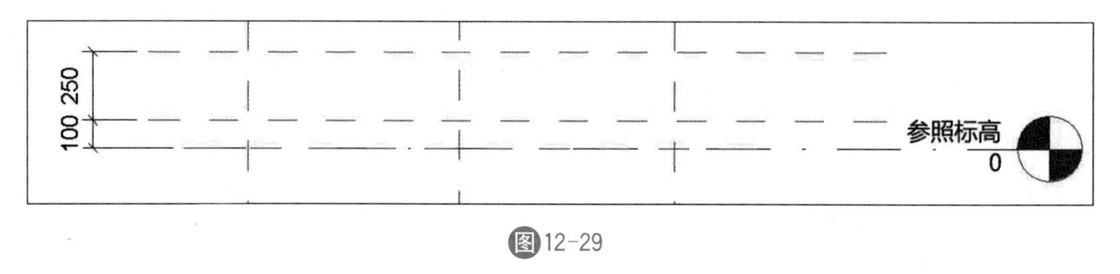

图12-29

(5) 用“放样”命令制作坐垫边缘:在立面“前”视图中,单击“创建”选项卡“工作平面”面板“设置”命令,在“工作平面”对话框中,选择“拾取一个平面”,单击“确定”;在前立面视图中,单击图 12 - 29 所示的距离参照标高 100 的参照平面作为工作平面;在“转到视图”对话框中选择“楼层平面:参照标高”,单击“打开视图”,如图 12 - 30 所示。

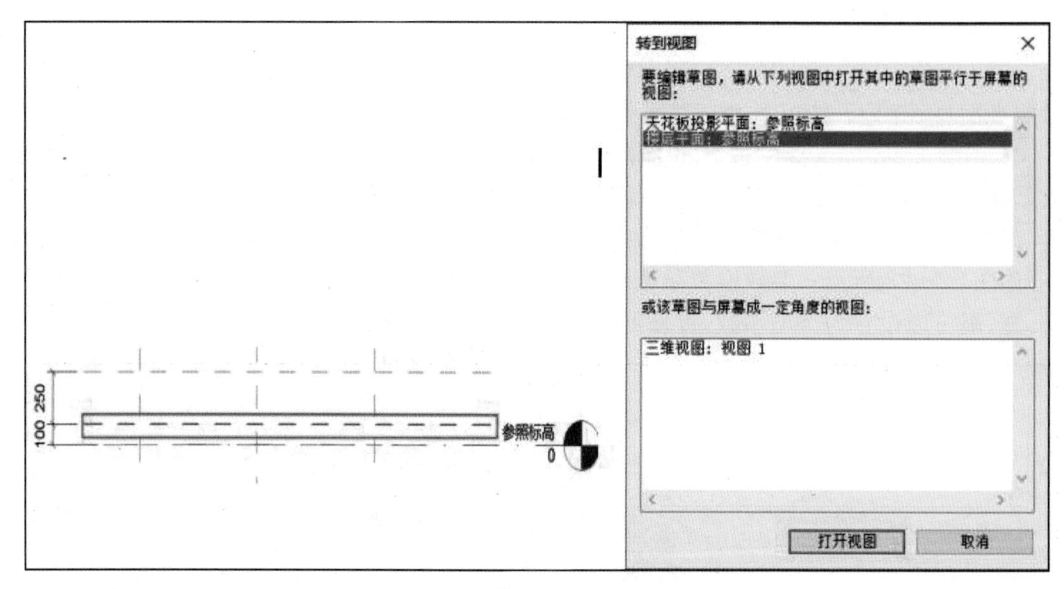

图12-30

单击“创建”选项卡“形状”面板“放样”命令,进入放样模式,单击“放样”面板“绘制路径”命令,选择“矩形”绘制路径,且和参照平面锁定,单击“√”完成路径绘制,如图 12 - 31 所示。

单击“放样”面板“编辑轮廓”命令,在弹出的对话框选择“右”立面视图,单击“打开视图”,进入“右”立面视图,进行轮廓的绘制,如图 12 - 32 所示。单击矩形指令绘制矩形,并与参照平面锁定,如图12 - 33;单击“圆角弧”绘制圆角,如图 12 - 34 所示。两次单击“√”完成坐垫模型,如图 12 - 35。调整参数,确保坐垫的长度、宽度、高度可调整。

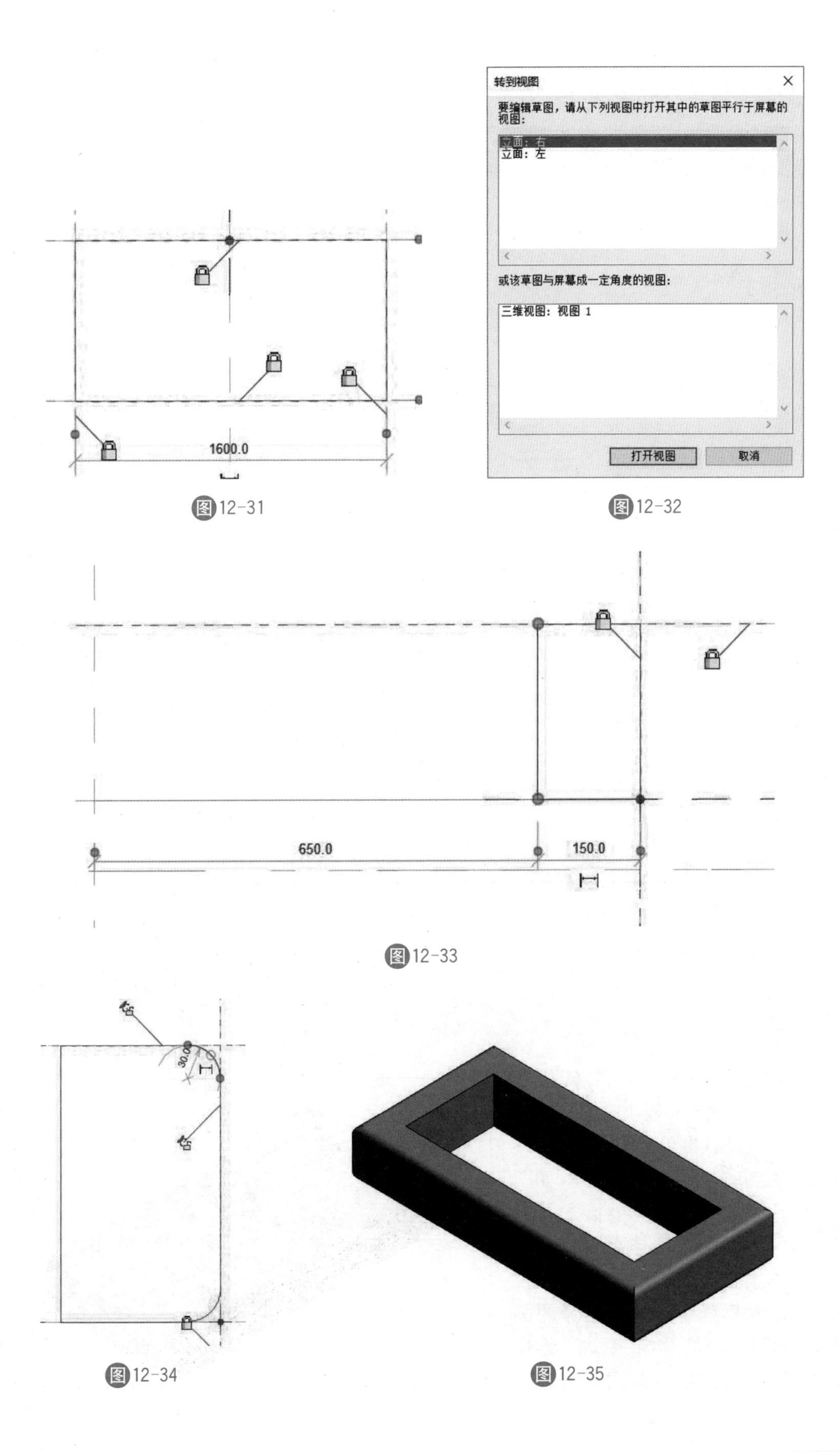

图12-31

图12-32

图12-33

图12-34

图12-35

3. 用拉伸命令制作坐垫面

打开“参照标高”视图，单击“创建”选项卡“形状”面板“拉伸”命令，进入拉伸模式，单击“绘制”面板“拾取线”命令，拾取坐垫边缘内侧，且与坐垫边缘锁定，完成拉伸轮廓的绘制，如图 12－36 所示。

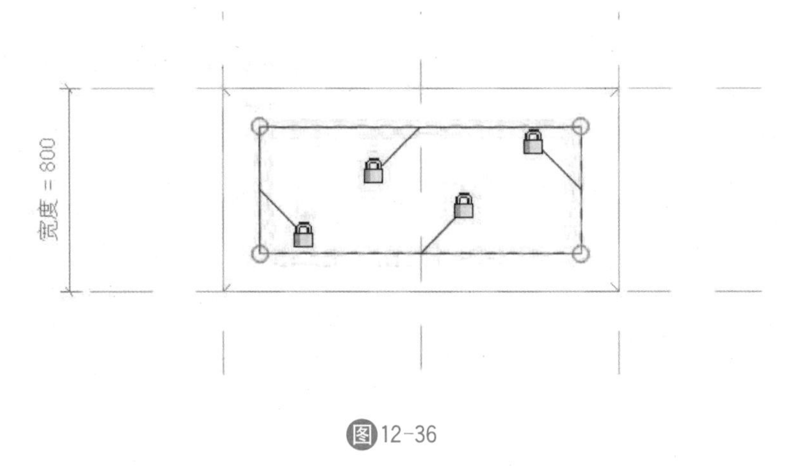

图12-36

打开“前”立面视图，选中刚绘制的轮廓，拉伸该形体上部与坐垫边缘上部对齐锁定，如图 12－37 所示。

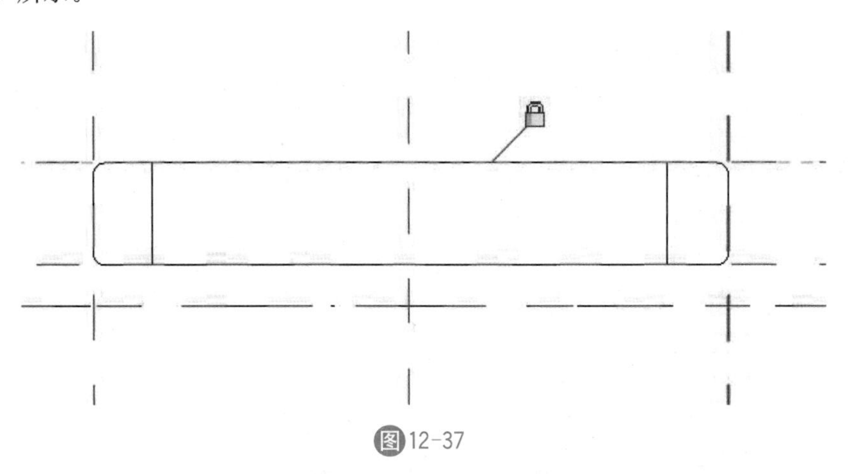

图12-37

打开三维视图，单击“修改”选项卡“几何图形”面板“连接”命令，单击坐垫边缘，再单击坐垫面，连接坐垫和坐垫面，两者融为一体，如图 12－38 所示。调整坐垫长宽高参数，确保沙发坐垫整体可调整。事实上，本案整个坐垫主体可以先拉伸生成，然后坐垫上表面边缘的圆角部分可以“空心放样”生成。建模指令组合不是唯一的，读者可自行练习。

图12-38

4. 用放样命令创建靠背

（1）绘制参照平面：打开“前”立面视图，绘制水平参照平面，距离下方参照平面350mm，打开“参照标高”视图，绘制参照平面，di 快捷键进行标注，如图 12－39 所示。

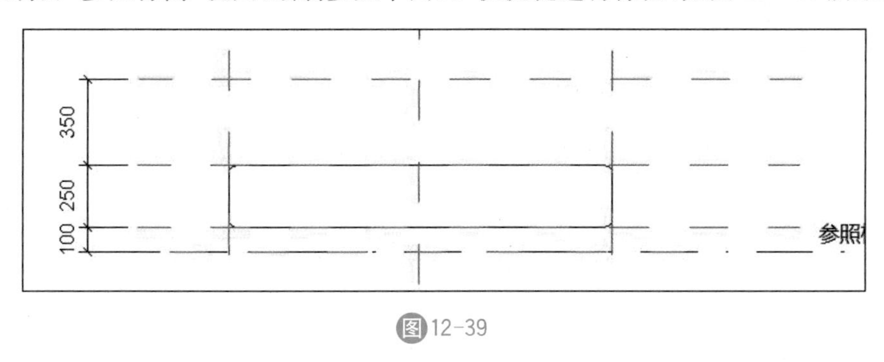

图12-39

（2）用放样命令绘制靠背主体：打开“前”立面视图，单击“设置”，拾取参照平面作为绘图平面，如图 12－40 所示，转到立面“楼层平面：参照标高”视图，先绘制四条参照平面，如图 12－41 所示，然后单击“放样”命令，绘制直线和圆角的路径组合（圆角半径 200），并与相应的参照平面锁定，单击“√”完成路径绘制，如图 12－42 所示。

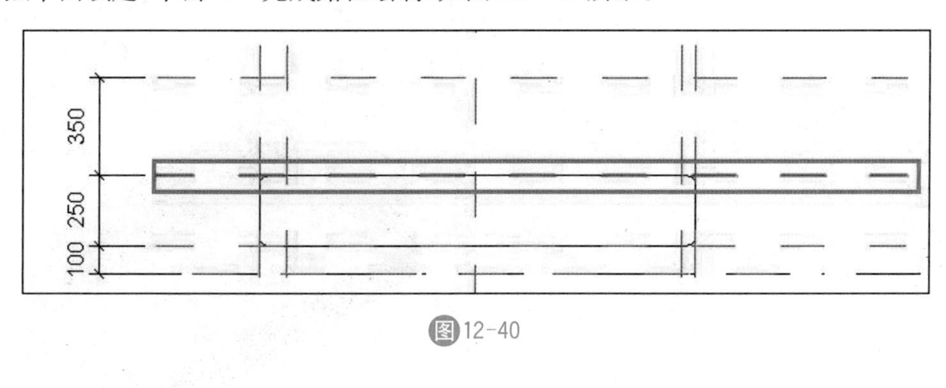

图12-40

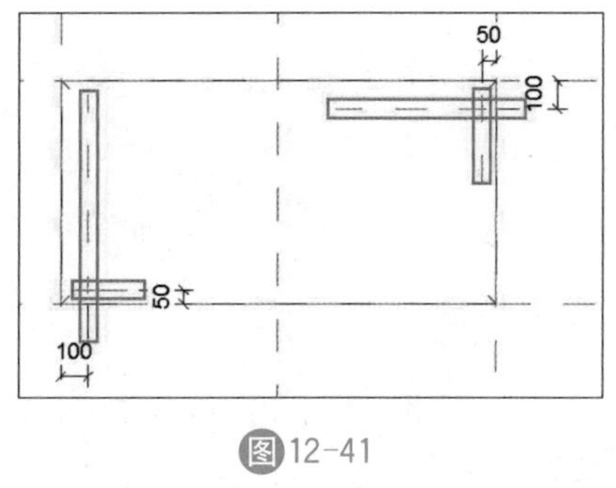

图12-41

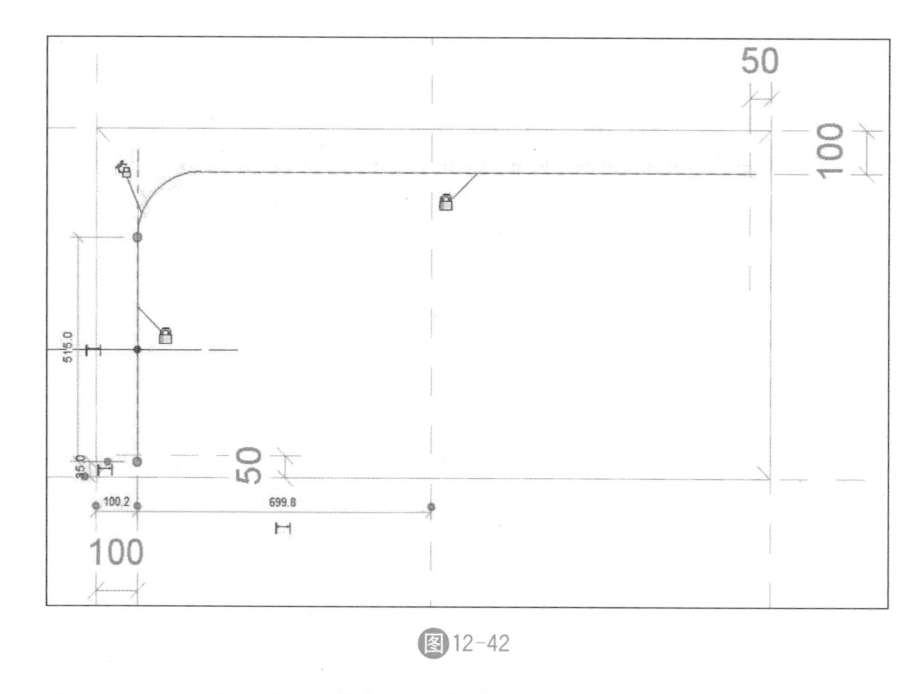

图12-42

（3）单击“绘制轮廓”命令，转到“立面：前”视图，用“椭圆”命令绘制轮廓，如图12－43所示。

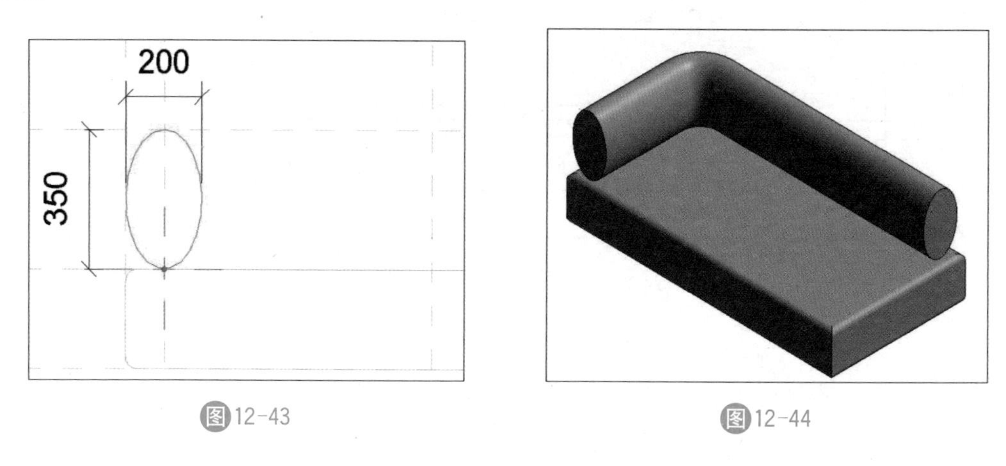

图12-43　　图12-44

（4）两次单击“√”，先完成轮廓，再完成靠背放样，如图12－44所示。

5. 用放样与拉伸命令创建靠背端部的边缘

（1）放样创建边缘：打开立面“前”视图，单击“放样”命令，进入绘图模式；用“椭圆”命令，绘制放样路径，与靠背主体轮廓重合，完成路径，如图12－45所示。单击“编辑轮廓”，转到“楼层平面：参照标高”视图，绘制如图12－46所示的尺寸形状的轮廓，轮廓并与参照平面锁定，完成放样，如图12－47所示。注意绘制轮廓时，宽度不需具体定位，但不宜过大，否则可能无法完成放样。

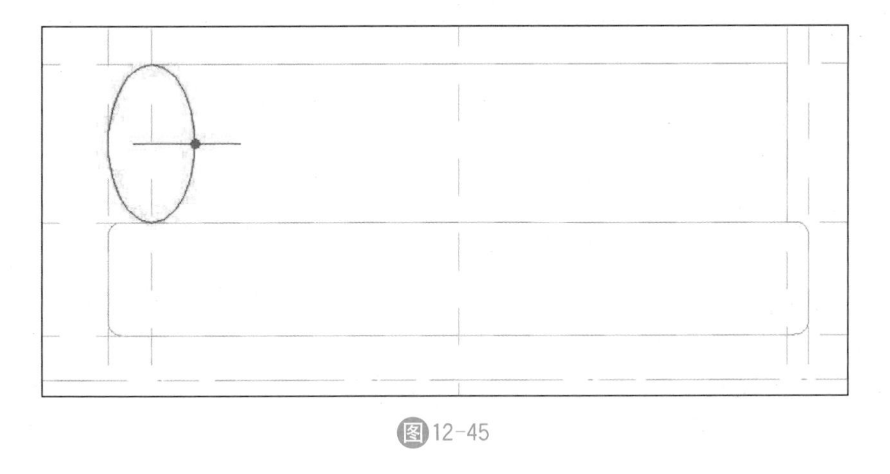

图12-45

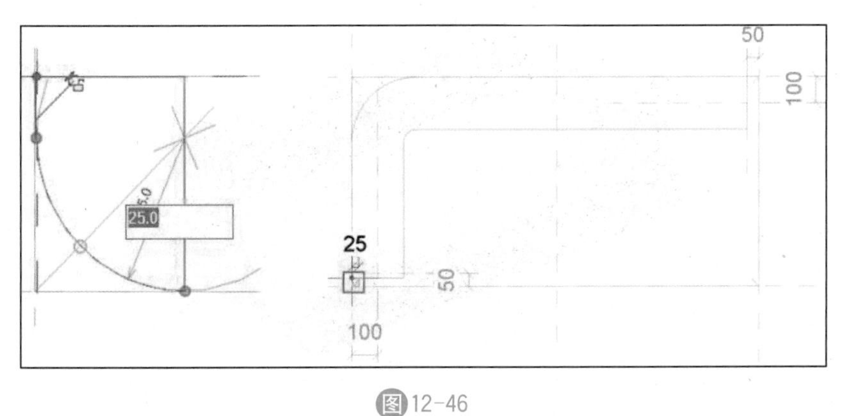

图12-46

图12-47

(2) 拉伸命令补齐边缘凹坑:打开立面"前"视图,单击"拉伸"命令,用"椭圆"命令绘制轮廓,轮廓要与边缘内侧对齐,完成拉伸。打开立面"右"视图,调整拉伸形体,并锁定,单击"修改"选项卡"几何图形"面板"连接"命令,连接拉伸形体与靠背边缘,如图 12-48 所示。

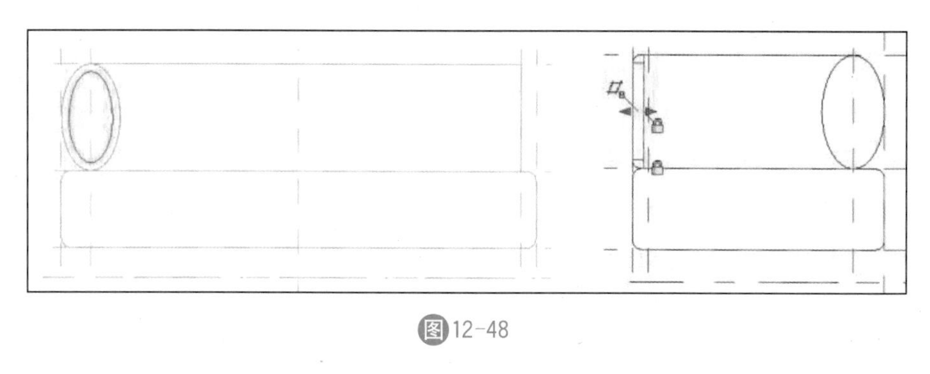

图12-48

（3）用上述同样的方法，创建另外一边的靠背边缘及凹坑补平，如图 12－49 所示。

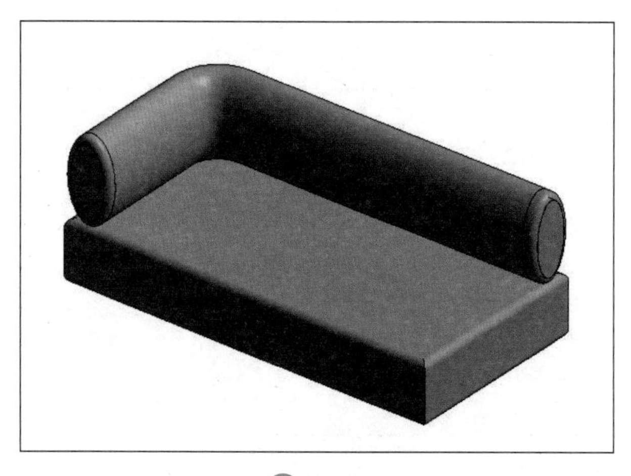

图12-49

6. 用放样与拉伸命令创建靠枕

（1）绘制参照平面：打开立面“前”视图，绘制参照平面，并标注尺寸。打开“右”立面视图绘制参照平面，不标注尺寸，如图 12－50 所示。

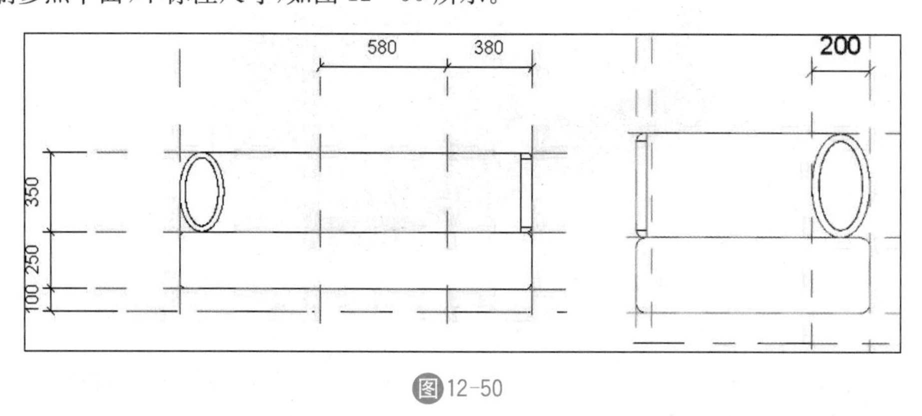

图12-50

（2）用放样命令创建靠枕边缘：打开“右”立面视图，单击“设置”命令，选择如图 12－51 所框的参照平面作为绘图平面，转到“立面：前”视图。单击“放样”命令，先绘制路径，并与参照平面锁定，如图 12－52 所示，单击“绘制轮廓”，绘制如图 12－53 所示轮廓，最后完成靠枕边缘的放样。

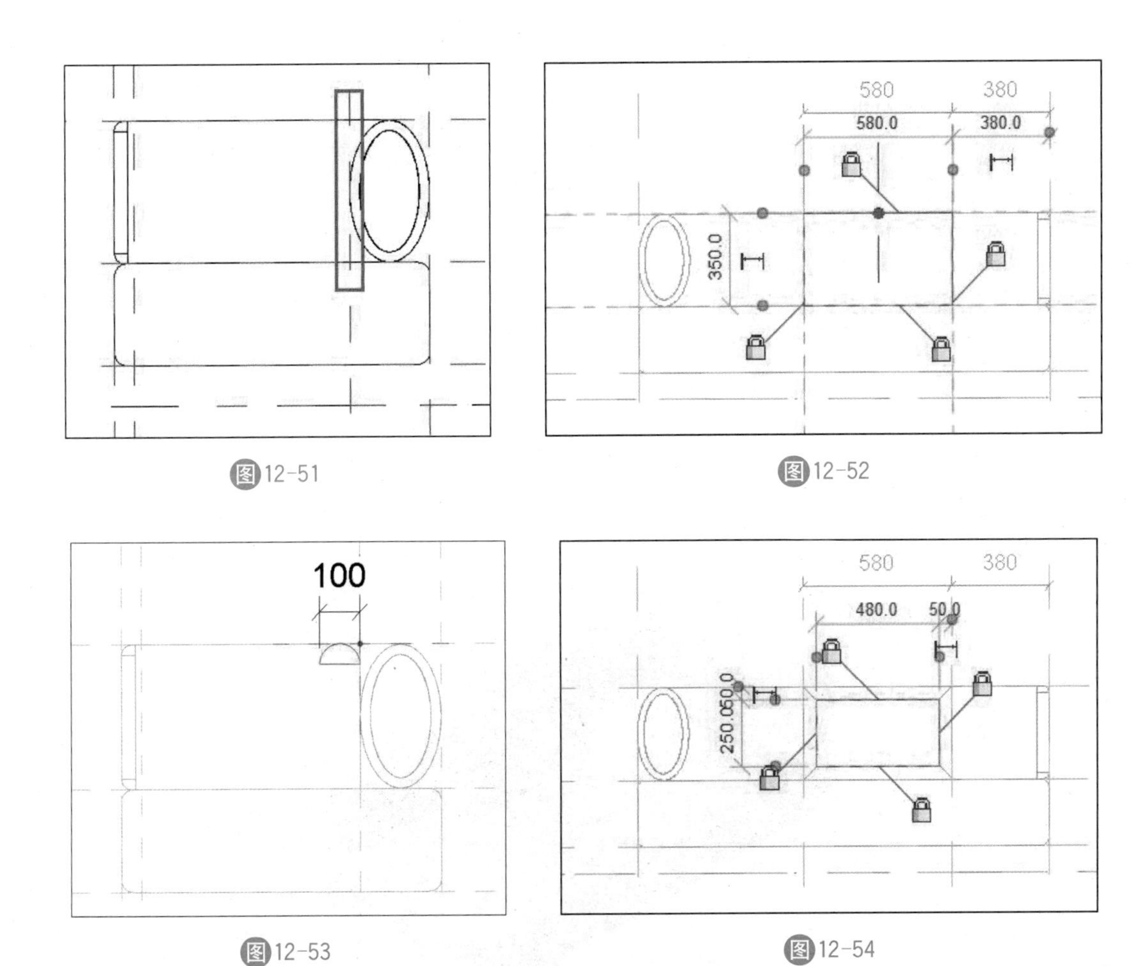

图12-51

图12-52

图12-53

图12-54

（3）拉伸命令绘制靠枕面：打开“前”立面视图，单击“拉伸”命令，捕捉靠枕边缘内侧，绘制拉伸轮廓，且与靠枕边缘锁定，如图 12－54 所示。

（4）调整拉伸 打开立面“右”视图，调整靠枕面，并锁定。单击“连接”命令，连接靠枕边缘和靠枕面，如图 12－55 所示。

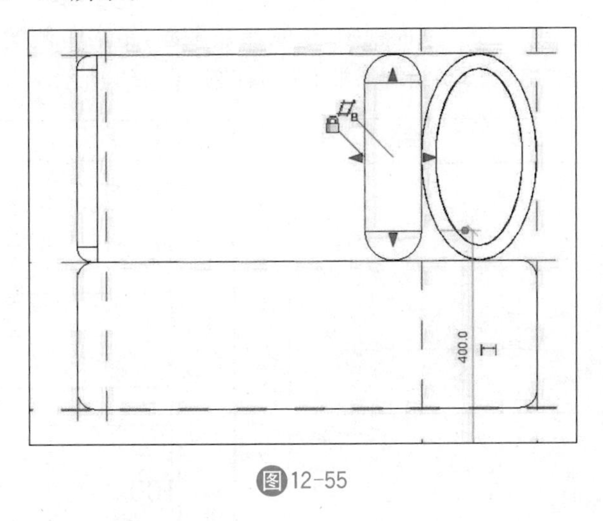

图12-55

(5) 用同样的方法绘制另一个 250 mm * 250 mm 的靠枕，尺寸如图 12 - 56、12 - 57 所示。两个靠枕完成，如图 12 - 58 所示。

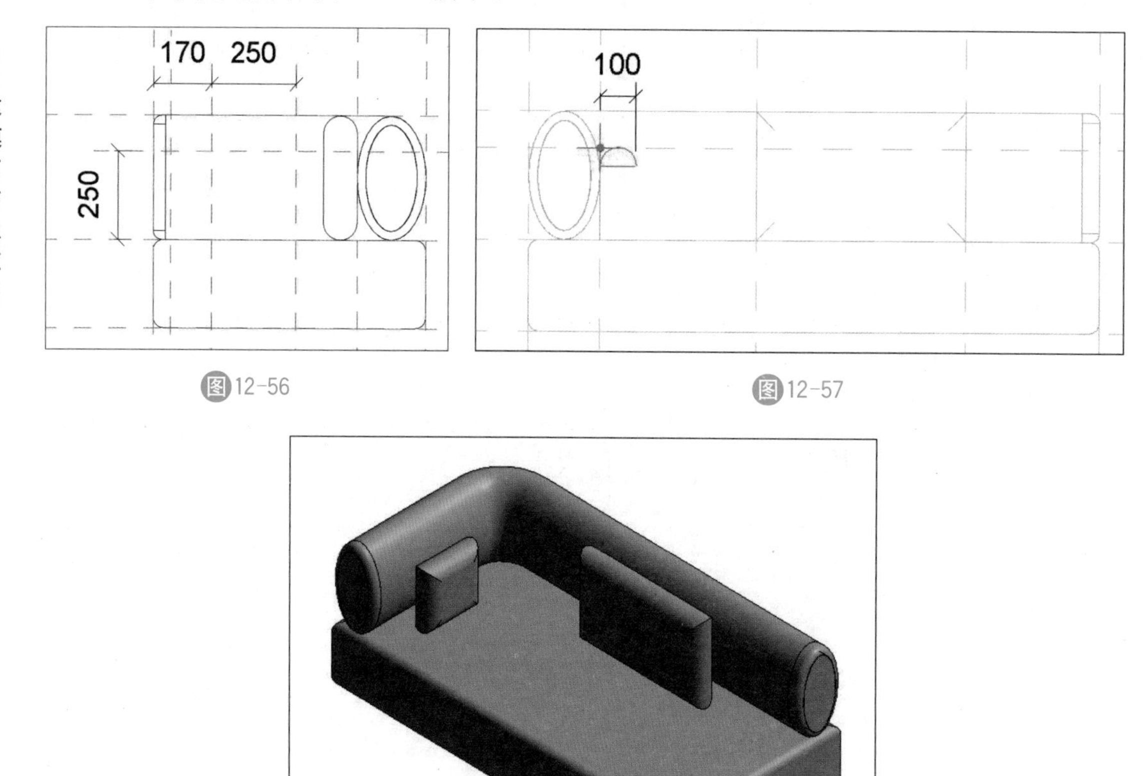

图12-56

图12-57

图12-58

7. 用旋转命令创建沙发底部支撑

(1) 绘制参照平面：打开“前”立面视图，绘制参照平面，距离右侧的参照平面 100，如图 12 - 59 所示。打开立面“右”视图，绘制参照平面，如图 12 - 60 所示。

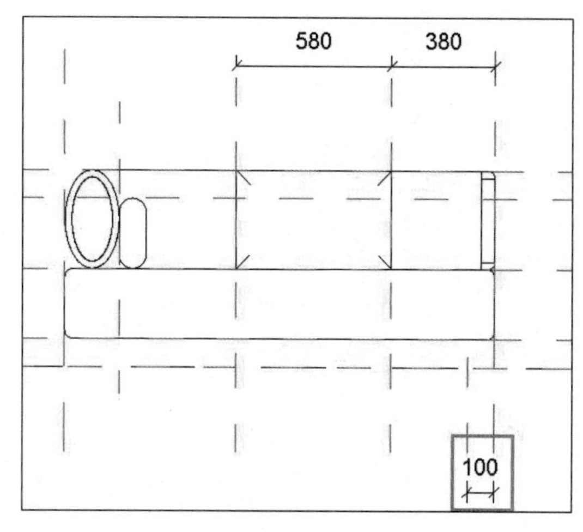

图12-59

图12-60

（2）用“旋转”命令创建沙发支撑：单击“设置”命令，选中“前”立面中刚绘制的参照平面为绘图平面，转到“立面：右”视图。单击“旋转”命令，进入绘图模式，绘制旋转轮廓；单击“轴线”，用“拾取”命令，拾取轴线，完成绘制，如图 12－61 所示。

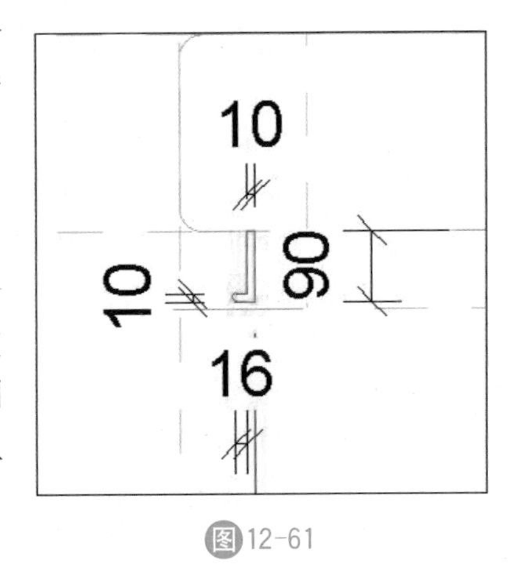

图12-61

（3）在“参照标高”视图中绘制参照平面，确定其余三个支撑的位置，用“复制”命令复制生成其余三个支撑，如图 12－62 所示。完成沙发 4 个底部支撑，如图 12－63 所示。事实上四个支撑形体也可以两次拉伸组合而成，读者自行练习。

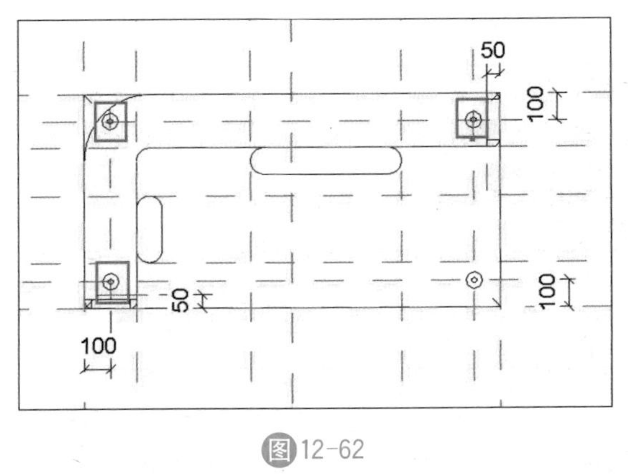

图12-62

图12-63

12.4 可载入体量族的创建案例

狭义上族主要指注释族和构件族，广义上饱含体量族在内。常规构件族与体量族是 Revit 初学者容易混淆的概念，Revit 模型最小单位为图元，Revit 通过族对模型进行管理，并实现参数化，族通过参数的可变，充当了类与类型之间的桥梁，即通过族的参数化，让类有了不同的类型（见图 0－1）。体量族没有构件的性质，只是三维形状，主要是建筑师用于建筑形体初步设计分析等。

构件族与体量族的主要区别如下：（1）参数化：体量族一般不需要像构件族一样设置很多控制参数，通常只有几个简单的尺寸控制参数或没有控制参数；（2）创建方法：构件族是先选择某一个“实心”或者“空心”形状指令，再绘制轮廓、路径等创建三维模型，而体量族必须先绘制轮廓、对称轴、路径等二维图元，然后才能够用“实心”或“空心”形状指令创建三维模型；（3）模型复杂程度：构件族只能用“拉伸、融合、旋转、放样、放样融合”5 种方法创建相对比较复杂的三维实体模型，而体量族则可以使用点、线、面图元创建复杂的实体模型和面模型（使用开放轮廓线创建面模型）；（4）表面有理化：体量族可以自动使用有理化图案分割体量表面，从而实现一些复杂的设计等。

项目任务 5.3 已经运用“内建体量”命令创建了面幕墙的曲面体量。本节以参数化拱桥为例，详细讲述可载入体量族的创建步骤，涉及族的参数设置和族的嵌套应用等。

1. 新建概念体量并另存为族

启动 Revit,单击启动界面"族"中的"新建概念体量"指令(也可以应用程序菜单中选择新建概念体量),弹出"新族-选择样板文件"对话框,选择文件夹中选择"公制体量. rft",如图 12 - 64 所示,单击打开,程序依据"公制体量. rft"自动进入体量族编辑器的"创建"界面,如图 12 - 65 所示,注意体量族创建界面与构件族创建界面(见图 12 - 3)的区别,体量族创建界面没有"形状"面板及其上的"拉伸、融合、旋转、放样、放样融合"5 种指令按钮,取而代之是"绘制"面板及其上的"点、直线、圆弧、样条曲线"等绘制指令按钮,这就是上述提到的构件族与体量族创建方法的不同,体量族通常先绘制轮廓、对称轴、路径等二维图元,然后才能够用"实心"或"空心"形状指令创建三维模型。建议在创建每一个体量族之前,先进行另存为操作,本案例模型命名为"参数化拱桥. rft"。

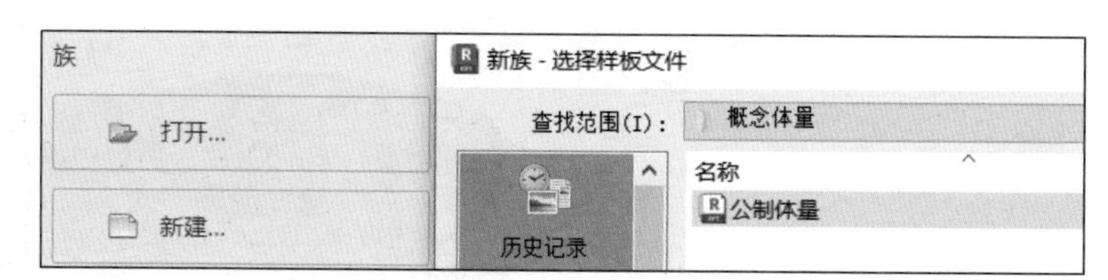

图12-64

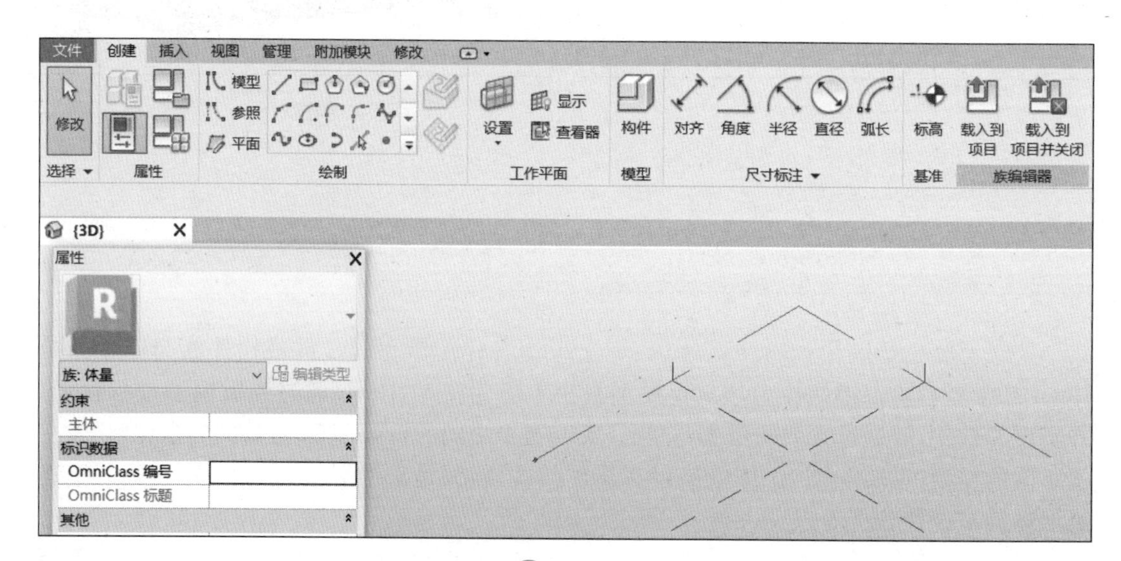

图12-65

2. 在"概念体量"族环境中创建参数化拱桥

(1) 绘制跨度参照线,添加拱桥跨度参数:三维坐标系切换到水平视图状态,"绘制"面板单击"参照"再单击"点",在系统横向参照平面上放置两个参照点,框选这两点,"绘制"面板单击"参照"再单击"样条线",两点之间形成一条样条线(目前为直线状态)。单击"对齐尺寸标注",标注两个参照点距离尺寸(任意尺寸数字,后续再精确调试),然后单击选中尺寸,弹出"修改|尺寸标注"选项卡,在其"标签尺寸标注"面板上单击"创建参数",如图 12 - 66 所示,弹出"参数属性"对话框,参数名称:kd,默认为类型参数。

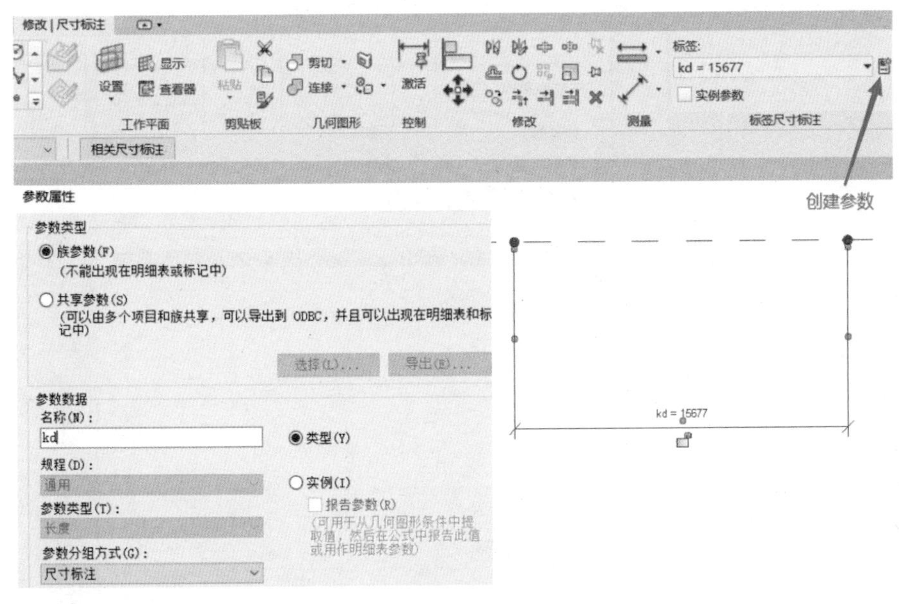

图12-66

(2) 绘制高度参照线，添加拱桥高度参数："绘制"面板单击"参照"再单击"点"，捕捉刚刚绘制样条线的中点放置1个参照点，放置之后，依据这个参照点选择一个垂直的工作平面，为下面绘制垂直参照线做准备。三维坐标系切换到东南轴测图状态，"绘制"面板单击"参照"再单击"样条线"，捕捉刚刚放置的参照点，向上绘制垂直参照线，然后其上再放置一个参照点。与上述添加跨度参数操作一样，对齐尺寸标注，然后添加桥的高度参数，名称：qg，如图12－67所示。

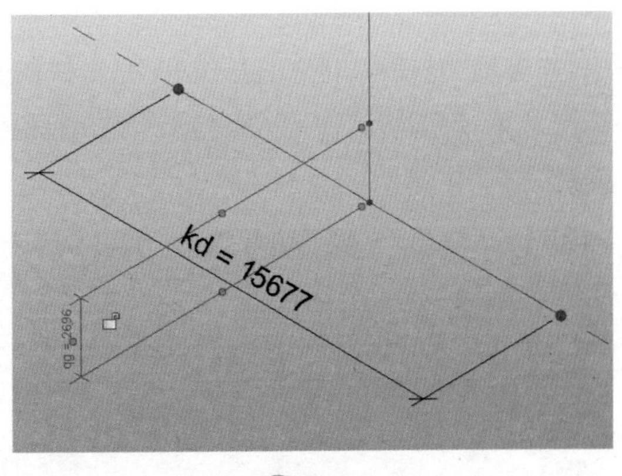

图12-67

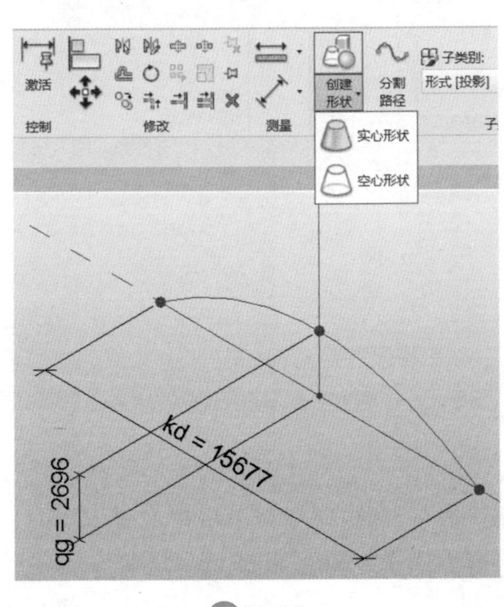

图12-68

(3) 创建桥面曲面，添加拱桥宽度参数：选择水平参照线两个端点参照点和垂直参照线上端点参照点，"绘制"面板单击"参照"再单击"样条线"，通过三点形成样条线，选中样条线，"形状"面板"创建形状"下拉中选中"实心形状"，如图12－68所示，程序依据样条线自动拉伸形成一个开放的桥面曲面。选中曲面，在属性对话框中将"正偏移量"实例参数"关联族参数"，弹出关联族参数对话框，单击添加参数，如图12－69所示，在弹出"参数属性"对话框，设置桥的宽度参数名称：qk。当然也可以与上述参数设置一样的操作步骤，先对齐尺寸标注，然后再标签添加桥的宽度参数，举一反三，读者可自行练习。

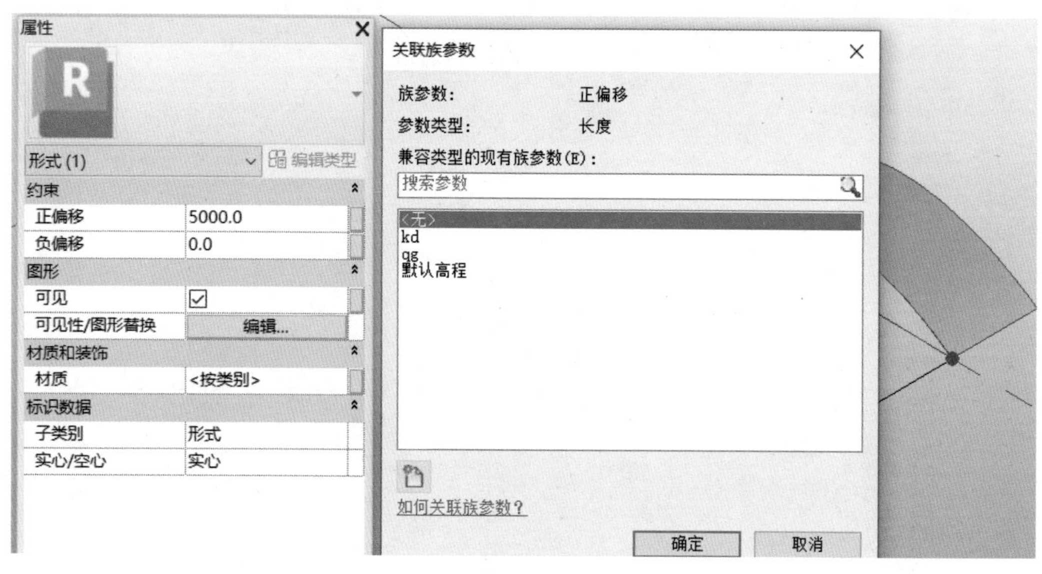

图12-69

(4) 设置桥面高度和跨度参数的函数关系：选中桥面，单击“属性”面板中“族类型”指令弹出“族类型”对话框，设置 qg=kd＊0.2，即桥的高度与桥的跨度比例为 1∶5，然后指定桥的宽度 8 米，桥的跨度为 30 米，桥的高度则自动调整为 6 米，如图 12-70 所示。

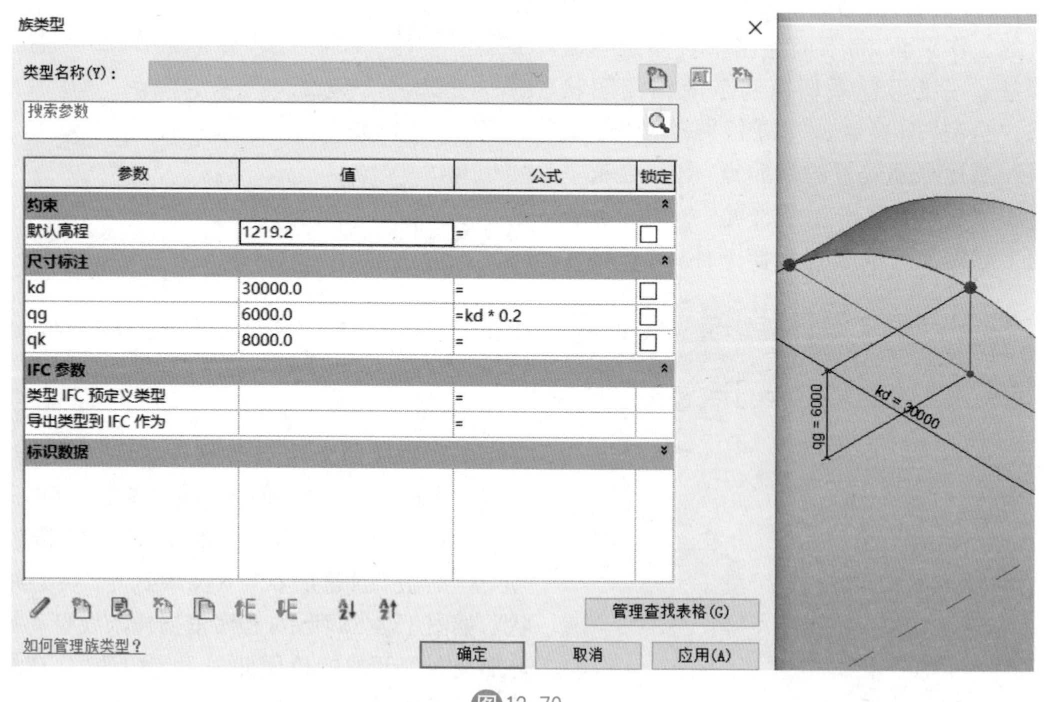

图12-70

(5) 分割桥面曲面：选中曲面，单击“分割表面”指令，然后选项栏中指定 U 数值为 1，V 数值为 15，桥面曲面被分割为宽度方向 1 等份，跨度方向 15 等份，如图 12-71 所示。

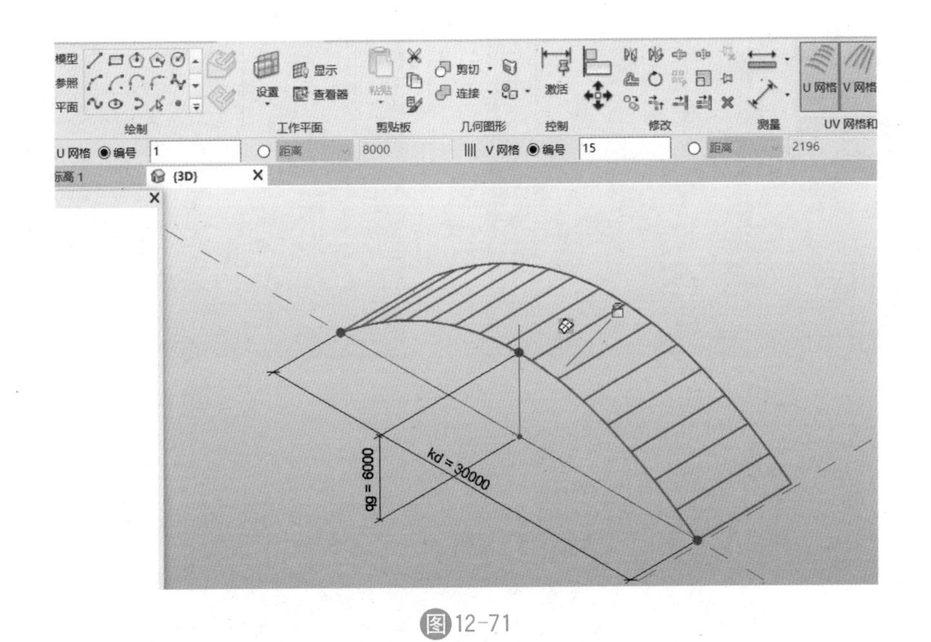

图12-71

3. 在“基于公制幕墙嵌板填充图案”族环境中创建自适应栏杆

(1) 新建构件族：弹出“新族-选择样板文件”对话框，选择“基于公制幕墙嵌板填充图案.rft”，如图12-72所示。虽然不是直接下达新建概念体量指令，但是族样板文件是体量族性质，界面自动进入体量族的创建环境。

(2) 放置四个参照点，绘制两侧栏杆路径：在四个自适应点位上放置四个参照点，放置之前先设置工作平面为自适应点的水平面，特别注意四个参照点的放置顺序“1、2、3、4”不能混乱，如图12-73所示。然后过滤器选中4个参照点，属性对话框设置偏移量2000，复制生成栏杆上部4个参照点，然后“绘制”面板上先单击“模型”再单击“直线”指令，绘制两个栏杆路径的模型线(注意不是此前的参照线，而是模型线)，选项栏勾选“三维捕捉”，绘制过程中参照点的三维捕捉顺序不能够混乱，如图12-74所示。将创建好的自适应栏杆族载入此前创建的拱桥族，观察栏杆自适应的效果，如图12-75所示。

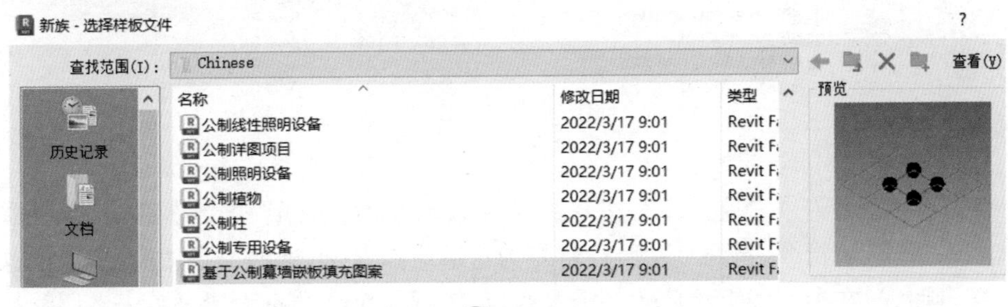

图12-72

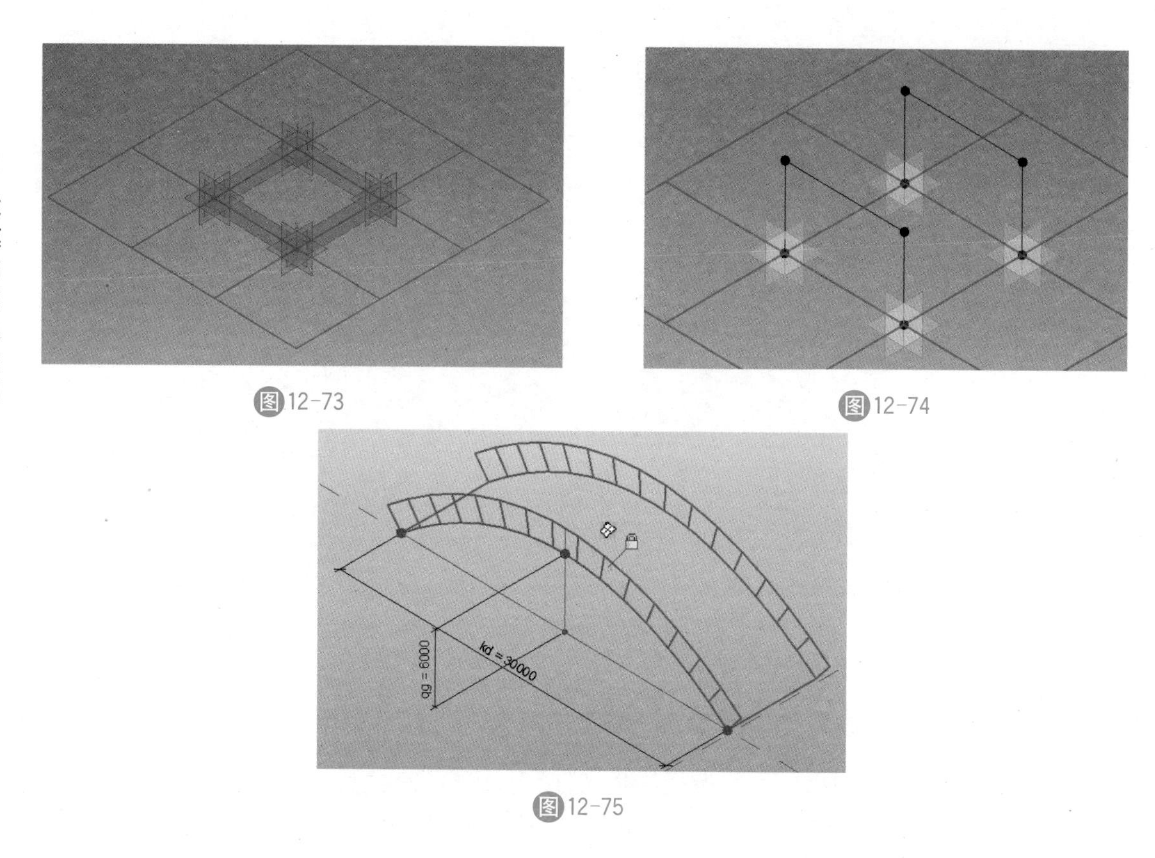

图12-73

图12-74

图12-75

4. 在“自适应公制常规模型”族环境中创建大小直径的扶手

（1）新建构件族：弹出“新族-选择样板文件”对话框，选择“自适应公制常规模型.rft”，如图12-76所示。族样板文件是体量族性质，界面进入的则是体量族的创建环境。

图12-76

（2）创建大直径椭圆截面扶手：在三维坐标系水平面上放置两个参照点，然后框选两点，单击“自适应点”指令，将两个参照点转变为自适应点，再框选两个自适应点，依据这两点形成一条参照线，在参照线上再放置一个参照点，依据这个参照点设置垂直于参照线的工作平面，如图12-77所示。然后在刚刚放置的参照点垂直于参照线的平面上绘制一个椭圆轮廓，椭圆长径为100，短径为80，如图12-78所示。然后选中椭圆和参照线，单击形状面板“创建形状”下拉菜单“实心形状”，软件自动拉伸生成椭圆截面的扶手模型，如图12-79所示。将创建的大直径扶手族载入上述栏杆族中，注意载入的时候，捕捉点的顺序与栏杆路径绘制过程中捕捉点的顺序一致，两侧栏杆扶手效果如图12-80所示。

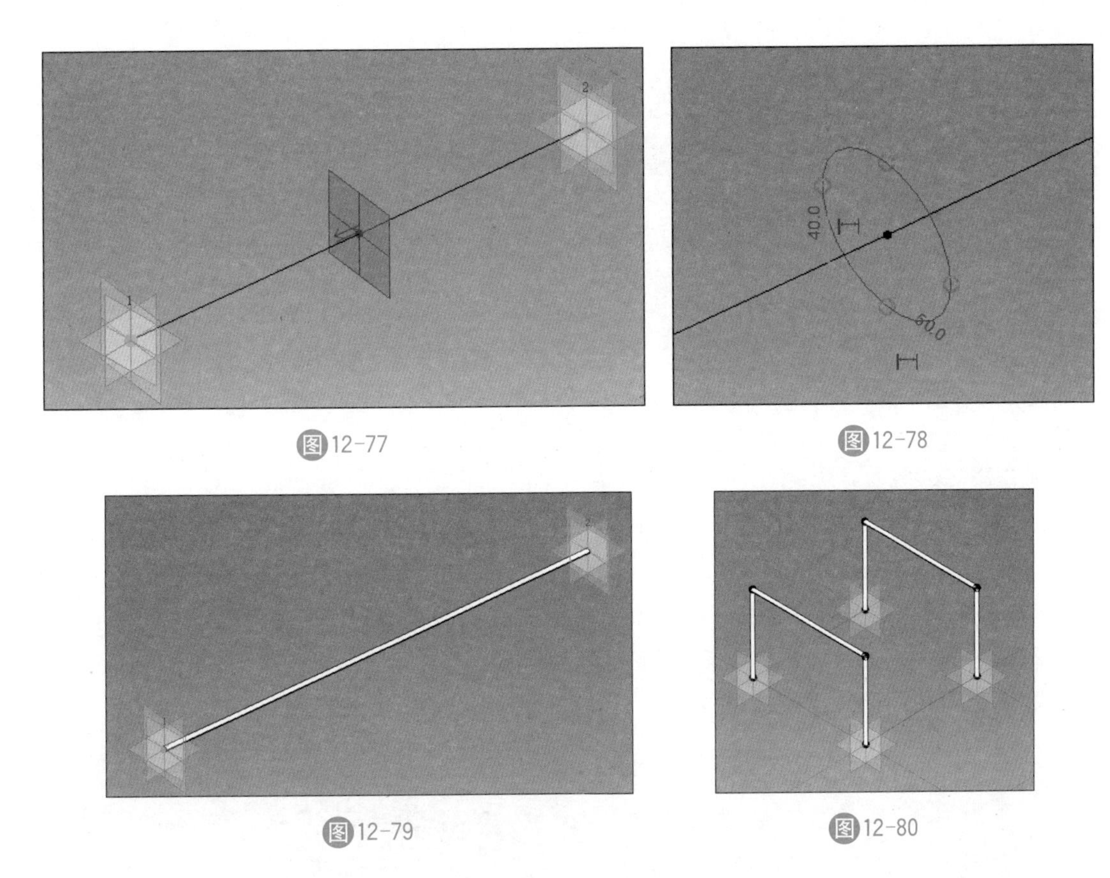

图12-77　图12-78

图12-79　图12-80

（3）创建小直径圆形截面扶手：重复上述扶手族的创建过程，这次是绘制圆形轮廓，直径为 60，然后创建实心形状的圆形截面扶手模型，如图 12－81 所示。同时将小直径扶手族载入上述栏杆族中，两侧栏杆内部各绘制 2 根交叉的小直径圆截面扶手，如图 12－82 所示。

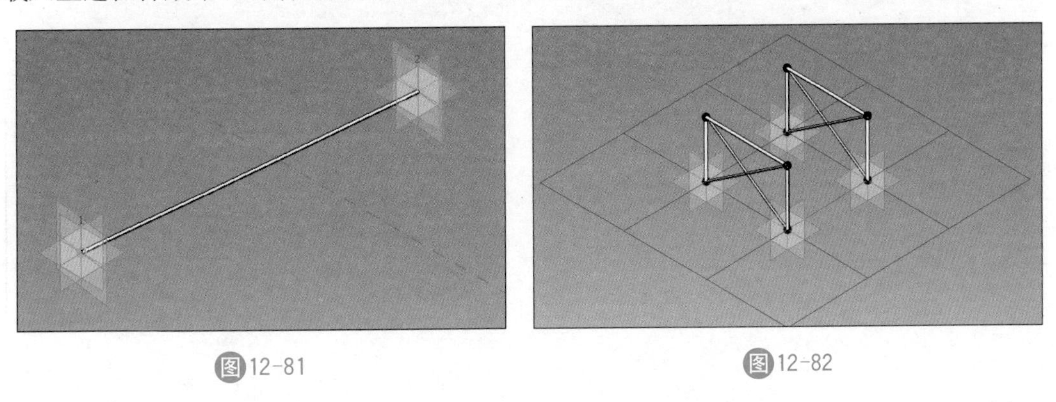

图12-81　图12-82

（4）创建幕墙嵌板：在大小直径扶手载入之后的栏杆族文件中创建幕墙嵌板，用作桥面分割图案的填充嵌板。选中图 12－82 所示的栏杆下方四条封闭的参照线，单击形状面板"创建形状"下拉菜单"实心形状"，软件自动拉伸生成一定厚度的填充嵌板，选中嵌板，属性对话框设定正偏移量（嵌板厚度）为 300，如图 12－83 所示。

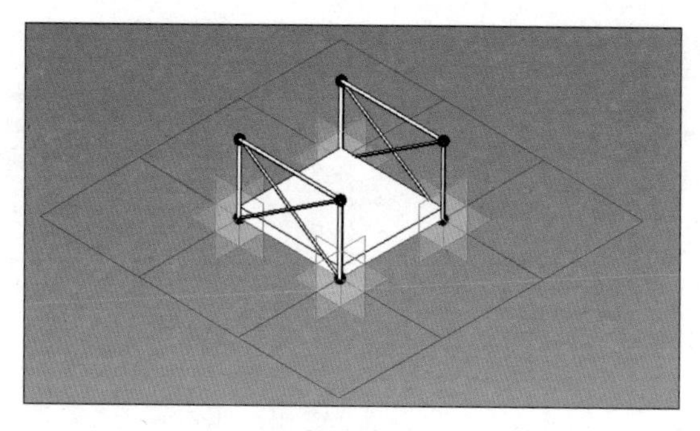

图12-83

5. 族的嵌套与参数测试

本案例本质上也是族嵌套(载入)的应用案例。在图12-83栏杆族综合成果的基础上,将此族重新载入的最先创建的拱桥族中,出现"族已存在"对话框,如图12-84所示,单击"覆盖现有版本及参数值"按钮,完成整个参数化拱桥族的创建,如图12-85所示。读者可以自行练习,新建一个项目,尝试将参数化拱桥族载入项目并修改拱桥跨度的参数值,测试拱桥高度是否按照比例自行调整等。

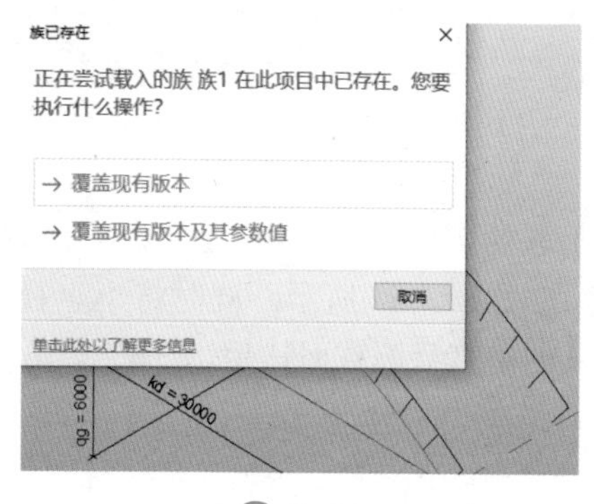

图12-84

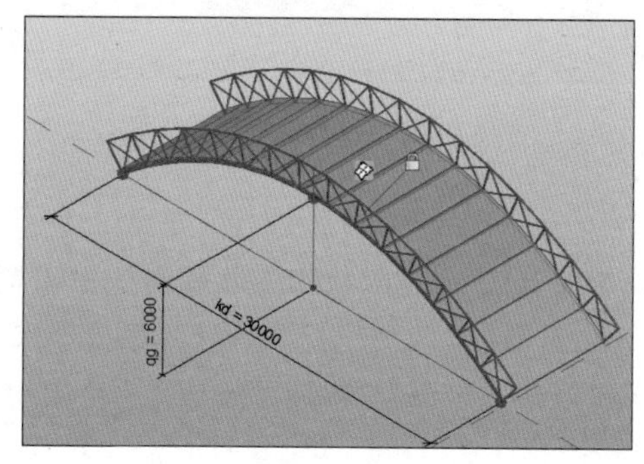

图12-85

附录1 Revit常用快捷键

Revit默认所有快捷键由两个字母组成，敲完两个字母后不用打回车，如果不足两个，则由空格补齐。在Revit运行界面中，鼠标移动到某个指令图标上停留，会出现相关提示信息，其中文指令名称之后括号两个英文字母，即为该指令的快捷键。以下为Revit使用频率较高的几类快捷键：

一、视图控制

1. 视图可见性：vv；
2. 导入cad：lc；
3. 窗口平铺：wt；
4. 关闭隐藏的窗口：we；
5. 视图—临时隐藏/隔离—隔离图元：hi；视图—临时隐藏/隔离—隐藏图元：hh；视图—临时隐藏/隔离—重设临时隐藏/隔离图元：hr。

二、基本编辑

1. 剪切：tr；
2. 延伸：ex；
3. 对齐：al；
4. 删除：de；
5. 复制：co；
6. 阵列：ar；
7. 旋转：ro；

与AutoCAD指令快捷键大致相同。

三、创建图元

1. 墙:wa;
2. 楼板:sb;
3. 柱子:cl;
4. 梁:bm;
5. 门:dr;
6. 窗:wn;
7. 参照平面:rp;
8. 对齐尺寸标注:di;
9. 高程点:el。

除了以上常用快捷键,Revit也可以通过应用程序菜单的“选项”在“用户界面”中找到“快捷键”自定义按钮,打开快捷键自定义对话框,根据实际情况自定义相应的快捷键。

附录2　BIM技能等级考试一级试题

扫码下载BIM技能等级考试一级试题等“岗课赛证”参考资料包

附录3　配套在线开放课程

扫码查看配套在线课程